高等职业教育系列教材

电梯结构与原理

主　编　姚　薇　陈玉华
参　编　唐天宇　王　超　彭　波　吴　伟
　　　　陈银燕　王　玲　孔文斌　吴剑锋

机械工业出版社

本书结合电梯维保岗位的能力和技术需求，参考电梯行业相关现行国家标准及行业标准和"电梯安装维修高级工"的职业标准及技能鉴定规范，配合电梯特种设备作业证考核所需知识和技能要求进行内容的组织和安排。

本书以电梯维保岗位典型的工作任务为载体，详细讲解了电梯的机械结构、工作原理、测试调整方法和安全规范的操作流程，电梯电气信号的组成、电气控制电路的分析与故障诊断、自动扶梯和自动人行道的机械结构、安全保护装置、典型工作操作规范，以及部分电梯整机测试所用的测试工具和常用测试方法。

本书可作为高等职业院校电梯工程技术等专业的教材，也可作为电梯爱好者的学习资料，还可作为电梯职业考证及企业培训的参考用书。

本书配有动画、视频等资源，可扫描书中二维码直接观看，还配有授课电子课件等，需要的教师可登录机械工业出版社教育服务网（www.cmpedu.com）注册后免费下载，或联系编辑索取（微信：13261377872，电话：010-88379739）。

图书在版编目（CIP）数据

电梯结构与原理 / 姚薇，陈玉华主编 . -- 北京：机械工业出版社，2025. 1. --（高等职业教育系列教材）. -- ISBN 978-7-111-77248-4

Ⅰ . TU857

中国国家版本馆 CIP 数据核字第 202414758T 号

机械工业出版社（北京市百万庄大街 22 号　邮政编码 100037）
策划编辑：曹帅鹏　　　　　责任编辑：曹帅鹏　杜丽君
责任校对：郑　婕　陈　越　责任印制：常天培
北京机工印刷厂有限公司印刷
2025 年 1 月第 1 版第 1 次印刷
184mm×260mm・16.75 印张・415 千字
标准书号：ISBN 978-7-111-77248-4
定价：69.00 元

电话服务　　　　　　　　　网络服务
客服电话：010-88361066　　机　工　官　网：www.cmpbook.com
　　　　　010-88379833　　机　工　官　博：weibo.com/cmp1952
　　　　　010-68326294　　金　书　网：www.golden-book.com
封底无防伪标均为盗版　　　机工教育服务网：www.cmpedu.com

前　言

电梯结构与原理是电梯从业人员必须掌握的电梯基础知识，相关课程也是电梯安装与调试、电梯维修保养与技术改造、电梯检测与检验技术等课程的基础。

党的二十大报告提出了推进职业教育产教融合。本书是根据高等职业教育学生的培养目标，结合高等职业教育的教学和课程改革要求，本着"工学结合、任务驱动、项目引导、教学做一体化"的原则编写的产教融合教材。本书以电梯八大系统为主线，通过设计对应系统的实际工作任务和实例，引导学生由实践到理论再回到实践，将理论知识嵌入到每一个实践项目中，做到教、学、做紧密结合。

本书同步提供了电梯结构及系统测试的数字化资源，帮助学生掌握电梯的基本结构及工作原理等知识、强化电梯使用安全规范，为学生后续专业课程的学习提供有力的支撑，有助于提高学生的岗位适应能力。此外，本书还提供了配套课程教学资源网站，为学生搭建交流讨论、答疑解惑的平台。

本书在编写过程中得到了奥的斯机电电梯有限公司提供的第一手案例，使得内容更加贴近企业生产实际，紧跟新技术、新方法、新工艺的发展，在此表示感谢。

本书由江苏电子信息职业学院姚薇和陈玉华任主编，企业工程师吴剑锋、孔文斌提供技术支持，陈玉华完成项目1的编写，姚薇完成项目2和项目3的编写，王玲完成项目4的编写，彭波完成项目5的编写，陈银燕完成项目6的编写，王超完成项目7和项目8的编写，唐天宇、吴伟完成全书任务单的编写工作。

由于编者水平有限，书中难免存在疏漏之处，恳请读者批评指正，以便改进。

编　者

二维码索引

名称	二维码图形	页码	名称	二维码图形	页码
1-电梯的基本结构		9	12-重量平衡系统		102
2-曳引系统		33	13-门系统		121
3-曳引机		34	14-层门结构		122
4-减速器		36	15-轿门结构		122
5-制动器		38	16-开关门机构		125
6-钢丝绳		49	17-门锁装置		131
7-导向系统		70	18-门入口保护装置		134
8-导轨		72	19-电梯电气安全保护装置		143
9-导轨支架		86	20-电梯电气控制系统		186
10-导靴		90	21-自动扶梯		235
11-轿厢系统		97			

目　　录

前言
二维码索引
项目1　电梯初识 …………………………… 1
　　任务1.1　电梯行业认知 …………………… 1
　　　1.1.1　电梯发展认知 ………………… 1
　　　1.1.2　电梯公司认知 ………………… 4
　　　1.1.3　电梯从业人员工作内容与行业
　　　　　　特殊性认知 …………………… 5
　　任务1.2　电梯基础认知 …………………… 9
　　　1.2.1　电梯的定义与工作条件 ……… 10
　　　1.2.2　电梯的分类 …………………… 12
　　　1.2.3　电梯的基本结构 ……………… 15
　　　1.2.4　电梯型号的编制 ……………… 21
　　　1.2.5　电梯的性能指标与主要参数 … 23
项目2　曳引驱动系统结构与测试 ………… 33
　　任务2.1　认识曳引机 …………………… 33
　　　2.1.1　曳引机的基本技术要求 ……… 33
　　　2.1.2　曳引机的类型 ………………… 34
　　　2.1.3　曳引机的结构 ………………… 35
　　任务2.2　认识曳引钢丝绳 ……………… 49
　　　2.2.1　曳引钢丝绳 …………………… 50
　　　2.2.2　曳引钢丝绳端接装置
　　　　　　（绳头组合）………………… 52
　　　2.2.3　扁平复合曳引钢带 …………… 53
　　　2.2.4　碳纤维曳引带 ………………… 53
　　任务2.3　曳引原理分析 ………………… 58
　　　2.3.1　曳引传动方式 ………………… 59
　　　2.3.2　曳引原理 ……………………… 61
项目3　导向系统的结构与选用 …………… 70
　　任务3.1　认识电梯导向系统 …………… 70
　　任务3.2　导轨的分类与选用 …………… 72
　　　3.2.1　T型导轨 ……………………… 73
　　　3.2.2　对重与平衡重用空心导轨 …… 78
　　任务3.3　导轨支架的分类与选用………… 86

　　　3.3.1　导轨支架的分类 ……………… 87
　　　3.3.2　导轨固定 ……………………… 88
　　任务3.4　导靴的分类与选用 …………… 90
　　　3.4.1　导靴类型 ……………………… 91
　　　3.4.2　导靴使用要求 ………………… 92
项目4　轿厢与重量平衡系统的结构与
　　　　调整 ………………………………… 97
　　任务4.1　电梯轿厢的结构与调整 ……… 97
　　　4.1.1　轿厢的结构 …………………… 97
　　　4.1.2　轿厢架 ………………………… 98
　　　4.1.3　轿厢体 ………………………… 100
　　任务4.2　电梯重量平衡系统结构与
　　　　　　调整 …………………………… 102
　　　4.2.1　电梯重量平衡系统的组成与
　　　　　　作用 …………………………… 103
　　　4.2.2　对重装置 ……………………… 103
　　　4.2.3　补偿装置 ……………………… 106
　　任务4.3　轿厢其他装置的选用 ………… 109
　　　4.3.1　轿厢的超载装置 ……………… 109
　　　4.3.2　轿厢内的装置及性能要求 …… 111
　　　4.3.3　轿顶工作防坠落保护 ………… 113
项目5　电梯门系统的结构及其工作
　　　　原理 ………………………………… 121
　　任务5.1　电梯门系统的结构 …………… 121
　　　5.1.1　电梯门系统的组成及作用 …… 121
　　　5.1.2　电梯门的类型及结构 ………… 123
　　　5.1.3　电梯开门机及其工作原理 …… 125
　　　5.1.4　电梯门的整体要求 …………… 127
　　任务5.2　电梯门及门入口保护装置 …… 131
　　　5.2.1　电梯门保护装置 ……………… 131
　　　5.2.2　电梯门入口保护装置 ………… 134
项目6　电梯保护装置的结构与选用 …… 143
　　任务6.1　电梯保护装置的种类与结构 … 143
　　　6.1.1　电梯安全故障及安全保护

　　　　系统 …………………………… 143
　6.1.2　超速保护装置的结构原理 …… 147
　6.1.3　越程保护装置与缓冲器的结构
　　　　原理 …………………………… 154
　6.1.4　电梯旋转和移动部件防护
　　　　装置 …………………………… 157
任务 6.2　轿厢意外移动的保护装置
　　　　选用 …………………………… 171
　6.2.1　轿厢意外移动的原因 ………… 171
　6.2.2　轿厢意外移动保护装置的
　　　　要求 …………………………… 172
　6.2.3　轿厢意外移动监控装置的
　　　　组成 …………………………… 173
任务 6.3　电梯电气安全保护装置选用 … 177
　6.3.1　电梯电气安全装置 …………… 178
　6.3.2　检修及紧急电动运行装置 …… 180
　6.3.3　电梯急停开关 ………………… 182
　6.3.4　厅门旁路装置 ………………… 182
　6.3.5　紧急报警装置及对讲装置 …… 183

项目 7　电梯电气控制系统的结构与
　　　　测试 …………………………… 186

任务 7.1　电梯电气控制系统的组成与
　　　　功能 …………………………… 186
　7.1.1　电气控制系统的组成 ………… 186
　7.1.2　电气控制系统的基本功能 …… 186
　7.1.3　电梯群控功能 ………………… 190
　7.1.4　目的选层控制 ………………… 192
　7.1.5　电梯物联网系统 ……………… 193
　7.1.6　电梯运行条件 ………………… 194
　7.1.7　电梯运行过程 ………………… 194

任务 7.2　电梯机房电气部件功能与
　　　　测试 …………………………… 199
　7.2.1　电梯的电源箱 ………………… 200
　7.2.2　电梯机房电气控制信号装置和
　　　　信号功能 ……………………… 201
任务 7.3　电梯轿厢与层站电气部件
　　　　功能与测试 …………………… 206
　7.3.1　电梯的轿顶接线盒 …………… 206
　7.3.2　电梯的操纵箱 ………………… 208
　7.3.3　电梯的层站召唤盒 …………… 208
任务 7.4　电梯井道电气控制信号装置
　　　　功能与测试 …………………… 211
　7.4.1　轿厢位置信号获取 …………… 211
　7.4.2　底坑信号获取 ………………… 214
任务 7.5　电梯整体功能测试 …………… 218
　7.5.1　垂直电梯整体性能要求 ……… 219
　7.5.2　控制功能检验 ………………… 221
　7.5.3　基本性能检验 ………………… 223
　7.5.4　安全性能检验 ………………… 226
　7.5.5　垂直电梯测试 ………………… 229

项目 8　自动扶梯与自动人行道的
　　　　结构认知 ……………………… 235

任务 8.1　自动扶梯的结构与测试 ……… 235
　8.1.1　自动扶梯基本知识 …………… 235
　8.1.2　自动扶梯结构 ………………… 238
　8.1.3　自动扶梯安全保护装置 ……… 245
任务 8.2　自动人行道的结构与测试 …… 254
　8.2.1　自动人行道概述 ……………… 255
　8.2.2　自动人行道结构 ……………… 257

参考文献 …………………………………… 262

项目 1　　电　梯　初　识

任务 1.1　电梯行业认知

 工作任务

1. 工作任务类型

学习型任务：了解电梯行业的特殊性，明确电梯岗位职责和能力需求。

2. 学习目标

（1）**知识目标**：了解国内外电梯发展史和新技术，了解著名品牌电梯公司发展历程和经营特点；获悉电梯行业发展现状与人才需求；明确电梯行业的特殊性以及电梯公司的从业资质和要求；掌握各类电梯安全图标的含义。

（2）**能力目标**：能利用网络、媒体、讲座报告等多渠道获取电梯新知识；根据电梯工种（工作岗位）的工作内容与电梯安全操作要求，在教师指导下，完成电梯技术人才需求与要求相关报告，分析职业发展方向与个人发展愿景。

（3）**素质目标**：养成持续学习的良好习惯；具备科学严谨、标准规范的治学与工作态度；谨记电梯安全意识且能进行文明乘梯宣传；热爱电梯行业，践行社会责任，具有职业生涯规划意识。

 知识储备

1.1.1　电梯发展认知

电梯是现代社会最重要的垂直交通工具，与人们的日常生活和工作息息相关、密不可分。电梯的使用程度、维护保养水平、安全管理与监督检验能力已成为一个城市现代化和宜居程度的重要体现。

1. 世界电梯发展

电梯在中国起源于西周时期中国人民发明的辘轳。在西方，起源于公元前 236 年希腊数学家阿基米德设计出的一种人力驱动的卷筒式卷扬机，被认为是现代电梯的鼻祖。19 世纪初，欧美开始用蒸汽机作为升降工具的动力驱动，进一步推动电梯的技术改进。

1854 年，在纽约水晶宫举行的世界博览会上，美国人伊莱沙·格雷夫斯·奥的斯第一次向世人展示了他的发明。他站在装满货物的升降梯平台上，命令助手将平台拉升到观众都能看得到的高度，然后发出信号，令助手用利斧砍断了升降梯的提拉缆绳。令人惊讶的是，

升降梯并没有坠毁，而是牢牢地固定在半空中——奥的斯发明的升降梯安全装置发挥了作用。"一切安全，先生们。"站在升降梯平台上的奥的斯先生向周围观看的人们挥手致意。谁也不会想到，这就是人类历史上第一部安全升降梯，如图1-1所示。

1889年12月，奥的斯推出了世界上第一部真正意义上的电梯，它以直流电动机驱动、涡轮蜗杆减速，被装设在纽约德玛利斯大厦，速度达到0.5m/s，从此开辟了世界建筑史和运输史的崭新纪元，如图1-2所示。

图1-1　第一部安全升降梯

图1-2　安装于纽约德玛利斯大厦的第一部电梯

1900年，以交流电动机传动的电梯问世。1902年，瑞士的迅达公司研制成功了世界上第一部按钮式自动电梯，采用全自动的控制方式，提高了电梯的输送能力和安全性。1903年，美国出现了曳引式电梯，它以曳引轮取代绳鼓，改善了鼓轮式电梯提升高度和载重量受限的缺点。

电梯在动力问题得到解决后，便转向电气控制及速度调节方面的研究。1971年，集成电路应用于电梯；1972年，出现数控电梯；1976年，微处理器开始应用于电梯，信号控制方面用微机取代传统的控制系统，使故障率大幅下降，电梯的速度也由0.5m/s发展到目前超高速电梯的21m/s。

观光电梯于1950年出现，安装在高层建筑外面，使乘客能在电梯运行中清楚地眺望四周的景色。至此，电梯的世界越来越精彩。

2. 中国电梯发展

1900年，美国奥的斯电梯公司通过代理商Tullock & Co.获得在中国的第1份电梯合同，并于1907年在上海的汇中饭店（今和平饭店南楼）安装了2部电梯。这2部电梯被认为是我国最早使用的电梯。

1927年，上海市工务局营造处工业机电股开始负责全市电梯登记、审核、颁照工作。1947年，提出并实施电梯保养工程师制度。1948年2月，制定了加强电梯定期检验的规定，这反映了我国早期地方政府对电梯安全管理工作的重视。

1931年，曾在美国人开办的慎昌洋行当领班的华才林，在上海常德路648弄9号开设了华恺记电梯水铁工厂，从事电梯安装、维修业务。该厂成为中国人开办的第1家电梯工程企业。

1951年冬，党中央提出要在北京天安门安装1部我国自己制造的电梯，任务交给了天津（私营）从庆生电机厂。4个多月后，第1部由我国工程技术人员自己设计制造的电梯诞生了。该电梯载重量为1000kg,速度为0.70m/s,交流单速、手动控制。

1952年,上海交通大学设置起重运输机械制造专业,还专门开设了电梯课程。1954年,上海交通大学起重运输机械制造专业开始招收研究生,电梯技术是研究方向之一。

1959年9月,公私合营上海电梯厂为北京人民大会堂等重大工程制造安装了81部电梯和4部自动扶梯。其中,4部AC2-59型双人自动扶梯是我国自行设计和制造的第1批自动扶梯,由公私合营上海电梯厂与上海交通大学共同研制成功,安装在铁路北京站。

1971年,上海电梯厂试制成功我国第1部全透明无支撑自动扶梯,安装在北京地铁。

1972年10月,上海电梯厂大提升高度(约60m)自动扶梯试制成功,安装在朝鲜平壤市金日成广场地铁,这是我国最早生产的大提升高度自动扶梯。

1974年,机械行业标准JB 816—74《电梯技术条件》发布,这是我国早期的关于电梯行业的技术标准。

2001年9月20日,经当时的人事部批准,我国电梯行业第1家企业博士后科研工作站在广州日立电梯有限公司大石工厂研发中心举行挂牌揭幕仪式。

电梯服务在中国已有100多年历史,中国电梯行业的发展经历了以下几个阶段:①电梯的销售、安装、维保阶段(1900—1949年),这一阶段我国电梯拥有量仅1100多部;②独立自主、艰苦研制、生产阶段(1950—1979年),这一阶段我国共生产、安装电梯约1万部;③建立三资企业,行业快速发展阶段(1980年至今)。目前,我国已成为世界最大的新装电梯市场和最大的电梯生产国。

3. 电梯新技术与未来发展方向

随着科技的不断发展,与我们出行息息相关的电梯,未来会变成什么样子呢?我们不妨来一起看下,近年来电梯行业发展的几个趋势。

(1)电梯控制系统集成化趋势 电梯自动化控制系统已经成为计算机技术应用领域中相当重要的一个分支。为适应电梯的安全性、可靠性和功能灵活性等需求,系统多以微型计算机为核心。这种系统是将计算机技术、自动控制技术、通信技术以及转换技术高度整合的体系。系统在适应范围、可扩展性、可维护性、稳定性等方面比以往的控制系统具有明显的优越性,奠定了电梯控制技术发展的基石。

(2)电梯速度超高速化趋势 随着超高层建筑的增多,对电梯的运行速度也提出了更高的要求,这也推动了电梯技术的发展。目前世界上最快的电梯速度已经达到21m/s。可以预见的是,随着多用途、全功能的超高层建筑的发展,超高速电梯也势必会继续成为电梯研发的一个重要方向。超大容量的曳引电动机、高性能的微处理器、减振及噪声抑制技术、轿厢内自动调压系统、适用于超高速电梯的安全部件等技术也将会积极发展。

(3)绿色、智能化电梯趋势 节能、环保材料在电梯零部件上的应用已经有了一定的趋势,国内外知名电梯厂,也都先后入局,研发自己品牌的绿色电梯。永磁同步无齿轮曳引机、能量回馈装置正在迅速提高整机配套率;非金属材料制作的轿厢壁、导向轮、曳引轮已经逐渐投入使用;电梯悬挂系统以扁平复合曳引钢带取代了传统的曳引钢丝绳。此外,直线电梯驱动的电梯也有较大的研究空间;两台电梯共用同一个井道的双子电梯也成为可能。基于专家系统、模糊逻辑等技术的电梯群控系统可以适应电梯交通的不确定性、控制目标的多样化、非线性表现等动态特性。随着智能建筑的发展,电梯的智能群控系统也必将和建筑内的自动化服务设备结合为一个有机的整体。

1.1.2 电梯公司认知

1. 电梯公司从业资质与相关责任

根据国家生产许可证制度，我国的电梯公司主要分两大类：一类是有电梯制造许可证的电梯公司，如奥的斯、迅达、博林特、江南嘉捷、通用电梯等电梯公司；另一类是只有电梯安装、维修、改造许可证的电梯公司，如江苏春雷机电设备与安装有限公司等。

电梯作为特种设备，在《特种设备安全监察条例》（国务院令第549号）中对其设计与制造，安装、维修保养与改造，使用与管理有明确规定。

电梯及其安全附件、安全保护装置的制造、安装、改造单位，应当经国务院特种设备安全监督管理部门许可，方可从事相应活动。电梯的维修单位，应经省、自治区、直辖市特种设备安全监督管理部门许可，方可从事相应维修活动。

电梯的安装、改造、维修，必须由电梯制造单位或者其通过合同委托、同意的依照本条例取得许可的单位进行。电梯制造单位对电梯质量以及安全运行涉及的质量问题负责。

电梯的制造、安装、改造和维修活动，必须严格遵守安全技术规范的要求。电梯制造单位委托或者同意其他单位进行电梯安装、改造、维修活动的，应当对其安装、改造、维修活动进行安全指导和监控。电梯的安装、改造、维修活动结束后，电梯制造单位应当按照安全技术规范的要求对电梯进行校验和调试，并对校验和调试的结果负责。

2. 电梯公司从业要具备的条件

根据《特种设备安全监察条例》，凡从事电梯安装、改造、维修和日常维护的单位，必须取得特种设备安装、修理或改造资格证书，并在许可证的认可范围内从事相应工作。电梯的制造、安装、改造单位应当具备：有与电梯制造、安装、改造工作相匹配的专业技术人员和技术工人；有与电梯制造、安装、改造工作相匹配的生产条件和检测手段；有健全的质量管理制度和责任制度。电梯的维修单位应当有与电梯维修工作相匹配的专业技术人员和技术工人以及必要的检测手段。

3. 电梯公司人员要具备的条件

法定代表人或其授权代理人应了解特种设备有关的法律、法规、规章和安全技术规范，对承担相应施工的特种设备质量和安全技术性能负全责。授权代理人应有法定代表人的书面授权委托书，并应注明代理事项、权限和时限等内容。

应任命一名技术负责人，负责本单位承担的机电类特种设备施工中的技术审核工作。技术负责人应掌握特种设备有关的法律、法规、规章、安全技术规范和标准，不得在其他单位兼职。

应配备足够的管理人员，设立相应的质量管理机构，拥有一批满足申请作业需要的专业技术人员、质量检验人员和技术工人，技术工人中持相应作业项目《特种设备安全管理与作业人员证》的人员数量应达到相应要求。

4. 电梯施工单位从业资质要求

电梯设备安装、改造和维修3个施工类别按照设备类型及其不同技术参数分为A级、B级、C级三个等级。安装等级中，A级单位技术参数不限；B级单位要求电梯额定速度不大于2.5m/s、额定载重量不大于5t的乘客电梯、载货电梯、液压电梯、杂物电梯,以及所有技术参数的自动人行道和自动扶梯;C级单位要求电梯额定速度不大于1.75m/s、额定载重量不大于3t的乘客电梯、载货电梯,以及所有技术参数等级的杂物电梯、自动人行道和提升高度不大于6m的自动扶梯。

电梯的安装、改造和维修施工单位必须满足一定的基本要求,主要包括:注册资金要求、专业技术人员数量要求、持相应作业项目资格证书的特种设备作业人员等技术工人数量要求、技术负责人职称要求、专职质量检验人员要求、已经完成施工的特种设备数量要求,改造单位还有设备、厂房和场地要求。

1.1.3 电梯从业人员工作内容与行业特殊性认知

1. 中国电梯行业发展现状及趋势

电梯极大地延伸了人们的生活空间,提高了人们的生活质量。我国成为全球最大的电梯制造大国,已形成较为完整的产业链。随着"十四五"城镇化发展和党的二十大提出加快建设制造强国带来的机遇,以及我国民族电梯企业不断加强自主创新、突破技术瓶颈,未来我国仍将是全球电梯设备和相关服务需求最迫切、生产力最旺盛的市场。

2. 未来电梯行业技术重点

随着人们对美好生活的追求,开始需要更智慧、更有保障、更安全、更高效的电梯设备。由于我国社会基础建设水平的提高,物联网、大数据、人工智能的进步,智能电梯的应用领域会在以物联网为中心的数字化生态系统中不断地延伸和扩张。政府推崇提高人们的生活质量,在工作报告中提到旧楼加装电梯,凸显了社会对于更新电梯的需要,未来政府在智能电梯的公共或私人投资有望加大。

党的二十大报告提出要加快建设数字中国,这是中国智能电梯发展的一大机遇。随着人工智能化时代的到来,以大数据和人工智能等新技术驱动的先进制造业,将是未来中国实体经济长期健康发展的主要动力。在这一背景下,电梯市场也正在逐步迈入AI时代。

3. 电梯从业人员岗位与工作内容

(1)电梯调试人员(见图1-3)工作职责

1)装配、调试电梯的驱动主机、门机系统、轿厢系统、安全保护系统等机械部件。

2)装配电梯的井道导向系统、井道信息系统、电梯悬挂系统、补偿系统、内外选层系统等机械组件。

图1-3 电梯调试人员

3)装配、调试电梯的操纵装置、位置显示装置、控制屏柜、平层装置等系统的电气部分。

4)装配自动扶梯和自动人行道的扶手装置、梯级、安全保护装置等机械组件。

5)装配、调试自动扶梯和自动人行道的梳齿板安全装置、驱动链保护装置、围裙板安全装置等安全保护装置的电气部分。

6)使用专业计量器具和检测仪器,检验装配的系统或组件。

7）试装自动扶梯及自动人行道，并使用专业计量器具和检测仪器检验整机。

（2）电梯安装人员（见图1-4）工作职责

1）按时按质量完成电梯在现场工地的安装工作，负责对设备、设施进行安全检查。

2）负责设备日常的安装维护。

3）进行综合维修的日常工作。

4）为设备提供技术支持，对设备的选用提供合理的建议和意见。

图1-4　电梯安装人员

（3）电梯维修人员（见图1-5）工作职责

1）负责电梯的正常运行和维修保养工作。

2）负责电梯及附属设备的维修保养和故障检修工作，保证电梯的正常运行。

3）负责各电梯照明及内外呼叫指示的巡查和维修工作。

4）负责轿厢、井道及井道底、整流、电抗器、控制柜的清洁工作。

5）定期进行检查、测试，发现问题及时处理，做到防患未然。

6）及时处理电梯运行中发生的故障，以确保电梯的正常运行。

7）遇有电梯困人故障，首先通过对讲机与被困乘客沟通，然后上报主管，并监视被困乘客状况，迅速采取解救对策，保障被困乘客的绝对安全。

（4）电梯检验人员（见图1-6）工作职责

1）按照安装工艺规程、技术要求和检验规程（或检验要领书）开展电梯安装验收工作。

2）按公司有关程序文件及管理标准规定，办理验收手续，严格执行文件规定。认真做好质量记录，妥善保存，项目完工后及时整理归档。

3）对因验收依据不足而放行，造成的质量问题负责。

4）及时反馈验收过程中各类质量信息。严格履行审批手续，及时汇报质量情况，适时进行质量分析，提出建设性意见。

图1-5　电梯维修人员

图1-6　电梯检验人员

4. 电梯行业的特殊性

在我国现行的电梯行业管理体制下，电梯属于特种设备，监管部门对电梯的制造、安装、改造、维修等实行许可证管理制度，行业内企业必须取得《特种设备制造许可证》，并执行《电梯制造与安装安全规范》[GB/T 7588（所有部分）—2020]及《自动扶梯和自动人行道的制造与安装安全规范》（GB 16899—2011）等行业规范才能从事相应的业务。电梯从业人员也必须具备《特种设备安全管理与作业人员》行业准入资格。

5. 电梯安全标识

（1）电梯安全标识重要性　电梯在使用与管理的过程中，有着严格的标准，在特定位置也会张贴必要的警示标志，以提醒相关人员注意，如图1-7所示。

图1-7　电梯安全标识

电梯机房是电梯运行的控制中心，是电梯安全运行至关重要的地方，机房门口设置醒目的警示标志，如"机房重地，闲人勿进"等标语。非专业人员，是禁止进入的。

在电梯层门设置明显的警示标志，提醒广大乘客严禁推压层门、擅自掰开层门。

电梯层门上的钥匙孔旁设置警示标志，提醒人们严禁破坏钥匙孔，以防发生电梯困人事故时从外部打不开层门。

在底层电梯呼梯按钮旁边一般设置有电梯消防开关，也应标有"消防开关，严禁擅自按动"等警示标语，若非发生火灾情况，乘客是禁止擅自按动消防开关的。

在电梯轿厢内也应有明显的提醒乘客禁止推压轿门和轿厢壁、禁止乘客擅自掰开轿门、禁止晃动轿厢，以及若发生故障时不要盲目自救等警示标志和标语。

（2）安全警示标志的相关法律规定　《中华人民共和国特种设备安全法》第四十三条：电梯、客运索道、大型游乐设施的运营使用单位应当将电梯、客运索道、大型游乐设施的安全使用说明、安全注意事项和警示标志置于易于为乘客注意的显著位置。

任务工单

任务名称	电梯行业认知		任务成绩	
学生班级		学生姓名		实践地点	
实践设备					
任务描述	通过查找资料，了解电梯发展历程和趋势，梳理相关资料，理解电梯对人类生活的重要性；分析行业现状，明确电梯技术人才需求的迫切性。通过现场调研，了解电梯从业人员岗位分类和岗位内容，明确电梯岗位的特殊性和职业责任，树立安全意识，并提前规划个人职业发展方向				
目标达成	1. 掌握电梯发展历程和趋势 2. 了解电梯行业发展与技术人才需求 3. 规划个人职业发展方向				

(续)

	任务1	掌握电梯发展历程及趋势
任务实施	自测	1. 中国电梯年产量为_____ 2. 简述中国电梯行业所处发展阶段 3. 国内外电梯行业的差距 （1）从拥有知识产权的电梯与零部件角度 （2）从电梯技术创新角度 4. 电梯技术发展方向
	任务2	了解主流电梯企业及品牌，分析电梯技术人才需求
	自测		名称	公司简介	主要产品	代表项目	人才需求 | |---|---|---|---|---| | | | | | |
	任务3	根据电梯工作岗位内容与电梯安全操作要求，分析职业发展方向与个人发展要求，拟定个人职业规划
	自测	1. 电梯行业入职岗位

任务实施	任务 3	根据电梯工作岗位内容与电梯安全操作要求，分析职业发展方向与个人发展要求，拟定个人职业规划
	自测	2. 职业技能提升规划
任务评价		1. 自我评价
		2. 任课教师评价

  巩固训练

填空题

1. _____年，由国务院颁布的《特种设备安全监察条例》正式实施，更加严格了电梯等特种设备生产制造、安装调试、维护保养、使用管理及_____等方面的控制和管理。

2. _____年，《中华人民共和国特种设备安全法》实施。

3. 世界上第一台电梯是由美国的_____电梯公司生产出来的。

4. 我国的电梯制造与安装标准有_____以及《自动扶梯和自动人行道的制造与安装安全规范》GB 16899—2011。

5. 请通过查阅相关资料，搜集整理国内外著名电梯公司品牌及其Logo，并了解其公司文化。

任务 1.2　电梯基础认知

 工作任务

1. 工作任务类型

学习型任务：认识电梯，掌握电梯结构组成和性能指标。

电梯的基本结构

2. 学习目标

（1）知识目标：了解通常意义上的电梯定义，电梯的正常运行环境；掌握不同类型的电梯与应用场合；掌握电梯四大空间、八大系统；掌握电梯编制规则，铭牌含义；掌握电梯性能要求，额定载重量和额定速度。

（2）能力目标：能对生活中不同的电梯有所了解；能说出电梯的结构组成及功能；能识别电梯产品型号信息、性能指标。

（3）素质目标：养成持续学习的良好习惯；具备科学严谨、标准规范的治学与工作态度；谨记电梯安全守则，遵守工地安全要求；热爱电梯行业，提升自身专业技能，践行社会责任。

知识储备

1.2.1 电梯的定义与工作条件

1. 电梯的定义

GB/T 7024—2008《电梯、自动扶梯、自动人行道术语》中对电梯的定义：电梯是服务于建筑物内若干特定的楼层，其轿厢运行在至少两列垂直于水平面或与铅垂线倾斜角小于15°的刚性导轨运动的永久运输设备。

《特种设备安全监察条例》中对电梯的定义：电梯指动力驱动，利用沿刚性导轨运行的箱体或者沿固定线路运行的梯级（踏步、进行升降或者平行）运送人、货物的机电设备，包括载人（货）电梯、自动扶梯、自动人行道等。

GB/T 7024—2008《电梯、自动扶梯、自动人行道术语》中对电梯的定义是狭义的，是指生活中常说的直梯，包括运行轨迹在垂直方向或与垂直方向成很小角度的各种曳引式电梯、液压电梯等，但不包括常见的自动扶梯与自动人行道、斜行电梯等。《特种设备安全监察条例》中定义的电梯是广义的，覆盖范围广，涵盖生活中所有为人们服务的电梯。但电梯行业常说的电梯以及本书所述的电梯，除了做特殊说明外，一般都指狭义的电梯，而非广义的电梯，自动扶梯与自动人行道一般不直接称为电梯。

2. 电梯运行基本条件

电梯的设计、制造、安装必须符合国家有关标准，才能允许投入正式运行。要想确保电梯安全运行，必须具备以下基本条件：

1）根据电梯数量、分布情况、使用忙闲程度，合理配备电梯管理、维修保养人员及司机。根据具体情况设置相应的机构，对于电梯管理技术人员、电梯维修人员、电梯司机，必须受过专业培训，并取得合格证书，方能上岗工作，并应保持人员相对稳定。

2）根据国家有关规定，重视加强对电梯的管理，建立健全电梯管理的规章制度，并且认真执行。

3）建立电梯设备技术档案。

4）建立电梯安全教育制度。

5）电梯电气设备的一切金属外壳，必须按规定采取保护接地措施，其技术要求和指标必须符合有关规定。

6）机房内必须备有消防设备；机房应具有防盗措施与装置；机房内环境温度应符合规定，清洁卫生。

7）井道内应有永久照明灯，轿顶和底坑应有照明灯，灯具安全可靠，照明电压不应超过36V。

8）轿厢内应设有应急灯，断电后能保证轿厢内有一定的亮度。

9）电梯应具有消防功能装置，轿厢内必须装有与外界联系的电话或对讲机等通信装置。

10）电梯司机、维修人员及电梯管理人员应具有在紧急情况采取正确处理问题的能力。

11）电梯司机必须持有上岗操作证，无证或非司机绝不允许操作电梯。在操作电梯工作时，必须按照安全操作规程要求进行。绝不允许违章操作，不准私自离岗。

12）在电梯首层层门外和轿厢内，应贴有乘客乘梯须知。乘客在层门外等候时，不准乱拆动层门按钮和指示装置。绝不允许用脚或其他物品去损坏层门，更不允许用自制钢丝等弄开层门或扒层门。应遵守候梯、乘梯的文明规范。

13）乘客或其他人员，绝不允许站在层门与轿门之间等候或闲谈。在进、出轿门时应尽量迅速，不要在层门与轿门之间停留。

14）电梯载客前，要进行运行前的检查。经检查确无问题后，才能正式运行。轿厢内绝不准装带易燃、易爆、易破碎等危险品，也不准装载超过轿厢内高度或宽度的物品。电梯停驶时，应停在规定的层站，仔细检查轿厢内外有无异常现象，然后按停梯的操作程序进行，将轿、层门关好，锁梯后方可离梯。若交接班，应严格按照制度执行。

15）发现电梯有异常情况时，应立即停梯，及时通知电梯维修人员进行检查，排除故障。电梯绝不准"带病"运行。故障排除且试运行正常后，方可正式投入运行。

3. 电梯工作基本条件

（1）海拔≤1000m　电梯安装地点的海拔不超过1000m；对于海拔超过1000m的电梯，其驱动主机的运行温度及温升限值应按GB/T 755—2019《旋转电机定额和性能》的要求进行修正；对于海拔超过2000m的电梯，其低压电器的选用应按GB/T 20645—2021《特殊环境条件　高原用低压电器技术要求》的要求进行修正。

海拔对曳引机的功率影响较大，由于海拔高空气稀薄，转子与定子之间间隙的导磁能力差，直接影响曳引机的额定功率输出，同时发热量增大，所以对于高海拔的电梯应增加机房通风。另外，一般海拔1000m以上时，每增加1000m，曳引机的功率应增加10%。

（2）机房温度为5~40℃　在GB/T 7588.1—2020《电梯制造与安装安全规范　第1部分：乘客电梯及载货电梯》中的0.4.16中提到，考虑设备散发热量，井道和机器空间内的环境温度视为保持在5~40℃之间。这是因为电梯机房内温度过高，会对控制柜里面的变频器、PLC等各种微电子元件以及曳引机的散热产生影响，从而引起故障。

（3）机房湿度≤50%（40℃）　空气相对湿度在最高温度为40℃时不超过50%，在较低温度下可有较高的相对湿度，如最潮湿月份的月平均最低温度不超过25℃，该月的月平均最大相对湿度可达90%。需要考虑湿度对电器设备的影响，并应采取相应措施。电梯机房中一般有空调设备，用于平衡湿度。

（4）额定电压波动在±7%内

1）电压偏低。电源电压过低时，电磁转矩就会大大降低，如果负载转矩没有减小，转子转速过低，这时转差率增大造成电动机过载而发热，长时间会影响电动机寿命。

2）电压偏高。在电梯运行过程中如果发现电源电压偏高，励磁电流增大，电梯的电动机会过分发热，过分的高电压会危及电动机的绝缘，使其有被击穿的危险。

3）三相电压不稳。当三相电压不对称时，即一相电压偏高或偏低时，会导致某相电流过大，电动机发热，同时转矩减小会发出"翁嗡"声，长时间会损坏绕组。

频繁的电压不稳定会直接烧坏动力单元中的电动机，电梯电动机烧毁导致的后果是非常严重的。电梯在使用过程中应确保工作电压的稳定，减少安全事故的发生。

（5）环境空气　环境空气中不应含有腐蚀性和易燃性气体，污染等级不应大于GB/T 14048.1—2012《低压开关设备和控制设备　第1部分：总则》中的3级。电梯机房布满灰尘会导致以下问题：

1）控制系统和电梯主机散热不好，容易死机，加速电子元件老化。

2）如果尘土中含金属元素比较多，还有可能造成电容、电路板等的短路。

3）有齿轮的曳引机会加速轴承密封圈处的磨损，引起主机漏油。

4）若钢丝绳内部有油绳，表面有油渍，尘土很容易附着在上面，长时间容易形成油疙瘩，造成安全故障。

（6）维护与润滑　电梯整机和零部件应进行良好的维护，使其保持正常的工作状态。需要润滑的零部件应进行良好的润滑。

1.2.2　电梯的分类

（1）按用途分类　电梯按用途不同主要分为乘客电梯、载货电梯、医用电梯、杂物电梯、观光电梯、车辆电梯、船舶电梯、建筑施工电梯和其他用途电梯，详见表1-1和图1-8。

表1-1　按用途分类

名称	定义	应用场所	特点
乘客电梯（TK）	为运送乘客设计的电梯	适用于高层住宅、办公大楼、宾馆、饭店等客流量大的场所	安全可靠、轿厢装潢精美、自动化程度高、运行平稳、速度快
载货电梯（TH）	主要为运送货物而设计，通常有人伴随的电梯	主要应用在多楼层的车间厂房、各类仓库及立体车库等场合	比较安全、载重量大、自动化程度低、运行速度慢
医用电梯（TB）	为运送病床、担架、医用车而设计的电梯	主要应用在医院、疗养院及康复机构等场合	轿厢窄而深，前后贯通，运行平稳、噪声小，起动和制动舒适感好
杂物电梯（TW）	专门为运送杂物而设计的电梯	主要应用在图书馆、办公楼及饭店运送图书、文件及食品等场合	安全设施不齐全，不许载人，轿厢门洞及轿厢面积很小
观光电梯（TG）	轿厢壁透明，供乘客观光用的电梯	主要应用在商场、宾馆及旅游景点等场合	井道和轿厢壁至少有同一侧透明，乘客可观看到轿厢外的景物
车辆电梯（TQ）	用作装运车辆的电梯	高层或多层车库、立体仓库	轿厢面积大，与所装运的车辆相匹配，其构造充分牢固，有的无轿顶，升降速度一般都比较低（<1m/s）
船舶电梯（TC）	安装在船舶上为乘客、船员或其他人员使用的电梯	安装在船舶上	机房位置灵活
建筑施工电梯（SC）	建筑施工与维修用的电梯	在建筑施工现场	吊笼上各门均有限位开关，均配备防坠安全器
其他用途电梯	除上述常用电梯外，还有一些特殊用途的电梯，如冷库电梯、防爆电梯、矿井电梯、电站电梯、消防员用电梯等	应用于冷藏库、矿井、火灾现场等场合	防爆、耐热、防腐等

（2）按驱动方式分类　电梯按驱动方式不同分为交流电梯、直流电梯、液压电梯、齿轮齿条电梯、螺杆式电梯、直线电动机驱动的电梯等，详见表1-2。

a) 乘客电梯(TK)　　b) 载货电梯(TH)　　c) 观光电梯(TG)　　d) 医用电梯(TB)

e) 杂物电梯(TW)　　f) 建筑施工电梯(SC)　　g) 车辆电梯(TQ)　　h) 船舶电梯(TC)

图 1-8　不同用途的电梯

表 1-2　按驱动方式分类

名称	驱动方式	特点
交流电梯	用交流感应电动机作为驱动力的电梯	额定速度一般在 0.5m/s 以下，根据拖动方式又可分为交流单速、交流双速、交流调压调速、交流变频变压调速等电梯
直流电梯	用直流电动机作为驱动力的电梯	额定速度一般在 2m/s 以上
液压电梯	一般利用电动泵驱动液体流动，由柱塞使轿厢升降的电梯	梯速通常小于 1m/s
齿轮齿条电梯	将导轨加工成齿条，轿厢装上与齿条啮合的齿轮，电动机带动齿轮旋转使轿厢升降的电梯	一般用于建筑工程中，也称施工升降机
螺杆式电梯	将直顶式电梯的柱塞加工成矩形螺纹，再将带有推力轴承的大螺母安装于油缸顶，然后电动机经减速机（或传送带）带动螺母旋转，从而使螺杆顶升轿厢上升或下降的电梯	安全性好
直线电动机驱动的电梯	动力源是直线电动机	结构简单，占用空间小，节能环保，可靠性大

（3）按速度分类　电梯按速度不同可分为低速梯、中速梯、高速梯和超高速梯，详见表 1-3。

表 1-3　按速度分类

名称	额定速度范围	应用场所
低速梯	常指低于 1m/s 速度的电梯	用于 10 层以下的建筑物客货两用电梯、货梯
中速梯	常指速度在 1~2m/s 之间的电梯	用于 10 层以上的建筑物内
高速梯	常指速度在 2~3m/s 之间的电梯	用于 16 层以上的建筑物内
超高速梯	常指速度超过 5m/s 的电梯	超高层建筑物内

（4）按有无司机分类　电梯按有无司机操纵分为有司机电梯、无司机电梯和有/无司机电梯三类，详见表 1-4。

表 1-4　按有无司机分类

名称	操纵方式	特点
有司机电梯	电梯的运行方式由专职司机操纵来完成	必须有专职的电梯司机进行操纵，如施工电梯
无司机电梯	乘客进入电梯轿厢，按下操纵盘上所需要去的层楼按钮，电梯自动运行到达目的层楼	无司机电梯不需要由专门的电梯司机进行操纵，由乘客自己操纵电梯，这类电梯通常具有集选功能
有/无司机电梯	平时由乘客操纵，如遇客流量大或必要时改由司机操纵	这类电梯可变换控制电路，可根据电梯控制电路及客流量等进行调整

（5）按控制方式分类　电梯按控制方式不同主要分为手柄开关操纵电梯、按钮控制电梯、信号控制电梯、集选控制电梯、并联控制电梯和群控电梯等，详见表1-5。

表 1-5　按控制方式分类

名称	控制方式
手柄开关操纵电梯	电梯司机在轿厢内控制操纵盘手柄开关，实现电梯的起动、上升、下降、平层、停止的运行状态
按钮控制电梯	是一种简单的自动控制电梯，具有自动平层功能，常见的有轿外按钮控制、轿内按钮控制两种控制方式
信号控制电梯	是一种自动控制程度较高的有司机电梯。除具有自动平层、自动开门功能外，还具有轿厢命令登记、层站召唤登记、自动停层、顺向截停和自动换向等功能
集选控制电梯	是一种在信号控制基础上发展起来的全自动控制的电梯，与信号控制的主要区别在于能实现无司机操纵
并联控制电梯	2~3台电梯的控制线路并联起来进行逻辑控制，共用层站外召唤按钮，电梯本身具有集选功能
群控电梯	是用微机控制和统一调度多台集中并列的电梯。群控有梯群的程序控制、梯群智能控制等形式

（6）按有无机房分类　电梯按有无机房可分为有机房电梯和无机房电梯详见表1-6。

表 1-6　按有无机房分类

名称	方式
有机房电梯	1）机房上置式，即机房位于井道上部，驱动形式简单，是目前最常用的形式 2）机房下置式，即机房位于井道下部，结构复杂、维修不便，要求井道截面积较大，且必须做好防水、防潮等保护措施，除非建筑物上方的确无法建造电梯机房时才采用，所以此种方式用得较少 3）机房侧置式电梯将机房安装在井道侧边，如液压电梯的机房放在距离井道50m以内的任何地方均可
无机房电梯	1）曳引机位于井道顶部的电梯 2）曳引机位于底坑或底坑附近的电梯 3）采用永磁同步无齿轮曳引机，电梯机房面积可以缩小到等于电梯井道横截面面积，机房高度可以缩小到2300mm左右，只要满足维修电梯时能够通过环链手拉葫芦将曳引机起吊到一定高度即可

1.2.3 电梯的基本结构

1. 按功能划分的电梯结构

从电梯各构件部分的功能上看，电梯的结构可分为三大部分：机械部分、电气部分、安全装置部分。

1）机械部分包括曳引系统、导向系统、轿厢和重量平衡系统以及门系统。

2）电气部分包括电力拖动和电气控制系统。

3）安全装置包括各类安全保护装置。

2. 按性能和作用划分的电梯结构

按电梯各个部分性能和作用的不同，一般情况下将电梯分为八大系统。图1-9所示为交流曳引电梯整体结构图。

（1）曳引系统（见图1-10）

功能：输出与传递动力，使电梯运行。

组成：主要由曳引机、曳引钢丝绳、导向轮、反绳轮等组成。

1）曳引机：由曳引电动机、制动器、减速箱及曳引轮等部件组成，为电梯的运行提供动力。

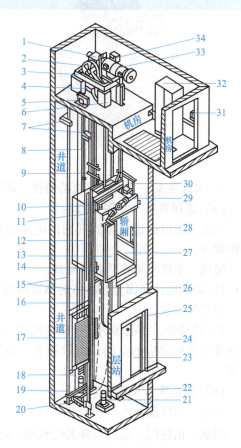

图1-9 交流曳引电梯整体结构图
1—减速箱 2—曳引轮 3—曳引机底座
4—导向轮 5—限速器 6—机座 7—导轨支架
8—曳引钢丝绳 9—开关碰铁 10—紧急终端开关
11、15—导轨 12—轿架 13—轿厢门 14—安全钳
16—绳头组合 17—对重 18—补偿链
19—补偿链导轮 20—张紧装置 21—缓冲器
22—底坑 23—层门 24—呼梯盒 25—层楼指示灯
26—随行电缆 27—轿厢壁 28—轿内操纵盘
29—开关门机构 30—井道传感器 31—电源开关
32—控制柜 33—曳引机 34—制动器

2）曳引钢丝绳：连接轿厢和对重，靠其与曳引轮间的摩接力来传递动力，驱动轿厢升降。

3）导向轮：安装在曳引机机架或承重梁上，将曳引绳引向对重或轿厢的钢丝绳轮。

4）反绳轮：设置在轿厢顶和对重顶的动滑轮及设置在机房的定滑轮。根据需要曳引绳绕过反绳轮可构成不同的曳引比。根据曳引比的需要，反绳轮的数量可以是1~3不等。

（2）导向系统（见图1-11）

功能：限制轿厢和对重的活动自由度，使轿厢和对重沿着导轨上下运动。

组成：由导轨、导靴和导轨支架组成。

1）导轨：在井道中确定轿厢与对重的相互位置，并对它们的运动起导向作用的组件。

2）导靴：装在轿厢和对重架上，与导轨配合，强制轿厢和对重的运动服从于导轨的部件。

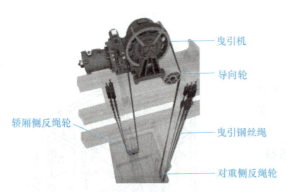
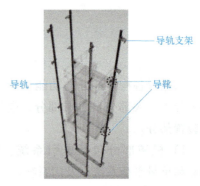

图 1-10　曳引系统　　　　　　　图 1-11　导向系统

3）导轨支架：是支撑导轨的组件，固定在井道壁上。

（3）轿厢系统（见图 1-12）

功能：用以运送乘客或货物的电梯组件，是电梯的工作部分。

组成：由轿厢架和轿厢体组成。

1）轿厢架：是固定轿厢体的承重构架，由上梁、立柱、底梁等组成。

2）轿厢体：是电梯的工作厢体组件，具有与载重量和服务对象相适应的空间，由轿厢底、轿厢壁、轿厢顶组成。

（4）门系统（见图 1-13）

功能：封住层站入口和轿厢入口。

图 1-12　轿厢系统

组成：由轿门、层门、开关门机构、门锁装置等组成。

1）轿门：设在轿厢入口的门，由门、门导轨架、轿厢地坎等组成。

2）层门：设在层站入口的门，又称厅门，由门、门导轨架、层门地坎、层门联动机构等组成。

3）开关门机构：使轿厢门开启或关闭的装置。

4）门锁装置：设置在层门内侧，门关闭后将门锁紧，同时接通门锁信号控制电路，使轿厢方能运行的机电联锁安全装置。

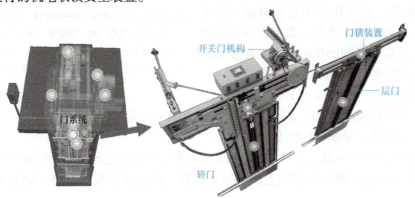

图 1-13　门系统

(5) 重量平衡系统（见图1-14）

功能：相对平衡轿厢重量，在电梯工作中能使轿厢与对重间的重量差保持在某一个限额之内，保证电梯的曳引传动正常。

组成：由对重和重量补偿装置组成。

1) 对重：由对重架和对重块组成，其重量与轿厢满载时的重量成一定比例，与轿厢的重量差具有一个恒定的最大值，又称平衡重。

2) 重量补偿装置：在高层电梯中，补偿轿厢与对重侧曳引绳长度变化对电梯平衡影响的装置。

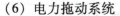

图1-14 重量平衡系统

(6) 电力拖动系统

功能：提供动力，实现电梯速度控制。

组成：由曳引电动机、供电系统、速度反馈装置、电动机调速装置等组成。

1) 曳引电动机：电梯的动力源。交流电梯用交流电动机，直流电梯用直流电动机。

2) 供电系统：为电梯的电动机提供电源的装置。

3) 速度反馈装置：在交流调速电梯和直流电梯中，为调速装置提供电梯速度信号的装置。一般用测速发电机及数字式旋转编码器，安装在曳引电动机的尾部蜗杆层端。

4) 电动机调速装置：对曳引电动机实现转速变化的调速装置。

(7) 电气控制系统

功能：对电梯的运行实现操纵和电气控制。

组成：由操纵装置、位置显示装置、控制屏（柜）、平层装置、选层器等组成。

1) 操纵装置：对电梯的运行实行操纵的装置，即轿厢内的按钮操纵箱或手柄开关箱和厅门口的召唤按钮箱，安装在厅门口。

2) 位置显示装置：安装在电梯每个停靠站层门的一侧，是为候梯乘客向控制系统提供召唤信号的装置。

3) 控制屏（柜）：电梯电气控制系统的核心部件，由柜体和各种控制元件及拖动器件等组成。

4) 平层装置：需要对电梯轿厢到达停靠站后的换速位置以及在平层区内的精确平层位置进行确定的装置。

5) 选层器：通过模拟电梯的运行状态，向控制柜发出相应的电气信号，是电梯轿厢实际运行状态的反馈装置。

(8) 安全保护系统（见图1-15）

功能：保证电梯安全使用，防止一切危及人身安全的事故发生。

组成：主要由限速器、安全钳、缓冲器等组成。

1) 限速器：能反映电梯实际运行速度，且当速度超过允许值时，能发出电气控制信号

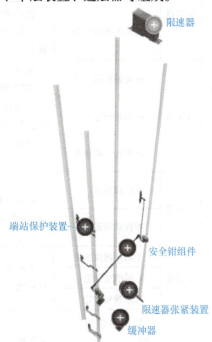

图1-15 安全保护系统

及产生机械动作,切断控制电路或迫使安全钳动作。

2）安全钳：能通过限速器操纵,以机械动作将轿厢强制卡在导轨上的机械安全装置。

3）缓冲器：是一种能吸收、消耗运动物体能量的保护装置,是电梯安全保护系统中最后一道安全保护装置。

3. 按空间位置划分的电梯结构

从电梯空间位置来看,电梯由四个部分组成：机房、井道、轿厢、层站,见表1-7~表1-10。

表1-7 电梯机房里的主要部件及其安装部位

序号	部件名称	主要类型	主要构成	功能	安装位置
1	曳引机	无齿轮曳引机（无减速器曳引机）	电动机、电磁制动器、曳引轮、冷却风机	为电梯提供动力源,不用中间的减速器,将动力直接传递到曳引轮上	架设在机房承重梁上,也有设置在导轨顶端、地坑一侧或某个层站井道旁的
		有齿轮曳引机	螺杆副减速器、惯性轮、曳引轮、制动器、电动机	为电梯提供动力源,通过中间的减速器,将动力传递到曳引轮上	
		永磁无齿轮曳引机	永磁电动机、电磁制动器、制动轮、曳引轮、光电编码器	曳引轮和制动轮直接安装在电动机轴上,曳引轿厢运行	
	制动器	卧式电磁制动器	铁心、蝶形弹簧、偏斜套、制动弹簧	对主动转轴起制动作用,能使工作中的电梯轿厢停止运行	装在电动机的旁边,即在电动机轴与蜗杆轴相连的制动轮处
		立式电磁制动器	制动弹簧、拉杆、动铁心、制动臂、闸瓦、球面头		
	减速器	蜗轮蜗杆减速器	蜗轮、蜗杆、电动机、块式制动器、曳引轮	能使快速电动机与钢丝绳传动机构的旋转频率协调一致	装在曳引电动机转轴和曳引轮轴之间
		斜齿轮减速器	制动鼓、斜齿轮、电动机、曳引轮		
		行星齿轮减速器	行星斜齿轮、制动器、电动机、曳引轮		
	联轴器	刚性联轴器	电动机轴,左右半联轴器,蜗杆轴	用以传递由一根轴延续到另一根轴上的转矩	设在曳引电动机轴端与减速器蜗杆端的会合处
		弹性联轴器			
	曳引轮	半圆形槽曳引轮	内轮筒（鼓）、外轮圈、蜗杆轴	除承受轿厢、载重和对重重量外,还利用曳引钢丝绳与轮槽的摩擦力来传递动力	装在减速器中的蜗杆轴上
		V形槽曳引轮			
		凹形槽曳引轮			
	导向轮	U形螺栓固定导向轮	固定心轴、滚动轴承、U形螺栓	与曳引轮互相配合,承受轿厢自重、载重和对重的全部重量,并将曳引绳引向轿厢或对重	放在曳引电动机机架台或承重梁的下面
		双头螺栓固定导向轮	固定心轴、滚动轴承、双头螺栓		

（续）

序号	部件名称	主要类型	主要构成	功能	安装位置
2	限速器	刚性限速器	压绳、夹绳器	控制轿厢（对重）的实际运行速度，当速度达到极限值，能发出信号以及产生机械动作，切断控制电路或迫使安全钳动作	安装在机房或滑轮间的地面处，一般在轿厢的左后角或右前角处
		弹性限速器	绳轮、拨叉、底座		
		双向限速器	超速动作开关等		
3	曳引钢丝绳	8×19S 钢丝绳	钢丝、绳股、绳芯	连接轿厢和对重，并靠曳引机驱动轿厢和对重运动	在机房穿绕曳引轮、导向轮，下面一端连接轿厢，另一端连接对重
		6×19S 钢丝绳			
4	控制柜	控制柜	继电器、接触器、电阻器、整流器、变压器等电子元器件	各种电子元器件的载体，并对其起防护作用	在机房、井道或某个楼层
		控制屏			

表 1-8 电梯井道及底坑的主要部件

序号	部件名称	主要类型	主要构成	功能	安装位置
1	轿厢	客（货）电梯轿厢	轿厢底、轿厢壁、轿厢顶、轿厢门	用以运送乘客和（或）货物的载体	在曳引绳的下端并通过曳引绳与对重装置的一端相接
		医用电梯轿厢			
		杂物电梯轿厢			
		观光梯轿厢			
2	导轨	T 形导轨	冷轧钢或角钢	作为轿厢和对重在竖直方向运动的导向，限制轿厢和对重活动的自由度	架设在井道内
		L 形导轨			
		槽形导轨			
		管形导轨			
3	导轨支架	山形导轨架	钢板、螺栓	作为导轨的支撑体	装在井道壁上
		L 形导轨架			
		框形导轨架			
4	对重装置	无对重轮式（曳引比 1∶1）	对重架、对重块、导靴、碰块、压板、对重轮	使轿厢与对重间的重量差保持在某一个限额之内，保护电梯曳引传动平稳、正常	相对轿厢悬挂在曳引绳的另一端
		有对重轮式（曳引比 2∶1）			
5	复绕轮	同导向轮	同导向轮	在 2∶1 绕绳法的电梯上，能改善提升动力和运行速度	一般装设在轿顶架下部和对重架上梁的上部
6	缓冲器	弹簧式	缓冲橡胶垫、弹簧、缓冲座	当轿厢超过上下极限位置时，用来吸收、消耗制停轿厢或对重装置所产生的动能	安装在井道底坑
		油压式	吸振橡胶块、柱塞、弹簧、环圈、筒体		

（续）

序号	部件名称	主要类型	主要构成	功能	安装位置
7	重量补偿装置	补偿绳	钢丝绳、挂绳架、卡钳、定位卡板	用以补偿电梯在升降过程中，由于曳引钢丝绳在曳引轮两边的重量变化而产生不平衡	一端悬挂在轿厢下面，另一端挂在对重装置下面
		补偿链	麻绳、铁链、U形卡箍		
		补偿缆	环链、聚乙烯、氯化物		
8	端站保护装置	强迫换速开关	强迫换速开关、碰轮、碰板限位开关、极限开关、重砣	当轿厢运行超过端站时，用于切断控制电源	可装在井道上端站和下端站附近，也可设在轿厢下
		终端限位开关			
		终端极限开关			
9	平层感应器	遮磁板式	换速传感器、平层隔磁板	在平层区内，使轿厢地坎与厅门地坎自动准确对位	分别装在轿顶和轿厢导轨上
		圆形永久磁铁式	圆形永久磁铁、双稳态磁开关		

表 1-9 电梯轿厢上的主要部件及其安装部位

序号	部件名称	主要类型	主要构成	功能	安装位置
1	轿门	中分式轿门	门扇、门套、门滑轮、门导轨架、门靴、门锁装置	供司机、乘客和货物进出，并防止人员和物品坠入井道或与井道相撞	设在轿厢入口处，并靠近层门的一侧
		旁开式轿门			
2	导轨	T形导轨	冷轧钢或角钢	作为轿厢和对重在竖直方向运动的导向，限制轿厢和对重活动的自由度	架设在井道内
		L形导轨			
		槽形导轨			
		管形导轨			
3	导轨支架	山形导轨架	钢板、螺栓	作为导轨的支撑体	装在井道壁上
		L形导轨架			
		框形导轨架			
4	对重装置	无对重轮式（曳引比1:1）	对重架、对重块、导靴、碰块、压板、对重轮	使轿厢与对重间的重量差保持在某一个限额之内，保护电梯曳引传动平稳、正常	相对轿厢悬挂在曳引绳的另一端
		有对重轮式（曳引比2:1）			
5	复绕轮	同导向轮	同导向轮	在2:1绕绳法的电梯上，能改善提升动力和运行速度	一般装设在轿顶架下部和对重架上梁的上部
6	缓冲器	弹簧式	缓冲橡胶垫、弹簧、缓冲座	当轿厢超过上下极限位置时，用来吸收、消耗制停轿厢或对重装置所产生的动能	安装在井道底坑
		油压式	吸振橡胶块、柱塞、弹簧、环圈、筒体		

（续）

序号	部件名称	主要类型	主要构成	功能	安装位置
7	重量补偿装置	补偿绳	钢丝绳、挂绳架、卡钳、定位卡板	用以补偿电梯在升降过程中，由于曳引钢丝绳在曳引轮两边的重量变化而产生不平衡	一端悬挂在轿厢下面，另一端挂在对重装置下面
		补偿链	麻绳、铁链、U形卡箍		
		补偿缆	环链、聚乙烯、氯化物		
8	端站保护装置	强迫换速开关	强迫换速开关、碰轮、碰板限位开关、极限开关、重砣	当轿厢运行超过端站时，用于切断控制电源	可装在井道上端站和下端站附近，也可设在轿厢下
		终端限位开关			
		终端极限开关			
9	平层感应器	遮磁板式	换速传感器、平层隔磁板	在平层区内，使轿厢地坎与厅门地坎自动准确对位	分别装在轿顶和轿厢导轨上
		圆形永久磁铁式	圆形永久磁铁、双稳态磁开关		

表1-10 电梯层站的主要部件及其安装部位

序号	部件名称	主要类型	主要构成	功能	安装位置
1	层门	中分式	门扇、门套、门滑轮、门滑块、门导轨架、门锁	供乘客和（或）货物进出，并防止人员和物品坠入井道	设置在层门入口处
		旁开式			
		直分式			
2	层门门锁	手动层门门锁	门锁	门关闭后，将门锁紧，同时接通控制回路，轿厢方可运动	分别装在层门内侧的门扇和开门架上
		门刀式自动门锁	门刀、撑杆、滚轮、锁钩		
		压板式自动门锁	活动门刀、门锁		
3	指示灯箱	层门指示灯箱	电子、电器元件	给司机以及轿厢内、外乘用人员提供运行方向和所在位置	设置障碍在轿厢壁和厅门外侧
		轿厢内指示灯箱			
4	厅外呼梯按钮盒	下行呼梯按钮	电子、电器元件	提供厅外乘用人员呼梯电梯	设在厅门门框附近
		上行呼梯按钮			
5	近门保护装置	安全触板式	微动开关、门触板、光电发生器、接收器、电容量检测设备	当轿厢出入口有乘客或障碍物时，通过电子元件或其他元件发出信号，停止关闭轿门或关门过程中立即返回开启位置	轿门两侧
		光电式			
		组合式			

1.2.4 电梯型号的编制

1. 电梯型号的组成

电梯、液压梯产品的型号由类、组、型和改型代号，主参数代号，控制方式代号三部分组成，第二、第三部之间用短线分开。

第一部分是类、组、型和改型代号。类、组、型代号用具有代表意义的大写汉语拼音字母（字头）表示，产品的改型代号按顺序用小写汉语拼音字母表示，置于类、组、型代号的右下方。如图1-16所示。第一个方格为产品类型，在电梯、液压梯产品中，取"梯"字拼音首字母"T"。第二个方格为产品品种，即电梯的用途。K表示乘客电梯的"客"，H为载货电梯的"货"，L表示客货两用的"两"等。第三个方格为产品的拖动方式，指电梯动力驱动类型。若电梯的曳引电动机为交流电动机，则可称其为交流电梯，以J表示"交"。若曳引电动机为直流电动机，可称其为直流电梯，以Z表示"直"。对于液压电梯，用Y表示"液"。第四个方格为改型代号，以小写字母表示，一般冠以拖动类型调速方式，以示区分。

第二部分是主参数代号，其左上方为电梯的额定载重量，右下方为额定速度，中间用斜线分开，均用阿拉伯数字表示。在图1-16中，第一圆圈表示电梯的额定载重量，单位为kg，为电梯的主参数，如400kg、800kg、1000kg、1250kg等；第二圆圈表示电梯的额定速度，单位为m/s，如0.5m/s、0.63m/s、0.75m/s、1m/s、1.5m/s、2.5m/s等。

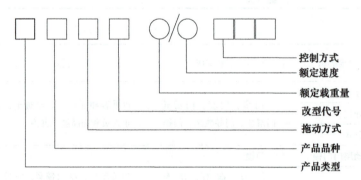

图1-16 电梯型号代号编制方法

第三部分是控制方式代号，用具有代表意义的大写汉语拼音字母表示。按产品种类与控制方式来分有不同的代号，见表1-11和表1-12。

表1-11 电梯产品种类代号

产品种类	代表汉字	汉语拼音	采用代号
乘客电梯	客	KE	K
载货电梯	货	HUO	H
客货（两用）电梯	两	LIANG	L
病床电梯	病	BING	B
住宅电梯	住	ZHU	Z
杂物电梯	物	WU	W
船用电梯	船	CHUAN	C
观光电梯	观	GUAN	G
非商用汽车电梯	汽	QI	Q

表 1-12 电梯控制方式代号

控制方式	代表汉字	采用代号
手柄开关控制、自动门	手、自	SZ
手柄开关控制、手动门	手、手	SS
按钮控制、自动门	按、自	AZ
按钮控制、手动门	按、手	AZ
信号控制	信号	XH
集选控制	集选	JX
并联控制	并联	BL
梯群控制	群控	QK
微机控制	微机	W

2. 电梯型号示例

1）型号 TKJ 1000/1.6—JX 表示交流乘客电梯，额定载重量为 1000kg，额定速度为 1.6m/s，集选控制。

2）型号 TKZ 800/2.5—JXW 表示直流乘客电梯，额定载重量为 800kg，额定速度为 2.5m/s，微机组成的集选控制。

3）型号 THY 2000/0.63—AZ 表示液压货梯，额定载重量为 2000kg，额定速度为 0.63m/s，按钮控制自动门。

1.2.5 电梯的性能指标与主要参数

1. 电梯性能要求

电梯是建筑物中实现垂直运输人或货物的设备，必须满足安全、可靠、方便、舒适、起/制动平稳、噪声低、故障率低、操作方便、平层准确等基本要求。安全、可靠是贯穿于电梯设计、制造、安装、维护、检验、使用各个环节的系统工程，元件的可靠性是降低故障的重要因素。舒适感是人的主观感觉，主要与电梯的速度变化和振动有关，而电梯的振动很大程度上取决于安装质量和维护保养水平。电梯的舒适感常以速度特性、工作噪声、平层准确度等指标进行表征。

（1）可靠性 可靠性反映了电梯技术的先进程度，是电梯制造、安装、维护、保养及使用情况密切相关的一项重要指标。它通过在电梯日常使用中因故障导致电梯停用或维修的发生概率来反映，故障率高说明电梯的可靠性差，故障率低则说明电梯的可靠性好。一部电梯在运行中的可靠性如何，主要受该电梯的设计制造质量和安装维护质量两方面影响，同时还与电梯的日常使用管理有关系，因此要提高电梯的可靠性，必须从制造、安装、维护、保养和日常使用管理等方面着手。

（2）安全性 电梯的使用要求决定了电梯的安全性是电梯运行必须保证的首要性能，是电梯使用管理过程中，必须绝对保证的重要指标。为确保安全，对于涉及电梯运行安全的重要部件系统，在设计制造时选取较大的安全系数，并设置了多重保护及容错检测功能，使电梯的安全性达到最佳。

（3）舒适性 舒适性是考核电梯使用性能最为敏感的一项指标，也是电梯多项性能指标的综合反映，多用来评价乘客电梯。它与电梯的运行、起/制动阶段的运行速度和加速度、加速度变化率、运行平稳性、噪声、甚至轿厢装饰等都有密切的关系。电梯的实际运行速度曲线，对乘客的乘坐舒适感有很大影响。特别是高速电梯在加速段和减速段，如果设置不好，会有上浮、下沉、重压、浮游、不平衡等不舒适感。最强烈的是上浮和下沉感，它与加速度（减速度）的大小有关，加速度（减速度）过大时，舒适感变差；加速度（减速度）越小，舒适感越好。但对于电梯来说，由于额定速度是定值，加速度（减速度）过小就会增加加速（减速）的时间，从而使电梯运行效率降低，因此为得到舒适感的同时又兼顾电梯运行效率，就必须限制加速度的最大值与最小值，精调加速度变化率（加速度）的设定范围。

2. 电梯性能指标

1) 当电源为额定频率和额定电压时，载有50%额定载重量的轿厢向下运行至行程中段（除去加速和减速段）时的速度，不应大于额定速度的105%，且不小于额定速度的92%。

2) 乘客电梯起动加速度和制动减速度最大值均不应大于 $1.5 m/s$。

3) 当乘客电梯额定速度为 $1 m/s<v<2 m/s$ 时，A95（在定义的界限范围内，95%采样数据的加速度或振动值小于或等于的值）加、减速度不应小于 $0.5 m/s^2$；当乘客电梯额定速度为 $2 m/s<v<6 m/s$ 时，A95 加、减速度不应小于 $0.7 m/s^2$。

4) 乘客电梯的中分自动门和旁开自动门的开关门时间宜不大于表1-13规定的值。

表1-13 开关门时间规定值

开门方式	开关门时间/s			
	$B \leqslant 800mm$	$800mm<B \leqslant 1000mm$	$1000mm<B \leqslant 1100mm$	$1100mm<B \leqslant 1300mm$
中分自动门	3.2	4.0	4.3	4.9
旁开自动门	3.7	4.3	4.9	5.9

注：表中 B 为开门宽度，单位为 mm。

5) 乘客电梯轿厢运行在恒加速度区域内的垂直（Z 轴）振动最大峰峰值不应大于 $0.30 m/s^2$，A95 峰峰值不应大于 $0.20 m/s^2$；运行期间水平（X 轴和 Y 轴）振动的最大峰峰值不应大于 $0.20 m/s^2$，A95 峰峰值不应大于 $0.15 m/s^2$。

6) 电梯的各机构和电气设备在工作时不应有异常振动或撞击声响。乘客电梯噪声规定值应符合表1-14规定的值。

表1-14 噪声规定值

额定速度 $v/(m/s)$	$v \leqslant 2.5$	$2.5<v \leqslant 6$
额定速度运行时机房内平均噪声值/dB	≤80	≤85
运行中轿厢内最大噪声值/dB	≤55	≤60
开关门过程最大噪声值/dB	≤65	

注：无机房电梯的"机房内平均噪声值"是指距离曳引机1m处所测得的平均噪声值。

7) 电梯轿厢的平层准确度宜在±10mm 范围内。平层保持精度宜在±20mm 范围内。

8) 整机可靠性检验：起制动运行60000次中失效（故障）次数不应超过5次。每次失效（故障）修复时间不应超过 1h。由于电梯本身原因造成的停机或不符合整机性能要求的非正常运行，均被认为是失效（故障）。

9）控制柜可靠性检验：被其驱动与控制的电梯起制动运行 60000 次中，控制柜失效（故障）次数不应超过 2 次。由于控制柜本身原因造成的停机或不符合性能要求的非正常运行，均被认为是失效（故障）。

3. 电梯主要参数

电梯的主要参数包括额定载重量和额定速度，见表 1-15。

1）额定载重量：单位为 kg，指保证电梯安全、正常运行的允许载重量。这是制造厂家设计制造电梯及用户选择电梯的主要依据，也是安全使用电梯的主要参数。对于乘客电梯常用乘客人数（一般按 75kg/人）表示。

2）额定速度：单位为 m/s，指电梯设计所规定的轿厢运行速度，是设计制造、选用电梯、保证电梯安全、正常运行及舒适性的允许轿厢运行速度的主要依据。

表 1-15 电梯主要参数

参数	数值
额定载重量/kg	400、630、800、825、1000、1600、2000、2500、3000、5000 等
额定速度/(m/s)	0.4、0.5、0.63、1.0、1.5、1.6、1.75、2.0、2.5、3.0、4.0 等

4. 电梯基本规格

1）电梯的用途：指客梯、货梯、医用梯等。它确定了电梯的服务对象。

2）额定载重量：电梯主要参数之一。

3）额定速度：电梯主要参数之一。

4）拖动方式：指电梯采用的动力驱动类型，可分为交流电力拖动、直流电力拖动、液压拖动等。

5）控制方式：指对电梯运行实行操纵的方式，可分为手柄控制、按钮控制、信号控制、单梯集选控制、并联控制、梯群控制等。

6）轿厢尺寸：指轿厢内部尺寸和外廓尺寸，以深×宽表示。内部尺寸由梯种和额定载重量（或乘客人数）确定，它也是电梯司机应掌握用以控制载重量的主要内容。外廓尺寸关系到井道的设计。

7）厅、轿门的型式：指电梯门的结构型式。按开门方向可分为中分式、旁开式（侧开式）、直分式（上下开启）等。

8）开门宽度：指轿厢门和层门完全开启后的净宽。

9）层站数：各层楼用以出入轿厢的地点为站，电梯运行行程中的建筑层为层。例如，电梯实际行程 15 层，有 11 个出入轿厢的层门，则为 15 层/11 站。

10）提升高度：指从底层端站楼面至顶层端站楼面之间的垂直距离。

11）顶层高度：指由顶层端站楼面至机房楼板或隔层板下最突出构件的垂直距离。

12）底坑深度：指由底层端站楼面至井道底平面之间的垂直距离。

13）井道总高度：指由井道底坑平面至机房楼板或隔层（滑轮间）楼板之间的垂直距离。

5. 电梯常用术语

1）检修操作：在对电梯检验维修保养时，电梯以慢速（不大于 0.6m/s）运行的一种操作。

2）对接操作：在特定条件下，为了方便装卸货物，货梯轿门和层门均开启，使轿厢在规定区域内低速运行，与运载货物设备相接的操作。

3）满载直驶：电梯的一种功能，当电梯载重量达到额定载重量的 80% 以上时，为防止满载的轿厢因应答层站召唤而浪费时间，电梯即转为直驶运行，且只执行轿内命令，对层站召唤信号不应答，但可登记，便于下次应答。

4）隔站停靠：电梯的一种功能，电梯隔一层站停靠，以缩短停靠时间。在单层未达额定速度时，电梯加快速度，提高运送效率。

5）超载保护：电梯的一种功能，当电梯的载重量达到额定载重量的 110% 时，电梯不启动且保持开门状态，同时有声音或灯光警告信息。

6）消防功能：电梯的一种功能，当发生火灾时，电梯能够让梯内乘客脱险或让消防员通过电梯对火灾救援，它包括电梯自动返回基站和消防员操作功能两部分。

7）强迫关门：电梯的一种功能，当电梯平层开门后，如果因为某些原因长时间迫使电梯不能自动关门投入运行，且电梯等待时间超过了预先设定的时间时，电梯执行强迫关门操作。

8）运行周期：单台电梯沿建筑物上下运行，往返一次所需的时间，包括电梯运行时间和开关门时间。

9）所需时间：乘客出入轿厢所需的时间即开门保持时间以及无效时间（占运行周期的 10%）。

10）检修速度：电梯检修运行时的速度。

11）召唤：分内召唤和外召唤，通过按压各楼梯厅层站召唤按钮或轿厢操作箱的目的楼层按钮，召唤信号将被控制装置所登记，再决定电梯运行。

12）平层：电梯在层站准确停靠的一种动作，有手动平层和自动平层之分，如今电梯一般都实施自动平层。

任务工单

任务名称	认识电梯整体结构	任务成绩	
学生班级		学生姓名		实践地点	
实践设备	3 层 3 站电梯		
任务描述	电梯企业必须在技术上满足《特种设备安全法》所规定的电梯安全和安全监控等方面的性能指标和主要参数要求。本任务旨在认识电梯的结构组成		
目标达成	1. 能正确识别曳引系统构成部件 2. 能正确识别导向系统构成部件 3. 能正确识别门系统构成部件 4. 能正确认识轿厢与重量平衡系统部件 5. 能正确识别电气控制装置及电气信号获取装置 6. 能正确识别电梯安全保护装置		

（续）

	任务1	认识曳引系统构成部件			
任务实施	自测	图片	部件名称	作用	安装位置
	任务2	认识导向系统构成部件			
	自测	图片	部件名称	作用	安装位置

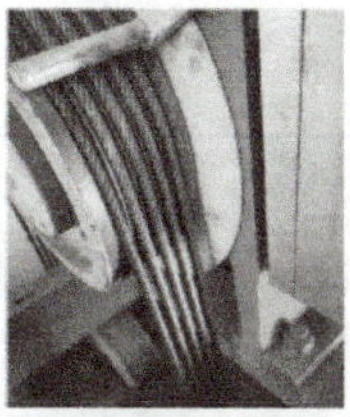

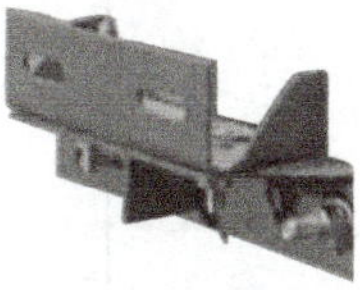

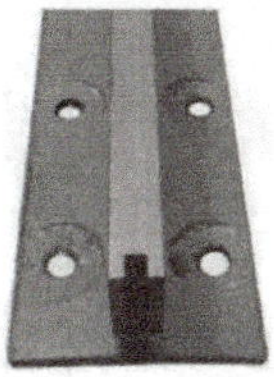

(续)

	任务2	认识导向系统构成部件			
		\multicolumn{5}{l|}{(续)}			
		图片	部件名称	作用	安装位置
任务实施	自测				
	任务3	认识门系统构成部件			
		图片	部件名称	作用	安装位置
	自测				

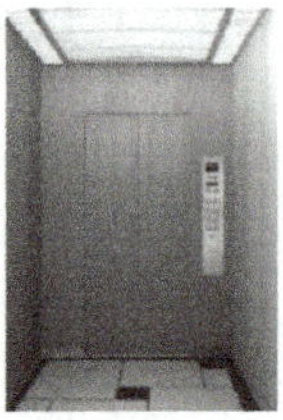

（续）

任务实施	任务 3	认识门系统构成部件			
	自测	图片	部件名称	作用	（续）安装位置
	任务 4	认识轿厢与重量平衡系统部件			
	自测	图片	部件名称	作用	安装位置
	任务 5	认识电气控制装置及电气信号获取装置			
	自测	图片	部件名称	作用	安装位置

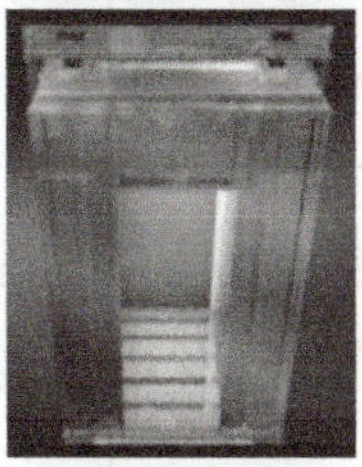

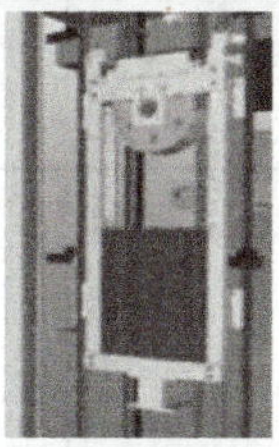

(续)

	任务 5	认识电气控制装置及电气信号获取装置			
					(续)
任务实施	自测	图片	部件名称	作用	安装位置

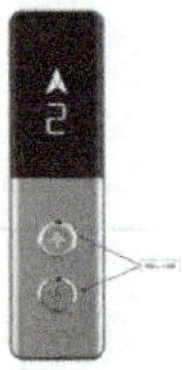

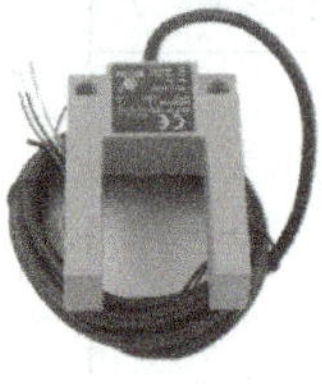

项目1 电 梯 初 识

（续）

		任务6	认识电梯安全保护装置			
任务实施	自测		图片	部件名称	作用	安装位置
任务评价	1. 自我评价 2. 任课教师评价					

项固训练

（一）判断题

1. 为了防止轿厢超载，电梯载荷可按乘梯人数核算，每人按75kg核算。　　（　　）
2. 电梯的主参数是指电梯的额定速度和额定载重量。　　　　　　　　　　（　　）
3. 电梯的额定速度是指电梯设计所规定的曳引钢丝绳的运行速度。　　　　（　　）

4. 快速电梯是指电梯运行速度 $v>1m/s$ 的电梯。　　　　　　　　（　　）

（二）填空题

1. 电梯按拖动方式可分为_____、_____和_____。
2. TKJ 1000/1.0-JX 电梯的额定载重量是_____，额定速度是_____。
3. 电梯是_____，其轿厢运行在至少两列垂直于水平面或与铅垂线倾斜角小于____的_____的永久运输设备。
4. 电梯工作的基本条件要海拔_____，机房温度_____，机房湿度_____，额定电压波动_____。
5. 台北 101 大厦，楼高为_____，电梯速度为_____。
6. 电梯是机电一体化的产品，从电梯各构件部分的功能上看，可分为三大部分分别是：_____、_____和_____。
7. 从电梯空间位置使用看，电梯组成由四个部分构成，即_____、_____、_____和_____。
8. 电梯的导向系统是由_____、_____和_____构成。
9. 电梯安全保护系统中最后一道安全保护装置是_____。
10. 能通过限速器操纵，以机械动作将轿厢强制卡在导轨上的机械安全装置是_____。

（三）选择题

1. （　　）为运送病床（包括病人）及医疗设备而设计的电梯。
   A. 乘客电梯　　　　B. 载货电梯　　　　C. 客货电梯　　　　D. 医用电梯
2. 在下列各种方式控制电梯中，（　　）是单台电梯控制中自动化程度最高的。
   A. 信号控制电梯　　B. 按钮控制电梯　　C. 集选电梯
3. 下列代号是乘客电梯的是（　　）。
   A. TB　　　　　　　B. TK　　　　　　　C. TZ　　　　　　　D. TW
4. 下列代号是集选电梯的是（　　）。
   A. AZ　　　　　　　B. XH　　　　　　　C. JX　　　　　　　D. QK

项目 2　曳引驱动系统结构与测试

任务 2.1　认识曳引机

工作任务

曳引系统

1. 工作任务类型

学习型任务：掌握电梯曳引机的结构、工作原理。

2. 学习目标

（1）**知识目标**：掌握曳引机的结构及技术要求；掌握曳引机的类型及结构特点；掌握曳引机制动器的结构及其工作原理；理解电梯曳引轮的作用。

（2）**能力目标**：能分析曳引机电力拖动系统线路；能进行电梯手动松闸、盘车规范操作。

（3）**素质目标**：养成持续学习的良好习惯；具备科学严谨、标准规范的治学与工作态度；谨记电梯安全意识且具备手动盘车救援技术基础；热爱电梯行业，践行社会责任。

知识储备

2.1.1　曳引机的基本技术要求

曳引系统中的曳引机是电梯的动力源，输送动力使电梯运行。通常曳引机由电动机、减速器、制动器、联轴器、机架、曳引轮、导向轮及盘车手轮等组成。导向轮一般装在机架或机架下的承重梁上。盘车手轮有固定在电机轴上的，也有平时挂在附近墙上，使用时再套在电机轴上的。

1. 曳引机的工作条件

1）海拔不超过 1000m。如果海拔超过 1000m，则应按 GB/T 755—2019 中 8.10 的规定对电动机及制动器进行温度及温升限值进行修正。

2）环境空气温度应保持在 5~40℃。

3）运行地点的空气相对湿度在最高温度为 40℃ 时不应超过 50%，在较低温度下可有较高的相对湿度，最湿月的月平均最低温度不应超过 25℃，该月的月平均最大相对湿度不应超过 90%。若可能在设备上产生凝露，则应采取相应措施。

4）供电电压相对系统标称电压的波动应在 ±7% 的范围内。

5）环境空气不应含有腐蚀性和易燃性气体。

2. 曳引机的安装运行条件

1）曳引机制动应可靠，在电梯整机上，平衡系数为0.4，轿厢内加上150%的额定载重量，历时10min，制动轮与制动闸瓦之间应无打滑现象。

2）制动器的最低起动电压和最高释放电压应分别低于电磁铁额定电压的80%和55%，制动器开启迟滞时间不超过0.8s。制动器线圈耐压试验时，导电部分对地施加1000V电压，历时1min，不应出现击穿现象。

3）制动器部件的闸瓦组件应分两组装设，如果其中一组不起作用，制动轮上仍能获得足够的制动力，使载有额定载重量的轿厢减速。

4）曳引机在检验平台上空载高速运行时，曳引机噪声限值不应超过表2-1的规定；低速运行时，噪声值应低于高速运行时的噪声值。

表2-1　曳引机噪声限值

项目		曳引机噪声限值		
		$v \leq 2.5\text{m/s}$	$2.5\text{m/s} < v \leq 4\text{m/s}$	$4\text{m/s} < v \leq 8\text{m/s}$
空载噪声/dB	无齿轮曳引机	62	65	68
	有齿轮曳引机	70	80	—

2.1.2 曳引机的类型

1. 曳引机的类型

曳引机的分类方式多种多样，可以按照有无减速器、驱动电动机类型、用途、速度、结构形式等分类。

曳引机

1）按照有无减速器分为有齿轮曳引机、无齿轮曳引机，见表2-2。

2）按照驱动电动机类型分为直流曳引机、交流曳引机。其中，交流曳引机还可细分为蜗杆副曳引机、圆柱齿轮副曳引机、行星齿轮副曳引机、其他齿轮副曳引机。

3）按照用途分为双速客货电梯曳引机、VVVF客梯曳引机、货梯曳引机、杂物梯曳引机、车用电梯曳引机。

表2-2　按减速方式分

曳引机类型	图例	特点	应用场合
有齿轮曳引机		拖动装置的动力，通过中间减速器传递到曳引轮上的曳引机。中间减速器通常采用蜗轮蜗杆传动，也有用斜齿轮传动的。这种曳引机用的电动机有交流的，也有直流的。曳引比通常为35∶2	一般用于2.5m/s以下的低速和中速电梯
无齿轮曳引机		拖动装置的动力，不经中间减速器而是直接传递到曳引轮上的曳引机。曳引比通常是2∶1和1∶1	一般用于2.5m/s以上的高速和超高速电梯

4）按照速度分为低速曳引机（$v \leqslant 1\text{m/s}$）、中速曳引机（$1\text{m/s}<v \leqslant 2\text{m/s}$）、高速曳引机（$2\text{m/s}<v \leqslant 5\text{m/s}$）、超高速曳引机（$v>5\text{m/s}$）。

5）按照结构形式分为卧式曳引机、立式曳引机。

2. 曳引机技术发展及其优缺点

随着技术的发展，新型的主流曳引机不断迭代。各代曳引机的优缺点见表2-3。

表2-3 各代曳引机的优缺点

代	曳引机类型	优点	缺点	图例
第一代	蜗杆曳引机	运行平稳，噪声与振动小，传动件少，容易维修	齿面滑动速度大，润滑困难，效率低，齿面易于磨损，且啮合原理导致安装精度要求高，易于发生不对中故障	
第二代	平行轴斜齿轮曳引机（20世纪50年代由日本推出，一直沿用到20世纪90年代末期）	效率高，齿面磨损寿命是蜗杆曳引机的10倍	对精度要求高，因此必须磨齿。同时由于齿面硬度高，不能通过磨合补偿制造和装配误差，且钢的渗碳淬火质量不易保证	
第三代	行星轮系曳引机（包括谐波齿轮和摆线针轮）	效率高，齿面磨损寿命是蜗杆曳引机的10倍。体积比斜齿轮小，可靠性也比斜齿轮高	即使采用高的加工精度，相较于采用斜齿轮啮合，噪声相对较大。此外，谐波传动效率低，柔轮疲劳问题较难解决，而摆线针轮加工要用专用机床且磨齿困难	
第四代	永磁同步无齿轮曳引机	取消齿轮传动，体积减小，重量减轻，系统结构简化，且无传动失效风险，没有齿轮润滑的问题，易于实现免维护	价格增加，且低速电动机的效率很低（远远低于普通异步电动机），对于变频器和编码器的要求有所提高，而且电动机一旦出故障，必须拆下来送回工厂修理	
第五代	带传动曳引机	具有最高等级的总机电效率、最低的起动电流、最小的体积和重量、最好的可维护性。完全免维护调整，性能价格比最好	传动效率较低，易受温度和湿度等环境因素的影响，调整过程较复杂	

2.1.3 曳引机的结构

1. 曳引电动机

（1）特点 由于电梯经常在负载变化、转换方向的条件中运行，每一次停靠，电梯均须完成起动、调速和制动等一系列工作，客流量大的电梯，电动机每天起动的次数可高至数百次甚至上千次，因此电梯曳引电动机应具有以下特点。

1）能频繁地起动和制动。专用电动机应能够频繁起动、制动，其工作方式为断续周期性工作制。

2）起动电流较小。在电梯用交流电动机的笼型转子设计与制造上，虽然仍采用低电阻系数材料制作导条，但是转子的短路环却用高电阻系数材料制作，使转子绕组电阻有所提高。这样，一方面降低了起动电流，使起动电流降为额定电流的 2.5~3.5 倍，从而增加了每小时允许的起动次数；另一方面，由于只是转子短路端环电阻较大，因此利于热量直接散发，综合效果使电动机的温升有所下降，而且保证了足够的起动转矩，一般为额定转矩的2.5 倍左右。

3）电动机运行噪声低。为了降低电动机运行噪声，常采用滑动轴承。此外，可适当加大定子铁心的有效外径，并在定子铁心冲片形状等方面均做合理处理，以减小磁通密度，从而降低电磁噪声。

4）周密考虑电动机的散热。电动机在起动和制动的动态过程中产生的热量最多，而电梯恰恰又要频繁地起动和制动。因此，强化散热、防止温升过高就非常重要。

（2）曳引电动机计算　通常曳引电动机的功率计算公式为

$$P = \frac{(1-K)Qv}{102\eta}$$

式中，P 为电动机功率（kW）；K 为电梯平衡系数；Q 为额定载重量（kg）；v 为额定速度（m/s）；η 为机械传动总效率。

η 的取值与钢丝绳绕法及曳引机有无齿轮有关。采用蜗轮蜗杆减速器，蜗杆为单头时，η 取 0.5~0.55，蜗杆为双头时，η 取 0.55~0.6；采用无齿轮曳引机时，η 取 0.75~0.8。对于有齿轮曳引机，当钢丝绳用 1∶1 绕法时，η 取 0.5~0.6；当钢丝绳用 2∶1 绕法时，η 取 0.45~0.55。

例如，一台额定载重量为 2000kg 的客货梯，电梯速度为 0.5m/s，测得和对重有关的平衡系数为 0.5，有齿轮曳引机钢丝绳用 2∶1 绕法，试求曳引电动机的功率。

由于已知 Q = 2000kg，v = 0.5m/s，K = 0.5，η 取 0.5，则

$$P = \frac{(1-0.5) \times 2000 \times 0.5}{102 \times 0.5}\text{kW} \approx 10\text{kW}$$

所以实际应选用 11.2kW 的曳引电动机。

2. 减速器

（1）减速器的特点　曳引电动机额定输出转速通常接近 1000r/min，用这个速度带动轿厢运行速度过快，因此必须设置减速器，以降低电动机的输出转速及提高电动机的输出转矩。各种减速器的特点及应用见表 2-4。其中，蜗轮蜗杆减速器由于具有传动平稳、结构紧凑、运行噪声低和有较好的抗冲击载荷特性等优点，目前广泛用于速度不大于 2m/s 的电梯。

表 2-4 各种减速器的特点及应用

名称	特点	应用
蜗轮蜗杆减速器	蜗杆安在蜗轮上方，避免了蜗杆伸出端润滑油向外漏油，但蜗杆轮啮合部位难以进行充分润滑，蜗杆磨损较快。体积小、重量轻、传动平稳、噪声小、传动比大、承载能力大、有抗击载荷特性。减速器内蜗杆、蜗轮齿的啮合面不易进入杂物，安装维修方便，但润滑性较差	一般用于轻载的电梯曳引机、额定速度低于 2.5m/s 的电梯
	蜗杆安在蜗轮下方，降低曳引机总高度，把电动机、制动器、减速器装在同一底盘上，使装配工作简化。下置的蜗杆把润滑油液面加至蜗杆轴线平面，蜗轮摩擦面润滑效率提升，可做较大功率传递，同时存在伸出端容易让箱体内润滑油向外漏油的问题。体积小、重量轻、传动平稳、噪声小、传动比大、承载能力大、有抗击载荷特性。润滑性能好，但对减速器的密封要求高	一般适用于重载的电梯曳引机、额定速度低于 2.5m/s 的电梯
斜齿轮减速器	传动效率高，制造方便，但是传动平稳性不如蜗杆传动，抗冲击能力不高，噪声较大	电梯曳引机
行星齿轮减速器	具有结构紧凑，减速比大，传动平稳性和抗冲击承载能力优于斜齿轮传动，噪声小等优点，且维护简单、润滑方便、寿命长	适用于小体积、高转速的交流电动机，高速电梯

（2）减速器的润滑 为了保证蜗轮轴和蜗杆轴在工作时转动灵活，以及使相应的轴承得到良好的润滑，必须有一定的轴向间隙。当间隙过小时，会使轴承发热烧坏及齿面磨损，相应的轴转动不灵活。若间隙过大，会导致轴出现窜动。当反向运动时，窜动过大会造成冲击。GB/T 24478—2023《电梯曳引机》中规定，蜗杆轴的轴向间隙用于客梯时，不超过 0.08mm；用于货梯时，不超过 0.12mm。

减速器的润滑不但能减小表面摩擦力、减少磨损、延长机件寿命、提高传动效率，还能起到冷却、缓冲、减振、防锈等作用。润滑油的黏度对润滑质量关系很大。黏度太大，油不易进入运动件的缝隙，黏度太小则易被挤出不能形成油膜。电梯蜗轮蜗杆减速器冬天宜用 HL-20 齿轮油，夏天宜用 HL-30 齿轮油或 HJ3-28 轧钢油。润滑油的注入量可用油针或油镜来检查，一般都应加到中线位置。即蜗杆上置时，油浸没蜗轮两个齿高；蜗杆下置时，油保持在蜗杆的中线以上，啮合面以下。在工作时，减速器的油温不应超过 85℃。

（3）无机房与小机房电梯中的减速系统 无机房电梯将原机房内的控制屏、曳引机和限速器等移往井道等处，或用其他技术取代。其安装、维护等工作条件都要求曳引机体积小、重量轻、可靠性高。无机房电梯曳引机通常可采用以下三种形式的减速系统：

1）由扁平的碟式永久磁铁构成的同步电动机，配以变频调速和低摩擦的无齿轮结构。

2）内置行星齿轮和内置交流伺服电动机的超小型变速系统。

3）由交流变频电动机直接驱动的超小型无齿轮变速系统。

小机房电梯主机体积小，机房占用面积可以缩小到等于电梯井道横截面面积，机房高度可以降低至只要满足维修电梯时能够通过环链手拉葫芦将曳引机起吊到一定高度即可。小机房电梯采用内置式减速器，以缩小整机体积。目前，小机房电梯一般采用永磁同步无齿轮曳引机，去除减速器，缩小主机体积，运行平稳、静音、省电。

3. 制动器

GB/T 7588.1—2020《电梯制造与安装安全规范　第1部分：乘客电梯和载货电梯》5.9.2.2中规定：电梯应设置制动系统，在动力电源失电或控制电路电源失电的情况下能自动动作。制动系统应具有机电式制动器（摩擦型）。另外，还可增设其他制动装置（如电气制动）。

（1）制动器结构与功能　制动器是电梯的一个重要部件，安装在曳引电动机轴上的制动轮处，是一种常闭式制动机构。在电梯断电或制动时能按要求产生足够大的制动力矩，使电动机轴或减速器轴立即制停，为了保证正、反转时制动力矩不变，GB/T 7588.1—2020《电梯制造与安装安全规范　第1部分：乘客电梯和载货电梯》5.9.2.2.2.5规定：禁止使用带式制动器。

制动器应采用具有两组独立的制动机构，主要部件有制动电磁铁、制动闸瓦、制动带、制动轮、制动臂、制动衬和制动弹簧等。

1）制动电磁铁。制动电磁铁根据励磁电流的种类，可以分为直流电磁铁和交流电磁铁。通常制动电磁铁和电动机电力拖动回路并联，即电动机通电转动时，电磁铁得电促使制动器松闸释放，保证机械运动。

2）制动闸瓦。制动闸瓦有固定式和铰接式两种。固定式的安装要求高、精度差，虽然构造简单，但是调试困难，现在几乎不再采用。铰接式的由于瓦块可以绕铰点旋转，瓦块和制动轮之间的间隙可以调整，因此尽管制动器安装位置略有差异，瓦块仍可很好地和制动轮密切配合。

3）制动带。制动带的摩擦因数大且耐磨；具有适当的刚性，但不伤制动轮；同时，耐高温且导热性好。

4）制动轮。制动轮一般用铸铁制造。为了降低制动带的磨损，制动轮的表面粗糙度为$Ra0.8\sim3.2\mu m$。有齿轮曳引机采用带制动轮的联轴器。无齿轮曳引机的制动轮与曳引绳轮铸成一体，并直接安装在曳引电动机轴上。

（2）制动器的技术要求　有减速器曳引机的制动器安装在电动机和减速器之间，即装在高速转轴上，可减小制动力矩，从而减小制动器的结构尺寸。制动轮应该安装在减速器输入轴一侧，不能装在电动机一侧，以保证联轴器断裂时，电梯仍能被迅速制停。制动轮装在高速轴上，必须进行动平衡，否则将产生较大的离心力，引起振动及机件的附加应力，对电梯正常工作不利。制动时，制动闸瓦应紧密贴合在制动轮的工作面上，制动轮与制动闸瓦的接触面积应大于制动闸瓦面积的80%。为了减少制动器抱闸、松闸的时间和噪声，制动器线圈内两块铁心之间的间隙不宜过大。制动力矩为

$$M_\mathrm{d} = \frac{975P}{n}$$

式中，M_d为制动力矩（kgf·m）；P为曳引电动机功率（kW）；n为曳引电动机转速（r/min）。

电磁铁的动铁心被认为是机械部件，而电磁线圈则不是。制动衬块应是不燃的。在制动器附近，应有制动衬块磨损后更换的警示信息（如检查方法、更换条件）。在满足GB/T 24478—2023中5.7规定的情况下，制动器电磁铁的最低吸合电压和最高释放电压应分别低于额定电压的80%和55%。制动器制动响应时间不应大于0.5s，对于兼作轿厢上行

超速保护装置制动元件的曳引机制动器，其响应时间应根据 GB/T 7588.1—2020 中 5.6.6.1 的要求与曳引机用户商定。

制动器的安全技术要求如下：

1）当轿厢载有 125% 额定载荷并以额定速度向下运行时，仅使用制动器应能使驱动电动机停止运转。上述情况下，轿厢的平均减速度不应大于安全钳动作或轿厢撞击缓冲器所产生的减速度。

2）正常运行时，制动器应在持续通电下保持松开状态。

3）切断制动器电流，至少应用两个独立的机械装置来实现。若有一个机械装置没有断开制动回路，应防止电梯再次运行。

4）在结构上，制动瓦的压力必须由有导向的压缩弹簧或重锤施加。而且在制动时，必须有两块制动闸瓦和制动带作用在制动轮上。对电动机轴和蜗杆轴不产生附加载荷。

5）在结构上，应能在紧急操作时用手动松开制动器，一般称"人工开闸"，而且"开闸"状态必须由一个持续力来保持。

6）制动器应动作灵活，制动时两侧制动闸瓦应紧密、均匀地贴合在制动轮的工作面上，松闸时应同步离开，每侧制动闸瓦四角处间隙平均值不大于 0.7mm，如果不满足应调整限位螺钉。制动闸瓦与制动轮之间的间隙越小越好，一般以松闸后，制动闸瓦不碰撞运转着的制动轮为宜。

（3）制动器的选用原则

1）有符合已知工作条件的制动力矩，并有足够的储备（应保证一定的安全系数）。

2）所有的构件要有足够的强度和刚性，疲劳强度要高。

3）摩擦零件的磨损量要尽可能小，同时具有良好的热稳定性（即温度升高后摩擦因数要稳定）。

4）抱闸制动平稳，松闸灵活，两摩擦面能完全分离，贴合时吻合良好。

5）结构简单，便于调整和检修。

6）轮廓尺寸和安装位置尽可能小。

（4）常见制动器及其工作原理（见表 2-5）

表 2-5 常见制动器及其工作原理

名称	图例	工作原理
卧式电磁铁制动器	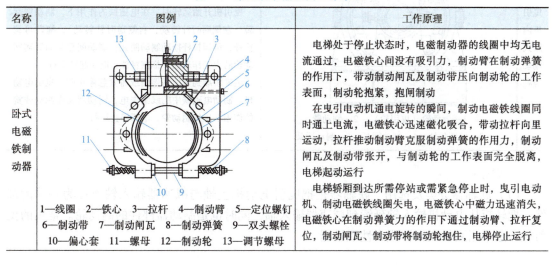 1—线圈 2—铁心 3—拉杆 4—制动臂 5—定位螺钉 6—制动带 7—制动闸瓦 8—制动弹簧 9—双头螺栓 10—偏心套 11—螺母 12—制动轮 13—调节螺母	电梯处于停止状态时，电磁制动器的线圈中均无电流通过，电磁铁心间没有吸引力，制动臂在制动弹簧的作用下，带动制动闸瓦及制动带压向制动轮的工作表面，制动轮抱紧，抱闸制动 在曳引电动机通电旋转的瞬间，制动电磁铁线圈同时通上电流，电磁铁心迅速磁化吸合，带动拉杆向里运动，拉杆推动制动臂克服制动弹簧的作用力，制动闸瓦及制动带张开，与制动轮的工作表面完全脱离，电梯起动运行 电梯轿厢到达所需停站或需紧急停止时，曳引电动机、制动电磁铁线圈失电，电磁铁心中磁力迅速消失，电磁铁心在制动弹簧力的作用下通过制动臂、拉杆复位，制动闸瓦、制动带将制动轮抱住，电梯停止运行

(续)

名称	图例	工作原理
立式电磁铁制动器	1—制动弹簧　2—拉杆　3—销钉　4—电磁铁座 5—制动电磁铁线圈　6—动铁心　7—罩盖　8—顶杆 9—制动臂　10—顶杆螺栓　11—转臂　12—球面头 13—连接螺钉　14—制动闸瓦　15—制动带　16—制动轮	电梯处于停止状态时，制动臂在制动弹簧的作用下，带动制动闸瓦及制动带压向制动轮的工作表面，制动轮抱紧，抱闸制动 曳引机开始运转时，制动电磁铁线圈得电，铁心被磁化，动铁心则向下推动顶杆下移，顶杆推动转臂转动，转臂推动顶杆螺栓向外运动，两侧制动臂转动，将制动闸瓦和制动带推开，离开制动轮的工作表面，电梯起动运行 电梯轿厢到达所需停站或需紧急停止时，曳引电动机、制动电磁铁线圈失电，铁心中磁力迅速消失，动铁心在制动弹簧力的作用下通过制动臂、顶杆螺栓、转臂、顶杆复位，制动闸瓦、制动带将制动轮抱住，电梯停止运行
曳引机碟式制动器	1—中心轴　2—碟形弹簧　3—电磁线圈 4—制动片　5—制动轮　6—制动闸瓦（衔铁）　7—铁心	电梯处于停止状态时，制动闸瓦（衔铁）在碟形弹簧（制动弹簧）的推动下，带动制动片压向制动轮的工作表面，实现制动 曳引机开始运转时，电磁线圈得电，吸附制动闸瓦，碟形弹簧被进一步压缩、制动闸瓦带动制动片向上移动，离开制动轮工作表面，抱闸释放，电梯起动运行 电梯轿厢到达所需停站或需紧急停止时，曳引电动机、电磁线圈失电，铁心中磁力迅速消失，制动闸瓦在碟形弹簧的作用下带动制动片压向制动轮，将制动轮压住，电梯停止运行
曳引机内胀式制动器	1—制动轮（曳引轮）　2—制动臂 3—可调拉杆　4—制动闸瓦　5—制动弹簧	电梯处于停止状态时，制动闸瓦在制动弹簧的作用下压紧制动轮的内工作表面，实现制动 曳引机开始运转时，在电磁铁的作用下，制动臂旋转（左侧顺时针转动，右侧逆时针转动），拖动可调拉杆，可调拉杆拖动制动闸瓦，制动闸瓦从而脱离制动轮的内工作表面，抱闸释放，电梯起动运行 电梯轿厢到达所需停站或需紧急停止时，曳引电动机、制动电磁铁中的线圈失电，制动闸瓦在制动弹簧的作用下压住制动轮，电梯停止运行

4. 联轴器

（1）联轴器分类及选用　联轴器是把曳引电动机主轴与减速器输入轴连接为一体的部件，把转矩从电动机输入轴延续到减速器输入轴，同时也是制动器部件的制动轮。常用的曳引机一般采用刚性联轴器或弹性联轴器。

1)刚性联轴器。当蜗杆轴采用滑动轴承的结构时,一般使用刚性联轴器,这是因为轴与轴承的配合间隙比较大,刚性联轴器有助于蜗杆轴的稳定转动。刚性联轴器要求两轴之间的同轴度较高,在连接后同轴度误差不应大于0.02mm。刚性联轴器如图2-1所示。

2)弹性联轴器。当蜗杆轴采用滚动轴承的结构时,一般使用弹性联轴器,如图2-2所示。由于联轴器中的橡胶块能在一定范围内自动调节电动机轴与蜗杆之间的同轴度,因此允许安装时有较大的同轴度误差(应不大于0.1mm)。另外,弹性联轴器对传动中的振动具有减缓作用。

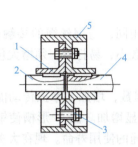

图2-1 刚性联轴器
1—电动机联轴器 2—电动机轴
3—螺栓 4—蜗杆轴 5—蜗杆联轴器

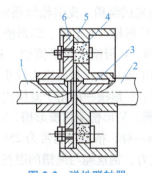

图2-2 弹性联轴器
1—电动机轴 2—蜗杆轴 3—平键
4—橡胶块 5—蜗杆联轴器 6—电动机联轴器

(2)联轴器的检查与维修 因联轴器既是曳引电动机与减速器蜗杆轴的连接装置,又是制动器的制动轮,所以联轴器的日常检查维护工作不可忽视,其检查与维修工作的内容有:

1)紧固螺母。要经常检查螺栓的紧固螺母,不可松动。因为曳引机频繁起动、制动、紧急刹车,时间一长就有可能让紧固螺母松动,一旦紧固螺母松动,曳引机工作时就会发生晃动。

2)螺栓孔及键。曳引机长期工作,有可能发生螺栓孔扩大变形、键松动等故障,日常检查应注意曳引机的运行状况。

3)橡胶块。当曳引电动机轴与蜗杆轴的同轴度误差超过规定值时,会引起橡胶块磨损、变形与脱落,这时曳引机会发生冲击或不正常的声响。在排除故障后,应及时更换橡胶块。

4)整体。日常检查时,用小锤敲击联轴器整体,凭声音或观察来判断机械零部件有无裂纹或磨损故障。

5. 曳引轮

(1)曳引轮的技术要求 曳引轮是曳引机上的绳轮,也称曳引绳轮或驱绳轮,是电梯传递曳引动力的装置,利用曳引钢丝绳与曳引轮缘上绳槽的摩擦力传递动力,曳引机依靠曳引轮上的绳槽与钢丝绳之间产生的摩擦力,带动轿厢、对重和负载等全部重量,因此曳引轮质量的好坏对电梯运行状态有很大影响,要求强度大、韧性好、耐磨损、耐冲击。

曳引轮的绳槽与钢丝绳经常处在摩擦中,所以材料须耐磨性好、强度高,用牌号为QT600-3的球墨铸铁制成轮圈状,然后与筒体用螺栓、销钉连接为一个整体。曳引轮绳槽面的加工粗糙度应不低于$Ra6.3\mu m$,硬度为200HBW左右,同一轮上的硬度差应不大于

15HBW。曳引轮绳槽槽面轴向圆跳动公差为曳引轮节圆直径的 1/2000，各槽节圆直径之间的差值不应大于 0.10mm。

曳引轮的大小直接影响到电梯的运行性能和使用效率。曳引轮直径与额定载重量、曳引绳的使用寿命等因素有关。为了减少钢丝绳弯曲应力，延长钢丝绳寿命，按电梯标准要求，曳引轮的节圆直径与曳引钢丝绳的公称直径之比应不小于 40，在实际使用中取 45~55，也有取 60 的。

曳引轮上严禁涂润滑油润滑，以防影响电梯的曳引能力。

（2）曳引轮的绳槽　曳引轮绳槽的形状是决定摩擦因数大小的主要因素。目前，绳槽形状有四种：U 形槽、V 形槽、凹形槽及带切口的 V 形槽。

1）U 形槽。U 形槽又称半圆槽，和钢丝绳绳型基本相同，与钢丝绳的接触面积最大，钢丝绳在绳槽中变形小，挤压应力较小。但其当量摩擦因数小、易打滑，须增大包角才能提高其曳引能力。U 形槽一般用于复绕式电梯、高速电梯。

2）V 形槽。V 形槽又称楔形槽，有较大的当量摩擦因数，增加了摩擦传动能力。其原理与 V 带传动一样，槽型角通常为 25°~40°，正压力有明显增加。但 V 形槽使钢丝绳受到很大的挤压应力，钢丝绳与绳槽的磨损较快，缩短了钢丝绳的使用寿命。现在大多数客货电梯的曳引轮不采用此种槽形，一般在杂物梯等轻载、低速电梯上使用。

3）凹形槽。凹形槽即带切口的半圆槽，又称预制槽。这种槽形在 V 形槽的基础上将底部做成圆弧形，在其中部切制一个切口，使钢丝绳在沟槽处发生弹性变形，部分楔入沟槽中，使当量摩擦因数大为增加，能获得较大的曳引力，一般为 U 形槽的 1.5~2 倍，而且曳引钢丝绳在槽内变形自由、运行自如，具有接触面积大、挤压应力较小、寿命长等优点，在各类电梯上应用广泛。

4）带切口的 V 形槽。与凹形槽相比，带切口的 V 形槽能获得较大的摩擦力，而且曳引钢丝绳在槽内运行的寿命也不低，故目前这种槽形的曳引轮也广泛地被采用。

四种曳引轮绳槽的比较见表 2-6。

表 2-6　四种曳引轮绳槽的比较

槽形	图例	摩擦力	比压	磨损	寿命	磨损后摩擦力变化	适用场合
U 形槽		小	小	小	长	不变	在高速电梯上与复绕轮配合使用
V 形槽		大	大	大	短	降低	杂物梯等轻载、低速电梯
凹形槽		中	中	中	长	不变	广泛使用

(续)

槽形	图例	摩擦力	比压	磨损	寿命	磨损后摩擦力变化	适用场合
带切口的 V 形槽	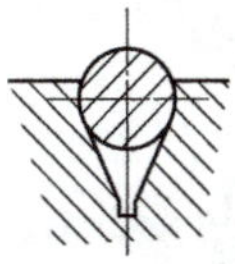	大	大	大	长	降低	广泛使用

任务工单

任务名称	制动器的调整与测试		任务成绩	
学生班级		学生姓名		实践地点	
实践设备	电磁制动器				
任务描述	曳引电梯曳引状态不仅决定了电梯运行的安全性、舒适性、运行效率，也可能产生不准确平层溜梯、轿厢意外移动等问题。曳引机中制动器的调整与测试，直接关乎电梯乘客的安全。这次任务的主要内容：认识所需工具并准备好；掌握电磁制动器的结构和各部分作用；并能按照标准规范对电磁制动器进行正确调整与测试				
目标达成	各主要部件测试项目、测试方法等 1. 学会扳手、塞尺、塞规等制动器调整与测试工具的使用 2. 掌握电磁制动器各主要部件测试项目、测试方法等 3. 掌握电磁制动器各部分作用及规范要求 4. 学会电磁制动器各部分调整与测试的方法				

任务实施	任务 1	工具的认识			
	自测	工具图片	工具名称	工具图片	工具名称
	任务 2	认识电磁制动器的结构			
	自测	电磁制动器结构主要包括电磁铁、制动臂、制动轮、制动闸瓦、压缩弹簧以及相关传动调整机构。电磁制动器外形如下图所示，各结构部件的具体作用及规范要求见下表			

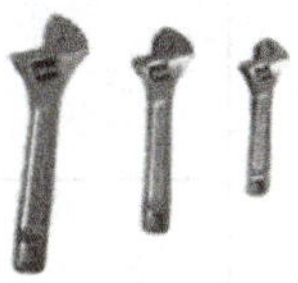

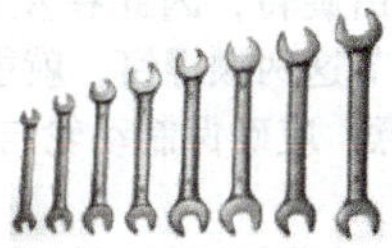

(续)

任务实施	自测	任务2	认识电磁制动器的结构	
			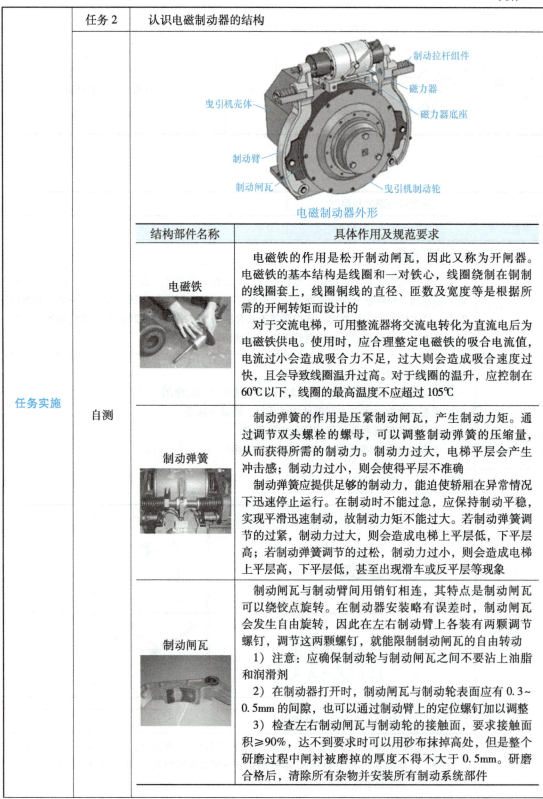 电磁制动器外形	
			结构部件名称	具体作用及规范要求
			电磁铁	电磁铁的作用是松开制动闸瓦，因此又称为开闸器。电磁铁的基本结构是线圈和一对铁心，线圈绕制在铜制的线圈套上，线圈铜线的直径、匝数及宽度等是根据所需的开闸转矩而设计的 　　对于交流电梯，可用整流器将交流电转化为直流电后为电磁铁供电。使用时，应合理整定电磁铁的吸合电流值，电流过小会造成吸合力不足，过大则会造成吸合速度过快，且会导致线圈温升过高。对于线圈的温升，应控制在60℃以下，线圈的最高温度不应超过105℃
			制动弹簧	制动弹簧的作用是压紧制动闸瓦，产生制动力矩。通过调节双头螺栓的螺母，可以调整制动弹簧的压缩量，从而获得所需的制动力。制动力过大，电梯平层会产生冲击感；制动力过小，则会使得平层不准确 　　制动弹簧应提供足够的制动力，能迫使轿厢在异常情况下迅速停止运行。在制动时不能过急，应保持制动平稳，实现平滑迅速制动，故制动力矩不能过大。若制动弹簧调节的过紧，制动力过大，则会造成电梯上平层低，下平层高；若制动弹簧调节的过松，制动力过小，则会造成电梯上平层高，下平层低，甚至出现滑车或反平层等现象
			制动闸瓦	制动闸瓦与制动臂间用销钉相连，其特点是制动闸瓦可以绕铰点旋转。在制动器安装略有误差时，制动闸瓦会发生自由旋转，因此在左右制动臂上各装有两颗调节螺钉，调节这两颗螺钉，就能限制制动闸瓦的自由转动 　　1）注意：应确保制动轮与制动闸瓦之间不要沾上油脂和润滑剂 　　2）在制动器打开时，制动闸瓦与制动轮表面应有0.3~0.5mm的间隙，也可以通过制动臂上的定位螺钉加以调整 　　3）检查左右制动闸瓦与制动轮的接触面，要求接触面积≥90%，达不到要求时可以用砂布抹掉高处，但是整个研磨过程中闸衬被磨掉的厚度不得大于0.5mm。研磨合格后，清除所有杂物并安装所有制动系统部件

（续）

	任务3	电磁制动器的主要部件的测试	
		电磁制动器的主要测试项目及规范要求、测试方法及注意事项见下表	
		主要测试项目及规范要求	测试方法及注意事项
	自测	1）制动器动作灵活可靠，销轴润滑良好，不应出现明显的松闸滞后现象及电磁铁吸合冲击现象	观察检查
		2）制动闸瓦与制动轮应贴合，松闸时两侧制动闸瓦应同时离开制动轮表面	
		3）制动闸瓦与制动轮工作表面应清洁	
		4）制动器松闸时，制动闸瓦与制动轮的间隙两侧应一致，间隙≤0.7mm	短接制动器电路，使制动器通电松闸，用塞尺测量制动闸瓦与制动轮全长的最大间隙。一般每一侧测量其上、下、左、右4个点，两侧共8个点
		5）两个电磁铁心的间隙为0.5~1mm	用钢板尺检查
		6）确认两边制动弹簧的压力是否相等	用钢直尺检测弹簧两边的压缩长度是否在规定的数值范围内
任务实施	任务4	电磁制动器的调整	
	自测	1. 调整制动器前要做的准备工作 1）将电梯轿厢开到顶楼，使对重在最底层 2）用木方将对重支撑起来，用电动葫芦或手动葫芦将轿厢吊起，并做好防滑措施 3）将主电源断开 2. 电磁制动器的调整工作内容 （1）制动弹簧的调整　制动力矩是由制动弹簧产生的，为使制动器产生合适的制动力矩，须调整制动弹簧的伸缩量 　　调整制动弹簧的伸缩量的方法是：松开制动弹簧调节螺母，把该调节螺母向里拧，即可减少弹簧长度，增大弹力，使制动力矩增大；反之，将该螺母向外拧，即可增加弹簧长度，减小弹力，使制动力矩变小。调整完毕后将该调节螺母拧紧 　　应当注意的是，在调节过程中应使两边的制动弹簧长度相等，制动弹簧调整要适当，即要满足轿厢停止时能够提供足够的制动力，使轿厢迅速制停运行，又要满足轿厢在制动时不要过猛，保持制动平稳，而且不影响平层准确性 　　另外，因制动器使用一段时间后，其制动带逐渐磨损，尤其在使用初期磨损较快，等到制动带和制动臂磨合后，磨损速度才逐渐慢下来。由于制动带的磨损使制动弹簧随之伸长，造成制动力矩逐渐减少。为便于调整，最好在制动器安装调整后投入运行前，在制动弹簧两边做上标记，这样一旦由于制动带的磨损使制动弹簧伸长后，就可根据原来的标记将制动弹簧调回原来的长度，保证制动力矩不变	

（续）

任务实施	任务4	电磁制动器的调整
	自测	（2）电磁铁心间隙的调整　为使制动器有足够的松闸力，须调整两个电磁铁心的间隙 调整方法是：先用专用扳手松开调节螺母，再调整调节螺母。粗调时，两边调节螺母都要向里拧，使两个电磁铁心完全闭合，测量拉杆的外露长度，并使两边相等。然后再精调，以一边先退出 0.3mm，将调节螺母拧紧不再动它，再退另一边调节螺母，使两边拉杆后退量为 0.5~1mm，即两个电磁铁铁心的间隙为 0.5~1mm （3）制动闸瓦与制动轮之间间隙的调整　调整方法是：把手动松闸凸轮松开，使制动带脱开制动轮（此时两个电磁铁心闭合在一起），把制动闸瓦定位螺栓旋进或旋出，用塞尺检查该制动闸瓦和制动轮上、中、下 3 个位置间隙（两侧的制动闸瓦与制动轮之间间隙都要调整、检查），如下图所示，其尺寸在规定范围内，而且均匀（指两侧 3 个位置尺寸）。注意，尺寸测量应以塞尺塞入间隙 2/3 处为准。调整完毕，再紧固有关螺栓及手动松闸凸轮，经电梯运行证明符合要求才行  用塞尺检测间隙

1. 自我评价
（1）检测要素
1）对电磁制动器结构认知的程度
2）对电磁制动器各部件作用理解的程度
3）调整和测试工具的正确和规范使用
4）调整和测试的方法是否得当，以及是否达到国家标准
5）文明施工、纪律安全、设备工具管理等
（2）评价要素

序号	考核内容与要求		评分标准	
1	结构的认知	（1）口述制动器的结构	10 分	20 分
		（2）口述制动弹簧、制动铁心、制动闸瓦作用	10 分	
2	制动弹簧的调整	（1）口述制动力调整不当的后果（过大或过小）	10 分	30 分
		（2）制动弹簧的调整	10 分	
		（3）调整好后锁紧螺栓	10 分	
3	电磁铁心间隙的调整	正确调整电磁铁心间隙至要求，一般在 0.5~1mm	10 分	10 分

（任务评价）

项目 2　曳引驱动系统结构与测试

（续）

序号	考核内容与要求		评分标准	
4	调整制动闸瓦与制动轮之间的间隙	（1）调整制动轮与制动闸瓦四个角之间间隙至均匀一致，而且不能摩擦（参考值为不大于0.7mm）	10分	20分
		（2）调整制动闸瓦与制动轮的接触面积不小于80%；调整后锁紧螺母	10分	
5	安全文明操作	（1）安全操作，正确使用工具，安全防护	8分	20分
		（2）清理现场，收集工具	5分	
		（3）服从指挥	7分	

（任务评价栏）

2. 任课教师评价

项固训练

（一）判断题

1. 电梯的机电式制动器不允许使用带式制动器。　　　　　　　　　　　　　（　）
2. 制动器在正常情况下，通电时应保持制动状态。　　　　　　　　　　　　（　）
3. 机电式制动器制动闸瓦或衬垫的压力应用有导向的压缩弹簧或重铊施加。（　）
4. 在电梯驱动主机上靠近盘车手轮处，应明显标出轿厢运行方向。如果手轮是不能拆卸的，则可在手轮上标出。　　　　　　　　　　　　　　　　　　　　（　）
5. 曳引能力是由曳引钢丝绳在绳槽中的当量摩擦因数决定的。　　　　　　（　）
6. 曳引比是电梯运行时曳引轮节圆的线速度与轿厢运行速度之比。　　　　（　）
7. 钢丝绳在曳引轮上绕的次数可分单绕和复绕，复绕是指2∶1的绕法。　　（　）
8. 曳引驱动的理想状态是对重侧与轿厢侧的重量相等。此时，曳引轮两侧钢丝绳的张力相等。　　　　　　　　　　　　　　　　　　　　　　　　　　　　（　）
9. 电梯出现困人时，一名维修人员即可完成盘车放人操作。　　　　　　　（　）
10. 曳引机可以安装在底坑。　　　　　　　　　　　　　　　　　　　　　（　）
11. 蜗杆曳引机只分为蜗杆上置式与蜗杆下置式。　　　　　　　　　　　　（　）
12. 可以采用普通电动机作为曳引电动机。　　　　　　　　　　　　　　　（　）
13. 选用电梯时，不受海拔的限制。　　　　　　　　　　　　　　　　　　（　）
14. 电梯制动器允许的制动间隙都不大于0.07mm。　　　　　　　　　　　（　）
15. 电梯制动器的制动衬料可以采用石棉材料。　　　　　　　　　　　　　（　）

（二）选择题

1. V形传动的特点不包括（　　）。
   A. 传动平稳　　　　B. 摩擦力较大　　　　C. 不易打滑　　　　D. 可以振动
2. 常用的曳引轮绳槽有四种形式，但不包括（　　）。

A. 凹形槽　　　　B. U 形　　　　　　C. 圆形　　　　　　D. V 形

3. 为了保持调速时电动机转矩不变，在变化频率时，也要对（　　）做相应调节，这种方法叫 VVVF 调速法。

　　A. 定子的电阻　　B. 定子的电流　　C. 定子的电压　　D. 转速

4. 蜗杆传动的特点不包括（　　）。

　　A. 传动比小　　　B. 运行平稳　　　C. 噪声小　　　　D. 体积小

5. 对于弹性连接，蜗轮与电动机的同轴度误差应小于（　　）。

　　A. 0.1mm　　　　B. 0.02mm　　　　C. 0.2mm　　　　D. 0.01mm

6. 制动闸瓦与制动轮间隙过大或不同轴会造成电梯（　　）。

　　A. 上行平层高，下行平层低　　　　B. 上行平层高，下行平层低

　　C. 上行下行平层都高　　　　　　　D. 上行下行平层都低

7. 有齿轮曳引机广泛用于运行速度 $v \leq$（　　）的各种客货梯和杂物电梯上。

　　A. 1.0m/s　　　　B. 2.0m/s　　　　C. 3.0m/s　　　　D. 3.5m/s

8. 电磁抱闸专用于（　　）制动方式。

　　A. 能耗　　　　　B. 机械　　　　　C. 反制　　　　　D. 电气

9. 减速器蜗杆轴向间隙增大会导致（　　）而产生颤动。

　　A. 冲击　　　　　B. 串轴过大　　　C. 啮合不良　　　D. 摆动

10. 电梯正常运行时，制动器应在（　　）下保持松开状态。

　　A. 不通电　　　　B. 持续通电　　　C. 断电　　　　　D. 带电

11. 切断制动器电流，至少应该用（　　）个独立的电气装置来实现。

　　A. 1　　　　　　B. 2　　　　　　　C. 3　　　　　　　D. 4

12. 制动器两侧闸瓦在松闸时应同时离开制动轮，其四角间隙平均值两侧各不大于（　　），且无拖延制动现象。

　　A. 0.3mm　　　　B. 0.5mm　　　　C. 0.7mm　　　　D. 0.8mm

13. 曳引轮外侧应漆成（　　）。

　　A. 绿色　　　　　B. 黑色　　　　　C. 黄色　　　　　D. 红色

14. 制动器手动松闸扳手漆成（　　），并挂在容易接近的墙上。

　　A. 绿色　　　　　B. 黑色　　　　　C. 黄色　　　　　D. 红色

15. 电梯的平衡系数是（　　）。

　　A. 0　　　　　　B. 0.4~0.5　　　　C. 0.4　　　　　　D. 0.5

16. 当轿厢载有（　　）额定载荷并以额定速度下行至下部时，切断电动机和制动器电源，电梯应可靠停止。

　　A. 125%　　　　B. 135%　　　　　C. 150%　　　　　D. 160%

17. 下列蜗杆传动特点的描述中，不正确的是（　　）。

　　A. 传动平稳　　　B. 传动比大　　　C. 效率高　　　　D. 运行噪声低

18. 属于有齿轮曳引机的组成部件是（　　）。

　　A. 电动机　　　　B. 钢丝绳　　　　C. 限速器　　　　D. 反绳轮

19. 制动器线圈得电时，制动器（　　）。

　　A. 松闸　　　　　B. 合闸　　　　　C. 保持原来状态　　D. 难以确定

(三) 填空题

1. 曳引力是指_____。
2. 通常曳引机由_____、_____、_____、机架、曳引轮及盘车手轮等组成。
3. 电磁制动器在结构上包括_____、_____、_____、_____、压缩弹簧等部件。
4. 轿厢与对重能做相对运动是靠_____来实现的,这种力称为曳引力。
5. 有齿轮曳引机由电动机、_____、_____、曳引轮、机架和导向轮及附属盘车手轮等组成。其中,导向轮的作用是_____。
6. 曳引机按有无减速器分为_____和_____。
7. 电梯运行过程中,电动机有两种工作状态,轿厢空载下行或者轿厢满载上行时,电动机处于____状态;轿厢空载上行或者轿厢满载下行时,电动机处于_____状态。
8. 制动器在曳引机工作前是_____的,曳引机运转通电后,制动线圈通电,利用磁铁吸力通过推杆将抱闸打开。
9. 电梯曳引机根据是否有减速器可以分为_____和_____。

(四) 简答题

电梯溜车在电梯日常使用过程中时有发生。一旦发生,将给人身和设备安全构成严重威胁,轻则造成电梯冲顶、蹲底,重则引发重大伤亡事故,应当引起高度重视。从电梯制动器的制动力、曳引力以及制动器不抱闸角度分析电梯溜车的原因。

任务 2.2 认识曳引钢丝绳

 工作任务

钢丝绳

1. 工作任务类型

学习型任务: 掌握电梯曳引钢丝绳、曳引钢带的结构、工作原理。

2. 学习目标

(1) **知识目标:** 能够正确识读曳引钢丝绳的标记;能够理解曳引钢丝绳的相关技术术语。

(2) **能力目标:** 掌握曳引钢丝绳的结构及其规范要求;掌握常用的连接钢丝绳与绳头端接装置的方法;了解曳引钢丝绳的报废标准。

(3) **素质目标:** 培养学生安全规范意识和良好的职业素养;培养学生具有良好的学习习惯。

 知识储备

曳引系统主要由曳引机、曳引钢丝绳、导向轮、绳轮等组成。曳引钢丝绳可靠性高,长

度不受限,提升高度大,可应用于高速电动机。

2.2.1 曳引钢丝绳

电梯曳引钢丝绳不仅承受着电梯全部的动载荷和弯曲应力,还在绳槽中承受着较高的挤压力与摩擦力,所以要求曳引钢丝绳应有较高的强度、挠性与耐磨性。

1. 曳引钢丝绳的结构

曳引钢丝绳主要由钢丝、绳股和绳芯组成,一般有 6 股和 8 股两种。双强度钢丝绳是指钢丝绳外层股的外层钢丝和其内层钢丝具有不同的抗拉强度等级,单强度钢丝绳是指钢丝绳外层股的外层钢丝和其内层钢丝具有相同的抗拉强度等级,我国广泛使用的单强度钢丝绳级别是 1570/1770(MPa 级)。曳引钢丝绳采用含碳量(质量分数)0.4%~1%的优质钢,硫、磷等的含量小于 0.035%。目前,国产电梯普遍使用西鲁式 8 或 6 钢丝股的曳引钢丝绳,其中 8×19 应用较多。GB/T 8903—2018《电梯用钢丝绳》对曳引钢丝绳的结构和技术指标做了规定,电梯使用线接触西鲁式钢丝绳作曳引钢丝绳,其结构和直径应符合表 2-7,断面示意图如图 2-3 所示。

表 2-7 曳引钢丝绳结构和直径

钢丝绳结构	公称直径/mm	钢丝绳结构	公称直径/mm
6×19S-FC	6、8、11、13、16、19、22	8×19S-FC	8、10、11、13、16、19、22

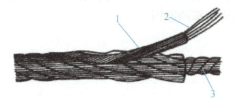 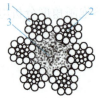 

a) 钢丝绳示意图　　b) 6×19S-FC 电梯钢丝绳截面　　c) 8×19S-FC 电梯钢丝绳截面

图 2-3　圆形股电梯用钢丝绳

1—绳股　2—钢丝　3—绳芯

2. 曳引钢丝绳的标记方式

曳引钢丝绳的标记方式应符合 GB/T 8903—2018 规定。图 2-4 所示为曳引钢丝绳的标记方式,图例标记的含义是,曳引钢丝绳结构为 8×19 西鲁式(外粗式),绳芯为纤维芯,公

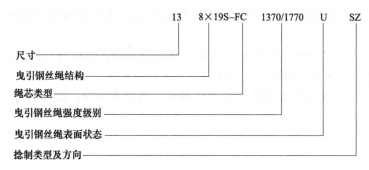

图 2-4　曳引钢丝绳标记方式

称直径为13mm，钢丝公称抗拉强度（双强度）级别为1370/1770(1500)MPa级，表面状态光滑，双强度配制，捻制方法为右交互捻。

3. 曳引钢丝绳的安全技术要求

GB/T 7588.1—2020规定：曳引钢丝绳最少应有两根，每根曳引钢丝绳应是独立的。曳引钢丝绳的安全系数应按附录N（标准中的附录）计算，对于用3根或3根以上曳引钢丝绳的曳引驱动电梯，其静载安全系数不小于12；对于用两根曳引钢丝绳的曳引驱动电梯，其静载安全系数不小于16。无论根数多少，曳引钢丝绳的公称直径都应不小于8mm。

无论钢丝绳的股数多少，曳引轮或滑轮（或卷筒）的节圆直径与悬挂绳的公称直径之比都应不小于40。

曳引钢丝绳的报废标准如下：

1) 在一段预先选定的长度上检查其可见钢丝破断数目，检查长度为6d或30d（d为曳引钢丝绳直径）。当曳引钢丝绳的可见断丝超过规定数目时，则必须更换。

2) 当曳引钢丝绳出现绳端断丝、断丝局部集聚等现象时，应考虑报废。当曳引钢丝绳直径相对于公称直径减少10%以上时，即使未发现断丝，该钢丝绳也应报废。

3) 当曳引钢丝绳上出现断股时应立即报废，单丝磨损超过原直径的40%时也应立即报废。

4) 新挂曳引钢丝绳，若发现其中断丝数较多、弯曲、笼形畸变，不得使用。

5) 若表面磨损或腐蚀占直径百分率达到30%，不管有无断丝都应报废。

6) 当发生突然停车，轿厢被卡住或坠落时，要对遭受猛烈冲击的一段曳引钢丝绳进行仔细检查。在伸长或被挤压处做标记，发现损坏或其长度增长0.5%以上时必须更换。

7) 当曳引钢丝绳锈蚀严重，点蚀麻坑形成沟纹，外层松动时，无论断丝数是否超标或绳径是否变小，都应立刻更换。

4. 曳引钢丝绳的性能要求

1) 强度要求。电梯曳引钢丝绳的强度用静载安全系数来衡量。静载安全系数的计算公式为

$$K = \frac{\rho n}{T}$$

式中，K为静载安全系数；ρ为曳引钢丝绳的破断拉力；n为曳引钢丝绳的根数；T为作用于轿厢侧钢丝绳上的最大载荷力。

对于静载系数K，我国标准规定，客梯应大于12，杂物电梯应大于10。

2) 耐磨性。曳引钢丝绳应具有良好的耐磨性。

3) 挠性。良好的挠性能减少钢丝绳弯曲时的应力，以利于延长使用寿命。

5. 曳引钢丝绳的安全系数

电梯曳引钢丝绳安全系数是指装有额定载荷的轿厢停靠在最低层站时，一根曳引钢丝绳的最小破断载荷与这根曳引钢丝绳所受的最大力之间的比值。曳引钢丝绳的安全系数要求如下：

1) 对于用三根或三根以上曳引钢丝绳的电梯，曳引钢丝绳的安全系数应不小于12。

2) 对于用两根曳引钢丝绳的电梯，曳引钢丝绳的安全系数应不小于16。

3) 对于卷筒驱动电梯，曳引钢丝绳的安全系数应不小于12。

4）曳引钢丝绳公称直径不小于8mm。

5）曳引轮或者滑轮的直径应不小于曳引钢丝绳公称直径的40倍。

2.2.2 曳引钢丝绳端接装置（绳头组合）

曳引钢丝绳的两端要与轿厢、对重或机房的固定结构连接，这个连接装置即为钢丝绳端接装置，一般称为绳头组合。

GB/T 10060—2011《电梯安装验收规范》中规定：悬挂绳端接装置（绳头组合）应安全可靠，其铰紧螺母均应装有锁紧销。绳头组合至少设置一个自动调节装置，用来平衡各曳引钢丝绳的张力，使任何一根曳引钢丝绳的张力与所有曳引钢丝绳的张力平均值偏差均不大于5%。可以通过调节绳头组合上的螺母来调节曳引钢丝绳的张力，当螺母拧紧时，弹簧受压，曳引钢丝绳承受的拉力增大，被拉紧。反之，当螺母放松时，弹簧伸长，曳引钢丝绳受力减少，就变得松弛。

绳头组合不仅用以连接曳引钢丝绳和轿厢等结构，还要缓冲工作中曳引钢丝绳的冲击载荷、均衡各根曳引钢丝绳的张力并能对张力进行调节。绳头组合的连接必须牢固，GB/T 7588.1—2020中要求：曳引钢丝绳与其绳头组合的结合处应至少能承受曳引钢丝绳最小破断拉力的80%。

电梯中常用的曳引钢丝绳与绳头组合的方法有以下几种。

（1）绳夹（见图2-5） 注意绳夹规格与曳引钢丝绳直径的配合和夹紧程度。固定时必须使用三个以上绳夹，而且U形螺栓应卡在曳引钢丝绳的短头。绳夹连接一般只用在杂物梯上。

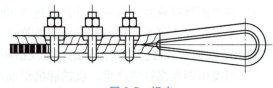

图2-5 绳夹

（2）自锁楔形绳套（见图2-6）自锁楔形绳套依靠楔块与套筒孔斜面配合，在拉力作用下自动锁紧。它结构简单，装拆方便，因此在电梯上得到越来越多的应用。

（3）浇灌锥套（见图2-7） 浇灌锥套的使用方法是：先将曳引钢丝绳穿过锥形套筒内孔，将绳头拆散，剪去绳芯，洗净油污，将绳股或钢丝向绳中心折弯（俗称"扎花"），折弯长度不少于曳引钢丝绳直径的2.5倍，然后把已

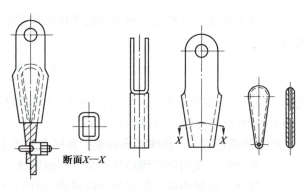

图2-6 自锁楔形绳套

熔化的巴氏合金（轴承合金）注入锥套的锥孔内，冷却凝固后即组合完毕。该结构曳引钢丝绳强度不受影响，安全可靠，因此在电梯中广泛应用。锥套通常用35、40、45钢或铸钢制造，分离的吊杆可用10、20钢制造。浇灌时要注意锥套最好先行烘烤预热以除去可能存在的水分。巴氏合金加热的温度不能太高，但也不能太低。温度太低，浇灌时充盈性不好；温度太高，容易烧伤钢丝绳，一般为330~360℃。浇灌要一次完成，要让熔化的合金充满全部锥套。

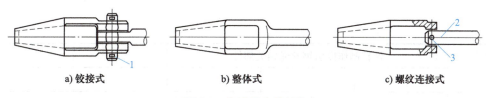

a) 铰接式　　　　b) 整体式　　　　c) 螺纹连接式

图 2-7　浇灌锥套的结构

1—开口销　2—吊杆　3—定位孔

2.2.3　扁平复合曳引钢带

扁平复合曳引钢带属于新型曳引器材，如图 2-8 所示。它是奥的斯的专利产品，此产品是在非常细小的横排的钢丝外包裹耐磨聚氨酯材料，形成厚 3mm、宽 30mm 或 60mm 的带状结构。其优质的柔韧性使得曳引机可以采用更小的曳引轮，也可以缩减曳引机的体积与重量，降低井道噪声，提升曳引能力。

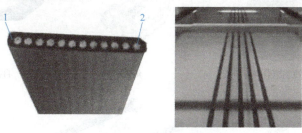

图 2-8　扁平复合曳引钢带

1—聚氨酯外包　2—钢丝

相对曳引钢丝绳，扁平复合曳引钢带有以下优势：

1）无需润滑，很环保。

2）绳轮直径小，特别适用于无机房电梯。

3）主机转矩小，成本相对较低。

2.2.4　碳纤维曳引带

电梯运行时曳引机驱动的随行重量中，除了轿厢和乘客重量外，曳引绳的重量也是不容忽视的，而且建筑物越高，曳引绳所占的比重就越大。在一个大约 500m 高的电梯井内，若电梯采用传统钢丝绳，则电梯运行所需的电量中有多达 3/4 被钢丝绳所消耗，而碳纤维曳引带（见图 2-9）却能把建筑物的高度极限提高一倍，达到 1000m。

碳纤维曳引带由碳纤维内芯和特殊的高摩擦因数涂层组成，其强度高、伸长率低、抗磨损、寿命长。单位长度重量比标准电梯曳引钢丝绳轻 80%，而强度却与后者不相上下，因其自重极轻，可使所在高层建筑的能耗大幅度降低。而且，碳纤维与钢铁及其他建筑材料的共振频率不同，能够有效地减少由于建筑摆动所引起的电梯停运次数。同时，其外表的特殊高摩擦因数涂层无需润滑，能够进一步减少对环境的影响。

图 2-9　碳纤维曳引带

任务工单

任务名称	调整制作曳引钢丝绳相关部件		任务成绩	
学生班级		学生姓名		实践地点	
所用设备	曳引钢丝绳、自锁楔形绳套、绳夹、手锤、钢卷尺、扳手				
任务描述	当曳引钢丝绳长度超标时,应截短并重新做绳头处理。尤其是新安装的电梯,经过1年左右的运行,曳引钢丝绳便会伸长。此时,可在底坑通过测量或观察(轿厢在上端站的平层位置时)对重与缓冲器的距离小于下限值(弹簧式缓冲器为150mm,油压式缓冲器为200mm),若无再调整余地,应及时截短曳引钢丝绳,重新做绳头组合,调整各绳张力。制作锥形套筒绳头组合是目前最常见的一种形式 所需要的设备如图 a 所示 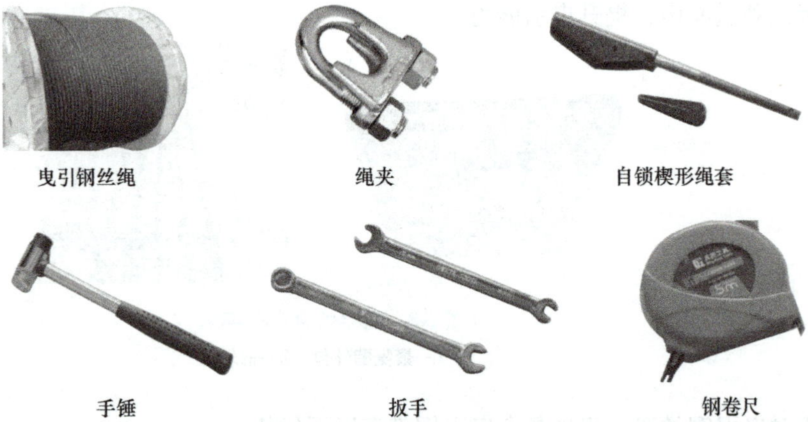 曳引钢丝绳　　　　绳夹　　　　自锁楔形绳套 手锤　　　　扳手　　　　钢卷尺 图 a　测试所需设备				
目标达成	1. 掌握曳引钢丝绳的结构及性能参数 2. 掌握制作锥形套筒绳头组合的方法和步骤 3. 正确使用相关的制作工具 4. 能够在规定时间内按规定尺寸制作锥形套筒钢丝绳绳头组合 5. 能进行钢丝绳张力测量与调整				
任务实施	任务1	认识曳引钢丝绳			
	自测	1. 观察实验室的曳引钢丝绳,曳引钢丝绳主要由_____和_____组成,_____股 2. 实验室曳引钢丝绳与绳头组合是_____ 3. 绘出 2∶1 绕法的曳引钢丝绳的悬挂方法			

(续)

	任务1	认识曳引钢丝绳
		4. 记录实验室曳引钢丝绳的外包装型号及标记，说明其技术参数
	自测	5. 处理曳引钢丝绳 按如下要求处理一根曳引钢丝绳。将曳引钢丝绳的卷筒正确架起，准备一个空的卷筒架设在旁边，找出曳引钢丝绳卷筒上的绳头，一边放绳，一边将曳引钢丝绳拉出缠绕到空的卷筒架上，注意缠绕到20m左右长度时，在空卷筒架上做好标记，如图b所示，并且这20m曳引钢丝绳不得被后卷入的曳引钢丝绳覆盖，绳头露出在外，继续放绳缠绕到空卷筒架，直至曳引钢丝绳上出现截短标记。停止放绳，将曳引钢丝绳截短。以上为处理一根曳引钢丝绳的完整过程，其余曳引钢丝绳按同样方法处理  图 b　缠绕钢丝绳
任务实施	任务2	制作绳头锥套
	自测	绳头锥套是曳引钢丝绳与机房承重梁连接用的部件，制作步骤如下： 1）在绳头端量取500mm长的曳引钢丝绳，并在此处弯折成圆弧 2）将曳引钢丝绳末端穿过绳头锥套，将曳引钢丝绳反穿出入口处，如图c所示 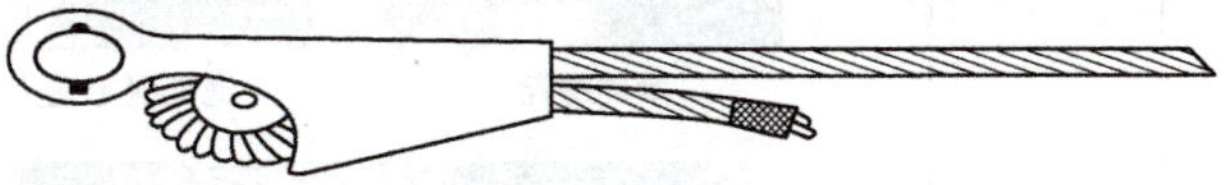 图 c　自锁楔形 3）在曳引钢丝绳圆弧处放入楔块，将曳引钢丝绳和楔块敲紧 4）在楔块下方设有开口锁孔，将螺栓插入开口销并紧固，以防止楔块松脱 5）用绳夹固定绳头，注意绳夹为3个，且U形螺栓应卡在曳引钢丝绳的短头。第一个绳夹离绳头锥套的距离为35~45mm，绳夹与绳夹间的间距为100mm，如图d所示（图中 d 为曳引钢丝绳直径） 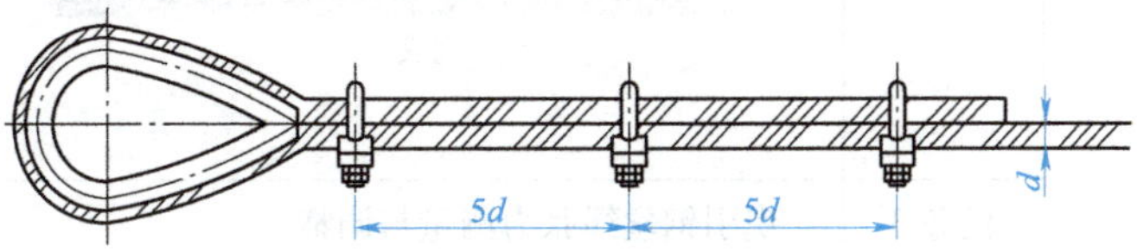 图 d　三个绳夹固定绳头示意图 6）绳夹固定好后，将绳头的端部用胶带纸包裹

(续)

任务实施	任务2	制作绳头锥套
	自测	绳头锥套的制作过程如图 e 所示  在绳头端量取500mm → 在500mm处弯折成圆弧 → 曳引钢丝绳末端穿过绳头锥套 螺栓插入开口销 ← 圆弧处放入楔块，敲紧 ← 反穿出入口处 紧固螺栓 → 绳夹固定绳头 → 用3个绳夹固定 完成 ← 绳头端部胶布包裹 图 e　绳头锥套的制作过程
	任务3	曳引钢丝绳张力测量与调整
	自测	新梯进入或更换过的电梯前 6 个月，每月调整曳引钢丝绳张力 1 次，以后每年调整曳引钢丝绳张力 1 次

(续)

	任务3	曳引钢丝绳张力测量与调整
任务实施	自测	（1）曳引钢丝绳张力测量与调整的方法如下： 1）将轿厢置于离井道顶 1/3 距离，轿厢在中间位置时，人站的轿顶上，面向对重，在靠非绳头侧的对重导轨上选择合适的位置将电子弹簧秤用扎带固定在导轨上，如图 f 所示 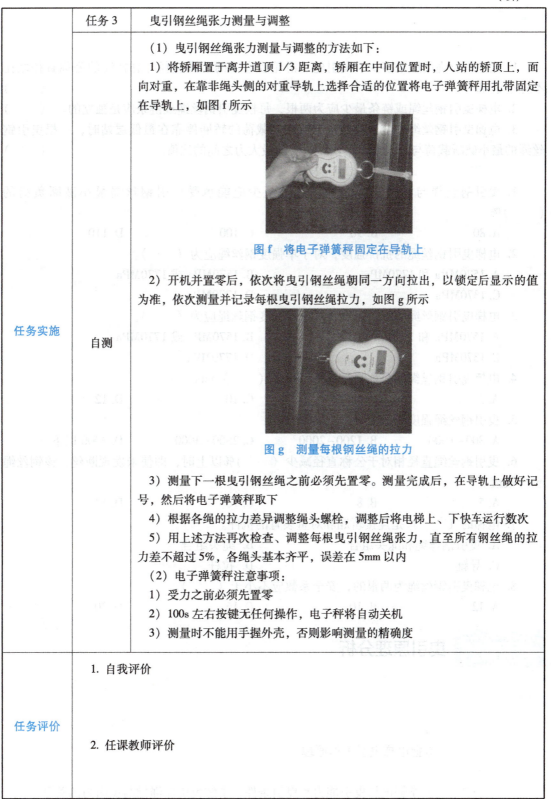 图 f　将电子弹簧秤固定在导轨上 2）开机并置零后，依次将曳引钢丝绳朝同一方向拉出，以锁定后显示的值为准，依次测量并记录每根曳引钢丝绳拉力，如图 g 所示 图 g　测量每根钢丝绳的拉力 3）测量下一根曳引钢丝绳之前必须先置零。测量完成后，在导轨上做好记号，然后将电子弹簧秤取下 4）根据各绳的拉力差异调整绳头螺栓，调整后将电梯上、下快车运行数次 5）用上述方法再次检查、调整每根曳引钢丝绳张力，直至所有钢丝绳的拉力差不超过 5%，各绳头基本齐平，误差在 5mm 以内 （2）电子弹簧秤注意事项： 1）受力之前必须先置零 2）100s 左右按键无任何操作，电子秤将自动关机 3）测量时不能用手握外壳，否则影响测量的精确度
任务评价		1. 自我评价 2. 任课教师评价

项固训练

（一）判断题

1. 无论钢丝绳的股数多少，曳引轮、滑轮或卷筒的节圆直径与悬挂绳的公称直径之比不应小于40。（   ）
2. 电梯曳引钢丝绳或链条最少应为两根，每根曳引钢丝绳或链条应是独立的。（   ）
3. 电梯曳引钢丝绳安全系数是指装有额定载荷的轿厢停靠在最低层站时，一根曳引钢丝绳的最小破断载荷与这根曳引钢丝绳所受的最大力之间的比值。（   ）

（二）选择题

1. 曳引钢丝绳与其绳头组合的结合处至少应能承受曳引钢丝绳最小破断负荷的（   ）%。
   A. 80　　　　B. 90　　　　C. 100　　　　D. 110
2. 电梯曳引钢丝绳的抗拉强度，对于单强度钢丝绳应为（   ）。
   A. 1570MPa 和 1770MPa　　　　B. 1570MPa 或 1770MPa
   C. 1370MPa　　　　　　　　　　D. 1770MPa
3. 电梯曳引钢丝绳的抗拉强度，对于双强度钢丝绳应为（   ）。
   A. 1570MPa 和 1770MPa　　　　B. 1570MPa 或 1770MPa
   C. 1370MPa　　　　　　　　　　D. 1770MPa
4. 电梯曳引钢丝绳的公称直径最小不小于（   ）mm。
   A. 5　　　　B. 8　　　　C. 10　　　　D. 12
5. 曳引钢丝绳强度一般为（   ）MPa。
   A. 800～1000　　B. 1200～2000　　C. 2500～3000　　D. 3000 以下
6. 曳引钢丝绳直径相对于公称直径减少（   ）%以上时，即使未发现断丝，该钢丝绳也应报废。
   A. 5　　　　B. 8　　　　C. 10　　　　D. 12
7. 电梯的（   ）是连接轿厢和对重装置的机件。
   A. 曳引钢丝绳和绳头组合　　　　B. 绳头组合
   C. 导靴　　　　　　　　　　　　D. 拉杆
8. 电梯曳引钢丝绳为两根的，安全系数应不小于（   ）。
   A. 12　　　　B. 10　　　　C. 16　　　　D. 20

任务2.3　曳引原理分析

工作任务

1. 工作任务类型

学习型任务：掌握电梯曳引工作原理。

2. 学习目标

（1）**知识目标**：掌握电梯曳引能力和曳引条件；了解曳引轮绳槽与曳引力的关系。

（2）能力目标：能分析包角对曳引力的影响；能理解电梯最大曳引能力的含义。

（3）素质目标：能实施手动盘车救援操作；践行电梯工地安全。

知识储备

2.3.1 曳引传动方式

1. 悬挂比

悬挂比是指电梯运行时，曳引轮的线速度与轿厢升降速度之比。根据电梯的使用要求和建筑物的具体情况等，电梯的悬挂比是多样的，通常有1∶1、2∶1、3∶1等。

（1）悬挂比1∶1（见图2-10） 悬挂比为1∶1时，$v_1=v_2$，$P_1=P_2$。其中，v_1为曳引绳线速度（m/s），v_2为轿厢升降速度（m/s）；P_1为轿厢侧曳引绳载荷力（N）；P_2为轿厢总重量（N）。这种方式由曳引绳直接拖动轿厢和对重（又称直吊式），轿顶和对重顶部均无反绳轮，适用于客梯。

（2）悬挂比2∶1（见图2-11） 悬挂比为2∶1时，$v_1=2v_2$，$P_1=1/2P_2$，即曳引绳线速度等于2倍轿厢升降速度，轿厢曳引绳载荷力等于1/2轿厢总重量。采用这种方式曳引机只需承受电梯的1/2悬挂重量，减轻了曳引机承受的重量，降低了对曳引机的动力输出要求，但增加了曳引绳的曲折次数，降低了曳引绳的使用寿命，适用于货梯。

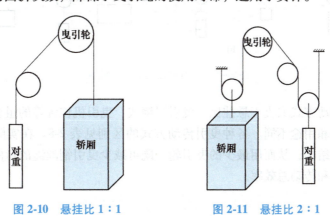

图2-10 悬挂比1∶1　　　　图2-11 悬挂比2∶1

总之，对于任意的悬挂比$n∶1$，曳引轮的线速度与轿厢的升降速度之比为$n∶1$，轿厢曳引绳载荷力等于$1/n$轿厢总重量。

2. 曳引绳绕式

曳引绳在曳引轮上的绕式可分为半绕式与全绕式，如图2-12和图2-13所示。

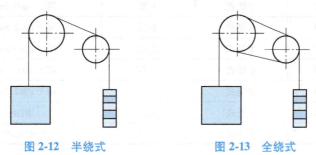

图2-12 半绕式　　　　图2-13 全绕式

(1) 半绕式（见图 2-14a、b、d、f、g、i、j） 曳引绳挂在曳引轮上，曳引绳对曳引轮的最大包角为 180°，因此称为半绕式。

(2) 全绕式（见图 2-14c、e、h） 全绕式（也称复绕式）的形式有两种：一种是曳引绳绕曳引轮和导向轮一周后，才引向轿厢和对重，其目的是增大曳引绳对曳引轮的包角，提高摩擦力，其包角大于 180°。另一种是曳引绳绕曳引轮槽和复绕轮槽后，再经导向轮槽到轿厢上，另一端引到对重上，其包角大于 180°。无论哪种形式的全绕，其特点都是增大曳引绳对曳引轮的包角，现代电梯常采用全绕式。

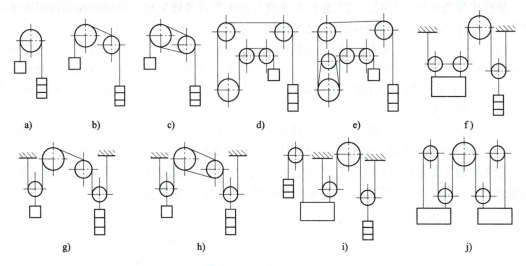

图 2-14 曳引绳在曳引轮的绕式

电梯的曳引传动方式取决于悬挂比、曳引绳绕式、曳引机位置等的组合形式，组合形式不同，则传动效果和用途不同。各种曳引传动方式的区别见表 2-8。在实际应用中，应选用简单方式，以简化结构，从而用最少的曳引轮，既可减少曳引钢丝绳的弯曲，又可提高曳引钢丝绳的使用寿命和传动总效率。

表 2-8 各种曳引传动方式的区别

图 2-14	悬挂比	曳引绳绕式	曳引机位置	用 途
a	1:1	半绕式	上部	用于 $v \geq 0.5 \text{m/s}$ 的有齿电梯
b	1:1	半绕式	上部	用于 $v \geq 0.5 \text{m/s}$ 的有齿电梯
c	1:1	全绕式	上部	用于 $v \geq 2.5 \text{m/s}$ 的无齿电梯
d	1:1	半绕式	上部	用于 $v \geq 0.5 \text{m/s}$ 的有齿电梯
e	1:1	全绕式	下部	用于 $v \geq 2.5 \text{m/s}$ 的无齿电梯
f	2:1	半绕式	上部	用于 $v \geq 0.5 \text{m/s}$ 的有齿电梯
g	2:1	半绕式	上部	用于 $v \geq 0.5 \text{m/s}$ 的有齿电梯
h	2:1	全绕式	上部	用于 $v \geq 2.5 \text{m/s}$ 的无齿电梯
i	2:1	半绕式	上部	用于大吨位电梯
j	2:1	半绕式	上部	用于大吨位、低速电梯

2.3.2 曳引原理

1. 曳引式电梯提升方式

曳引式电梯运行时,电梯通过曳引力运动。曳引电动机与减速器(或者无减速器)、制动器等组成曳引机,曳引钢丝绳通过曳引轮,一端连接轿厢,另一端连接对重(平衡重),并压紧在曳引轮绳槽内,如图 2-15 所示。电动机转动就带动曳引轮转动,驱动钢丝绳,拖动轿厢和对重在井道中沿导轨上下往复运行。

2. 曳引系统的受力分析

(1) 曳引力分析 轿厢与对重能做相对运动是靠曳引绳和曳引轮间的摩擦力来实现的,这种力称为曳引力。要使电梯运行,曳引力 T 必须大于或等于曳引绳中较大载荷力 P_1 与较小载荷力 P_2 之差,即 $T \geq P_1 - P_2$。由于载荷力不仅与轿厢的载重量有关,而且随电梯的运行阶段而变化,因此曳引力是一个不断变化的力。曳引系统受力分析如图 2-16 所示。

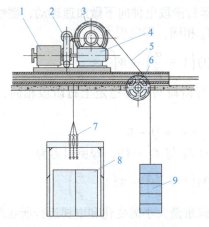
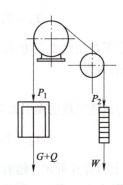

图 2-15 电梯曳引运动关系　　　图 2-16 曳引系统受力分析

1—电动机　2—制动器　3—曳引轮　4—减速器
5—曳引绳　6—导向轮　7—绳头组合　8—轿厢　9—对重

1) 上行加速阶段的曳引力 T_1。这个运行阶段电梯向上做加速运动。载荷力(P_1、P_2)受轿厢和对重惯性力的影响,这时的载荷力为

$$P_1 = (G+Q)\left(1 + \frac{a}{g}\right)$$

$$P_2 = W\left(1 - \frac{a}{g}\right)$$

曳引力为

$$T_1 = P_1 - P_2 = (G+Q)\left(1 + \frac{a}{g}\right) - W\left(1 - \frac{a}{g}\right)$$

式中,G 为轿厢自重(kg);Q 为额定载重量(kg);W 为对重重量(kg);a 为电梯加速度(m/s²);g 为重力加速度,$g = 9.8$ m/s²。

2) 稳定上行阶段曳引力 T_2。这个阶段电梯匀速运行,无加速度,载荷力(P_1、P_2)只与轿厢和对重的重量有关,这时的载荷力为

$$P_1 = G + Q$$
$$P_2 = W$$

曳引力为

$$T_2 = P_1 - P_2 = G + Q - W$$

3）上行减速阶段的曳引力 T_3。这个运行阶段电梯减速制动，载荷力（P_1、P_2）受轿厢与对重惯性力的影响，但作用方向与前面加速时相反，这时的载荷力为

$$P_1 = (G + Q)\left(1 - \frac{a}{g}\right)$$
$$P_2 = W\left(1 + \frac{a}{g}\right)$$

曳引力为

$$T_3 = P_1 - P_2 = (G + Q)\left(1 - \frac{a}{g}\right) - W\left(1 + \frac{a}{g}\right)$$

4）下行加速阶段的曳引力 T_4。这个运行阶段电梯向下做加速运动，惯性力的作用方向与上行减速阶段相同，因此曳引力 T_4 与 T_3 相同，即曳引力为

$$T_4 = T_3 = (G + Q)\left(1 - \frac{a}{g}\right) - W\left(1 + \frac{a}{g}\right)$$

5）稳定下行阶段曳引力 T_5。这个运行阶段与电梯稳定上行阶段相同，电梯做匀速运动，因此曳引力为

$$T_5 = T_2 = G + Q - W$$

6）下行减速阶段的曳引力 T_6。曳引力 T_6 与 T_1 一样，即曳引力为

$$T_6 = T_1 = (G + Q)\left(1 + \frac{a}{g}\right) - W\left(1 - \frac{a}{g}\right)$$

通过以上的计算可知，随着电梯轿厢载重量大小的变化和电梯运行所在阶段的不同，其曳引力不仅有大小的变化，而且会出现负值。当曳引力为负值时，表明曳引力的方向与轿厢运动方向相反。

（2）曳引力矩分析　曳引力作用在曳引轮上的力矩，称为曳引力矩。由于曳引力存在正负，所以曳引力矩也同样有正负。曳引力矩的计算公式为

$$M = T(D/2)$$

式中，T 为曳引力；$D/2$ 为曳引轮的半径。

例如：当电梯上行（见图 2-17）时，其三个阶段（加速、稳定、减速）的曳引力矩分别为

加速阶段：$M_1 = T_1(D/2)$

稳定阶段：$M_2 = T_2(D/2)$

减速阶段：$M_3 = T_3(D/2)$

当电梯下行（见图 2-18）时，其三个阶段（加速、稳定、减速）的曳引力矩分别为

加速阶段：$M_4 = -T_4(D/2)$

稳定阶段：$M_5 = -T_5(D/2)$

减速阶段：$M_6 = -T_6(D/2)$

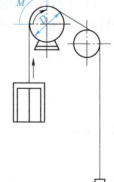

图 2-17　电梯上行

因为方向改变，所以加负号。

当电梯满载上升时（指轿厢向上运行），曳引力和曳引力矩为正，表明曳引力矩的作用是驱动轿厢运行，此时曳引系统的功率流向为：曳引电动机→减速器→曳引轮→曳引绳→轿厢。这时电梯的曳引系统输出动力。

当电梯满载下降时（指轿厢向下运行），曳引力和曳引力矩为负，表明曳引力矩的作用方向与曳引轮的旋转方向相反，其力矩的作用是控制轿厢速度，此时曳引系统的功率流向为：轿厢→曳引绳→曳引轮→减速器→曳引电动机。这时电梯的曳引系统是在消耗动力，曳引电动机做发电制动运行。

若电梯为半载运行时，则向上为驱动状态，向下为制动状态。若电梯为轻载运行时，则向上为制动状态，向下为驱动状态。根据以上曳引力的计算式和曳引力矩的计算式，还可以计算出当电梯满载状态、半载状态以及空载状态时的力矩大小与变化情况。

（3）曳引力计算

1）曳引系数。图 2-19 所示为轿厢上升状态下的曳引钢丝绳受力简图。对其进行分析的前提是假定曳引钢丝绳在曳引轮绳槽中处于即将打滑但还未打滑的临界状态，轿厢侧曳引绳受到的拉力为 T_1，对重侧曳引绳受到的拉力为 T_2，则 T_1 与 T_2 存在的关系采用欧拉公式表达为

$$\frac{T_1}{T_2} = e^{f\alpha}$$

式中，f 为当量摩擦因数；α 为钢丝绳在绳轮上的包角；e 为自然对数底数；T_1、T_2 为曳引轮两侧曳引绳中的拉力。

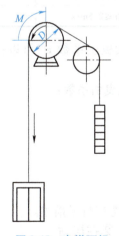

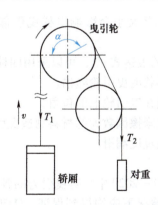

图 2-18　电梯下行　　　　图 2-19　曳引钢丝绳受力简图

$e^{f\alpha}$ 称为曳引系数。$e^{f\alpha}$ 越大，T_1/T_2 允许比值越大，即 T_1-T_2 的差值就越大，电梯的曳引能力越大。

2）影响曳引系数的因素。曳引系数 $e^{f\alpha}$ 取决于当量摩擦因数 f 以及曳引绳与曳引轮间包角 α 的大小。

当量摩擦因数 f 取决于曳引轮的结构、功能、参数及润滑状态。

包角 α 取决于曳引绳与曳引轮间的绕式。包角 α 越大，在当量摩擦因数 f 一定的条件下，曳引系数 $e^{f\alpha}$ 越大，电梯曳引能力就越大，可以提高电梯的安全性。若要增大包角，就

必须合理地选择曳引钢丝绳在曳引轮槽内的缠绕方法。

3）满足电梯曳引条件的曳引系数。根据 GB/T 7588.1—2020 的规定，电梯在以下两种情况下必须保证曳引钢丝绳在曳引绳槽上不出现打滑现象：空载电梯在最高停站处上升制动状态（或下降起动状态）；装有 125% 额定载荷的电梯，在最低停站处下降制动状态（或上升起动状态）。

为了满足上述曳引条件，应按照下式设计曳引系数：

$$C_1 C_2 \frac{T_1}{T_2} = e^{f\alpha}$$

式中，$\frac{T_1}{T_2}$ 为在载有 125% 额定载荷的轿厢位于最低层站及空载轿厢位于最高层站的情况下，曳引轮两边曳引钢丝绳中较大静拉力与较小静拉力之比；C_1 为与加速度、减速度及电梯特殊安装情况有关的系数，$C_1 = (g+a)/(g-a)$，g 为重力加速度，$g = 9.8 \text{m/s}^2$，a 为轿厢的制动减速度或起动加速度（m/s^2）；C_2 为与因磨损而发生的曳引轮绳槽断面形状改变有关的系数，曳引轮绳槽为半圆形和半圆形下部开切口的 $C_2 = 1$，曳引轮绳槽为 V 形的 $C_2 = 2$，当额定速度 v 超过 2.5m/s 时，C_2 值应按各种具体情况另行计算，但不得小于 1.25。

设计中，按 GB/T 7588.1—2020 的规定，C_1 的最小允许值见表 2-9。

表 2-9 C_1 的最小允许值

电梯额定速度	C_1 值	电梯额定速度	C_1 值
$v \leq 0.63$	1.1	$1\text{m/s} < v \leq 1.6\text{m/s}$	1.2
$0.63\text{m/s} < v \leq 1\text{m/s}$	1.15	$1.6\text{m/s} < v \leq 2.5\text{m/s}$	1.25

(4) 曳引系数 $e^{f\alpha}$ 大小会影响电梯曳引能力 增大曳引系数 $e^{f\alpha}$ 可以提高电梯的曳引能力。

根据曳引系数的表达式 $e^{f\alpha}$，可以采用四种方法增大曳引系数：

1）选择合适形状的曳引轮绳槽。
2）增大曳引绳在曳引轮上的包角。
3）选择耐磨且摩擦因数大的材料制造曳引轮。
4）曳引绳不能过度润滑。

3. 曳引力的应用

在 GB/T 7588.1—2020 中，对曳引力的各种需求状态进行了描述。

曳引力在下列情况下应均得到保证：①正常运行；②在层站装载；③紧急制停。当轿厢或对重无论因何种原因在井道中滞留时，如果驱动主机转矩足以提升轿厢或对重，应考虑允许曳引钢丝绳在曳引轮上滑移。

4. 当量摩擦因数的计算

当量摩擦因数应根据不同的绳槽类型、绳槽的表面状态、工况进行计算。

(1) U 形槽和带切口的 U 形槽（见图 2-20） 当量摩擦因数为

图 2-20 带切口的 U 形槽
β—下部切口角度值
γ—槽的角度

$$f = \mu \frac{4\left(\cos\frac{\gamma}{2} - \sin\frac{\beta}{2}\right)}{\pi - \beta - \gamma - \sin\beta + \sin\gamma}$$

式中，f 为当量摩擦因数；β 为下部切口角度值（rad）；γ 为槽的角度（rad）；μ 为摩擦因数。

β 最大不应超过 1.833rad（105°）；γ 由制造单位根据槽的设计提供，其值不应小于 0.43rad（25°）。

（2）V 形槽（见图 2-21） 当槽未进行附加的硬化处理时，为了限制由于磨损而导致曳引条件的恶化，下部切口是必要的。

1）轿厢装载和紧急制动的工况。

对于未经硬化处理的槽，当量摩擦因数 f 为

$$f = \mu \frac{4\left(1 - \sin\frac{\beta}{2}\right)}{\pi - \beta - \sin\beta}$$

对于经硬化处理的槽，当量摩擦因数 f 为

$$f = \mu \frac{1}{\sin\frac{\gamma}{2}}$$

图 2-21　V 形槽

β—下部切口角度值
γ—槽的角度

2）滞留的工况。

对于硬化或未硬化处理的槽，当量摩擦因数 f 为

$$f = \mu \frac{1}{\sin\frac{\gamma}{2}}$$

β 最大不应超过 1.833rad（105°），γ 值不应小于 0.611rad（35°）。

（3）摩擦因数　摩擦因数可使用以下数值：

1）对于装载工况，摩擦因数 $\mu = 0.1$。

2）对于滞留工况，摩擦因数 $\mu = 0.2$。

3）对于紧急制动工况，按照 $\mu = \dfrac{0.1}{1 + v'/10}$ 计算，也可从图 2-22 查得摩擦因数。式中，

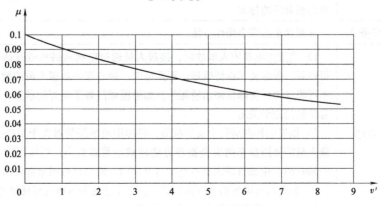

图 2-22　最小摩擦因数

v' 为轿厢额定速度对应的绳速（m/s）。

任务工单

任务名称	机房盘车应急救援操作训练		任务成绩	
学生班级		学生姓名	实践地点	
实践设备	3层3站有机房电梯			
任务描述	在机房盘车是电梯维修人员必备的一项操作技能。在轿厢困人、维修保养等情况下，很多时候都需要盘车。这次任务的主要内容：清楚盘车的操作步骤，懂得盘车的操作规程，能够按规范要求在机房手动操控盘车			
目标达成	1. 知道电梯在什么情况下实施盘车救人 2. 知道机房盘车救人的步骤和注意事项 3. 学会盘车救人的方法			
任务实施	任务1	分析什么情况下要进行盘车救人		
	自测	1）电梯运行过程中供电中断（不带后备电源或紧急电动运行装置），电梯轿厢停在离平层位置＞600mm的楼层之间 2）电梯电路出现故障，无法正常控制，且电梯轿厢停在离平层位置＞600mm的楼层之间		
	任务2	准备机房盘车专用工具		
	自测	机房盘车所用工具是专用张开制动器的松闸扳手和盘车手轮，如图a所示 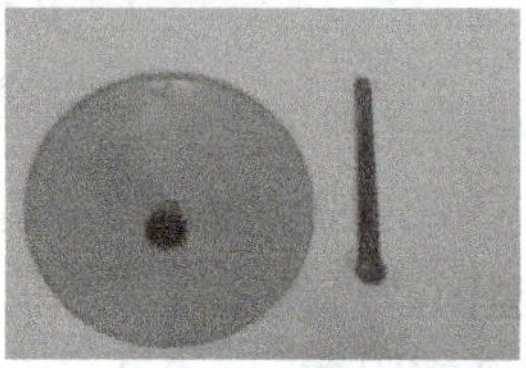 图a 盘车手轮和松闸扳手 松闸扳手应漆成红色，盘车手轮应漆成黄色。可拆卸的盘车手轮和松闸扳手，应放置在机房内容易接近的地方。在电动机或盘车手轮上应有与轿厢升降方向相对应的标志		
	任务3	掌握盘车的安全操作方法		
	自测	1）当发生电梯困人事故时，接报人员通过电梯对讲机或喊话与被困人员取得联系，务必使其保持镇静，不要惊慌，静心等待救援人员的救援；被困人员不可将身体任何部位伸出轿厢外。如果轿厢门处于半开闭状态，维修工应设法将轿厢门完全关闭 2）如果电梯在运行中发生故障，轿厢距离平层位置大于600mm时，电梯维修人员需要用盘车的安全操作方法将被困乘客救出；轿厢距离平层位置小于600mm时，电梯维修人员可直接打开厅门、轿门将被困乘客救出 3）断开机房电梯的主电源开关，将盘车手轮套入电动机尾轴并紧固好。 4）盘车前要关闭好所有厅门和轿门		

(续)

	任务3	掌握盘车的安全操作方法
任务实施	自测	5）盘车时应两人或两人以上进行操作，一人用手握住盘车手轮，另一人用松闸扳手松开制动器，如图b所示，转动盘车手轮，轿厢就可向上或向下移动 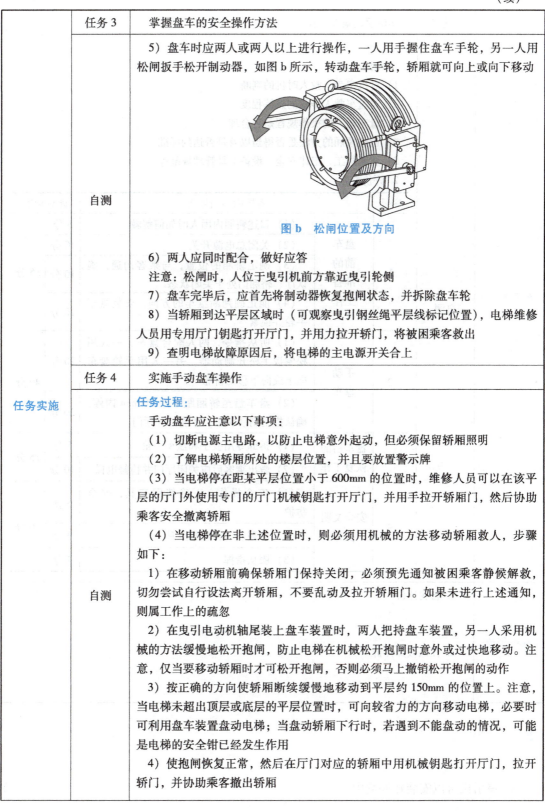 图b　松闸位置及方向 6）两人应同时配合，做好应答 注意：松闸时，人位于曳引机前方靠近曳引轮侧 7）盘车完毕后，应首先将制动器恢复抱闸状态，并拆除盘车轮 8）当轿厢到达平层区域时（可观察曳引钢丝绳平层线标记位置），电梯维修人员用专用厅门钥匙打开厅门，并用力拉开轿门，将被困乘客救出 9）查明电梯故障原因后，将电梯的主电源开关合上
	任务4	实施手动盘车操作
	自测	**任务过程：** 手动盘车应注意以下事项： （1）切断电源主电路，以防止电梯意外起动，但必须保留轿厢照明 （2）了解电梯轿厢所处的楼层位置，并且要放置警示牌 （3）当电梯停在距某平层位置小于600mm的位置时，维修人员可以在该平层的厅门外使用专门的厅门机械钥匙打开厅门，并用手拉开轿厢门，然后协助乘客安全撤离轿厢 （4）当电梯停在非上述位置时，则必须用机械的方法移动轿厢救人，步骤如下： 1）在移动轿厢前确保轿厢门保持关闭，必须预先通知被困乘客静候解救，切勿尝试自行设法离开轿厢，不要乱动及拉开轿厢门。如果未进行上述通知，则属工作上的疏忽 2）在曳引电动机轴尾装上盘车装置时，两人把持盘车装置，另一人采用机械的方法缓慢地松开抱闸，防止电梯在机械松开抱闸时意外或过快地移动。注意，仅当要移动轿厢时才可松抱闸，否则必须马上撤销松开抱闸的动作 3）按正确的方向使轿厢断续缓慢地移动到平层约150mm的位置上。注意，当电梯未超出顶层或底层的平层位置时，可向较省力的方向移动电梯，必要时可利用盘车装置盘动电梯；当盘动轿厢下行时，若遇到不能盘动的情况，可能是电梯的安全钳已经发生作用 4）使抱闸恢复正常，然后在厅门对应的轿厢中用机械钥匙打开厅门，拉开轿门，并协助乘客撤出轿厢

（续）

任务实施	任务4	实施手动盘车操作				
	自测	**任务检测：** 1. 检测要素 1）对机房盘车救人时机的判断 2）对盘车救人步骤的熟练程度 3）盘车救人的操作规程是否合理 4）调整轿厢的方法是否得当以及是否达到标准 5）文明施工、纪律安全、设备工具管理规范等 2. 评价要素				
		序号		考核内容与要求	评分标准	
		1	盘车前的准备工作	（1）口述轿厢内困人时如何解救	5分	35分
				（2）关闭总电源开关	10分	
				（3）确定轿厢的位置，与乘客沟通，确认厅、轿厢门处于关闭状态	10分	
				（4）能正确判断盘车的方向，安装盘车手轮并锁紧	10分	
		2	手动盘车	（1）听从指令，两人配合盘车：一人用松闸扳手松开制动器，另一人用手轮盘车向上或向下移动轿厢	20分	40分
				（2）盘车盘至轿厢距平层300mm内停，确认抱闸制动状态，才能打开厅门	20分	
		3	盘车后的恢复工作	（1）拆卸专用扳手和盘车手轮	5分	15分
				（2）救出乘客后应关闭厅门并检修电梯	10分	
		4	安全文明操作	（1）安全操作，正确使用工具，安全防护	3分	10分
				（2）清理现场，收集工具	3分	
				（3）服从指挥	4分	
任务评价	1. 自我评价 2. 任课教师评价					

 项固训练

（一）判断题

1. 曳引机可以安装在底坑中。　　　　　　　　　　　　　　　　　　　　（　　）

2. 蜗杆曳引机只分为蜗杆上置式与蜗杆下置式。　　　　　　　　　　（　）
3. 电梯只能采用直径不小于 8mm 的曳引钢丝绳驱动。　　　　　　　（　）
4. 可以采用普通电动机作为曳引电动机。　　　　　　　　　　　　（　）
5. 电梯安装不受海拔的限制。　　　　　　　　　　　　　　　　　（　）
6. 电梯制动器允许的制动间隙都不大于 0.07mm。　　　　　　　　　（　）
7. 电梯制动器的制动衬料可以采用石棉材料。　　　　　　　　　　（　）
8. 曳引轮 V 形轮槽比 U 形轮槽性能优良。　　　　　　　　　　　　（　）

(二) 填空题

1. $T_1/T_2 \geq e^{f\alpha}$ 用于桥厢＿＿＿＿＿＿工况（对重压在缓冲器上，曳引机向上方向旋转）。

2. $T_1/T_2 = e^{f\alpha}$ 中，＿＿＿＿＿＿称为曳引系数。

3. ＿＿＿＿＿＿＿＿是指电梯曳引轮的线速度与轿厢升降速度之比。

项目 3　导向系统的结构与选用

任务 3.1　认识电梯导向系统

 工作任务

1. 工作任务类型

学习型任务：掌握电梯导向系统的组成及功能。

2. 学习目标

（1）知识目标：能够分析电梯导向系统对电梯运行质量的影响。

（2）能力目标：掌握电梯导向系统的结构。

（3）素质目标：培养学生安全规范意识、良好的职业素养，以及团队协作能力。

导向系统

 知识储备

电梯导向系统的功能是限制轿厢与对重的活动自由度，使轿厢与对重只能沿着导轨做升降运动。它包括轿厢导向系统与对重导向系统，两者均由导轨、导轨支架与导靴三个部件组成，如图 3-1 所示。在安全钳动作时，导轨作为支撑件吸收轿厢与对重的动能，支撑轿厢与对重。导轨支架与井道壁连接，用于支撑导轨。导靴安装在轿厢架和对重架的两侧，其靴衬（滚轮）与导轨工作面配合。

导轨固定在导轨支架上，相邻的两根导轨通过连接板（连接件）加固为一体，成为一个提供给轿厢与对重运行的导向部件。导靴与导轨配合限定轿厢与对重的相对位置和水平摆动，防止轿厢因偏载而产生倾斜。

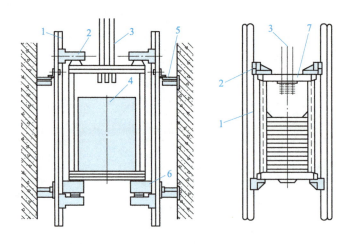

图 3-1　电梯导向系统

1—导轨　2—导靴　3—曳引绳　4—轿厢
5—导轨支架　6—安全钳　7—对重

项目 3　导向系统的结构与选用

任务工单

任务名称	认识电梯导向系统		任务成绩	
学生班级		学生姓名		实践地点
实践设备	导轨、导靴等部件			
任务描述	电梯导向系统是电梯运行的基础，直接影响电梯运行安全性、平稳性和舒适性等。电梯导向系统的设计、制造、安装、维修和保养等需要遵守 GB/T 7588.2—2020《电梯制造与安装安全规范　第 2 部分：电梯部件的设计原则、计算和检验》、GB/T 22562—2008《电梯 T 型导轨》、GB/T 30977—2014《电梯对重和平衡重用空心导轨》、GB/T 10060—2011《电梯安装验收规范》、TSG T7001—2023《电梯监督检验和定期检验规则》等标准的要求			
目标达成	能正确认识电梯导向系统的各部件，并能准确指出其安装位置和作用			
任务实施	任务　熟悉电梯导向系统的组成及其各部件专业名称			
	自测	部件	名称	作用	安装位置
任务评价	1. 自我评价 2. 任课教师评价			

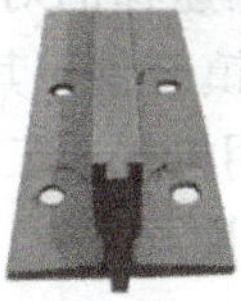

项固训练

1. 电梯的导向系统是限定_____跟_____在井道的上下运行轨迹。
2. 电梯导向系统主要由_____跟_____共同构成。
3. 电梯导向系统的功能是_____。
4. 导轨安装在_____。

5. 导靴安装在_____。
6. 导轨支架安装在_____。

任务 3.2　导轨的分类与选用

 工作任务

1. 工作任务类型
学习型任务：掌握电梯导轨的功能及性能要求。
2. 学习目标
（1）知识目标：了解导轨的作用与类型；掌握导轨的安装技术与要求。
（2）能力目标：能够分析电梯导轨的安装对电梯运行质量的影响。
（3）素质目标：能根据导轨安装要求做好个人防护穿戴；可做到遵守工地安全规范。

导轨

知识储备

电梯常用的导轨有 T 型导轨、空心导轨和热轧型钢导轨。其中，空心导轨只能用于没有安全钳的对重导向，热轧型钢导轨只能用于速度不大于 0.4m/s 的电梯，而 T 型导轨能广泛应用于各种电梯。

导轨工作面的表面粗糙度对 2m/s 以上额定梯速电梯的运行平稳性有很大影响。导向面和顶面的表面粗糙度要求为 $Ra \leq 1.6\mu m$。导轨加工的纹向，直接影响其工作面的表面粗糙度。所以在加工导轨工作面时，通常是沿着导轨的纵向刨削加工，而不采用铣削加工，且刨削后还要进行磨削。对于采用冷拉加工的导轨面，其表面粗糙度要求略低于刨削加工；对于工作面表面粗糙度不作要求的，只能用于杂物梯和低速梯的对重导轨。按 JG/T 5072.1—1996《电梯 T 型导轨》的规定：T 型导轨的材料应为镇静钢，其抗拉强度在 370~520MPa，导向面的硬度应不大于 143HBW，导轨工作表面可采用机械加工或冷轧加工。

同一部电梯，经常使用两种规格的导轨。通常轿厢导轨在规格尺寸上大于对重使用的导轨，故又称轿厢导轨为主轨，对重导轨为副轨。每根 T 型导轨长 3~5m，导轨与导轨之间，其端都要使用凹凸插榫互相连接，并在底部用连接板固定，如图 3-2 所示。

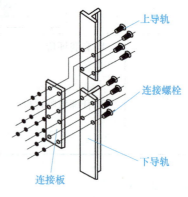
图 3-2　导轨的连接

导轨安装得好与坏，直接影响到电梯的运行质量。GB/T 10060—2011《电梯安装验收规范》对导轨的安装质量提出了若干规定：

1）每列导轨工作面（包括侧面和顶面）相对安装基准线每 5m 长度内的偏差均应不大于下列数值：轿厢导轨和装设有安全钳的对重导轨为 0.6mm；不设安全钳的 T 型对重导轨为 1.0mm。

对于铅锤导轨的电梯，电梯安装完成后检验导轨时，可对每 5m 长度相对铅垂线分段连续检测（至少测 3 次），取测量值间的相对最大偏差，其值不大于上述规定值的 2 倍。

2）轿厢导轨和设有安全钳的对重导轨，工作面接头处不应有连续缝隙，且局部缝隙不应大于 0.5mm，工作面接头处台阶用直线度为 0.01/300 的平直尺或其他工具测量，不应大于 0.05mm。不设安全钳的对重导轨工作面接头处缝隙不应大于 1.0mm，工作面接头处台阶不应大于 0.15mm。

3）导轨应用压板固定在导轨支架上，不应采用焊接或螺栓方式与支架连接。

4）设有安全钳的对重导轨和轿厢导轨，除悬挂安装者外，其下端的导轨座应支撑在坚固的地面上。

3.2.1 T型导轨

1. T型导轨的基本技术要求

导轨的型号由导轨代号、导轨宽度、规格代号及加工方法代号组成。加工方法代号中，A 代表冷轧导轨，B 代表机械加工导轨，BE 代表高质量导轨。例如，用机械加工制作的底面宽度为 127mm 的第一种电梯 T 型导轨，其代号为：T127-1/B JG/T 5072.1。

T 型导轨可为冷拔型，也可为机械加工型。所使用的原材料钢的抗拉强度应至少为 370MPa，且不大于 520MPa。鉴于此，宜使用 Q235 钢作为原材料。机械加工导轨原材料钢的抗拉强度宜不小于 410MPa。

（1）导轨导向面的表面粗糙度　导轨导向面的表面粗糙度见表 3-1。

表 3-1　导轨导向面的表面粗糙度

导轨类别	方向	
	纵向	横向
A	$1.6\mu m \leq Ra \leq 6.3\mu m$	$1.6\mu m \leq Ra \leq 6.3\mu m$
B	$Ra \leq 1.6\mu m$	$0.8\mu m \leq Ra \leq 3.2\mu m$
BE	$Ra \leq 1.6\mu m$	$0.8\mu m \leq Ra \leq 3.2\mu m$

机械加工导轨的底部加工面（用于安装连接板的加工面）的表面粗糙度 $Ra<25\mu m$。

（2）几何公差　对导轨而言，基本的几何公差是与导向面相关的，见表 3-2 与图 3-3。

表 3-2　5000mm 长导轨的几何公差　　　　　　　　　（单位：mm）

符号	公差或偏差				相关尺寸
	导轨类别				
	A		B	BE	
	两面平行	上表面倾斜			
t_1	0.2	0.2	0.1	0.05	导轨两端导向面和安装连接板加工面的平面度
t_2	7	7	5	2	导向面位置度和对称度
t_3	0.7	0.7	0.5	0.2	导向面平面度
t_4	—	0.2	0.1	0.05	榫和榫槽的对称度

（续）

符号	公差或偏差 导轨类别				相关尺寸
	A		B	BE	
	两面平行	上表面倾斜			
t_5	+0.06 0	+0.06 0	+0.06 0	+0.03 0	榫槽宽：m_1
t_6	0 -0.06	0 -0.06	0 -0.06	0 -0.03	榫宽：m_2
t_7	±0.15	+0.1 0	+0.1 0	+0.05 0	导向面宽度：k
t_8	0.4	0.4	0.2	0.1	为安装连接板而设立的加工面的垂直度
t_9	±0.2	±0.1	±0.1	±0.05	导轨高度：h_1 为 A 类，h_2 为 B 或 BE 类
t_{10}	—	0.2	0.1	0.05	榫和榫槽的垂直度
t_{11}	1	1	0.5	0.5	孔中心线的对称度
t_{12}	±0.2	±0.2	±0.2	±0.2	孔的中心线间的距离：b_3
t_{13}	—	0.16c	0.16c	0.16c	导轨底部至导向面之间的连接部位的宽度的对称度
t_{14}	—	±0.1	±0.1	±0.1	榫高度槽的深度：u_1、u_2
t_{15}	±0.2	±0.2	±0.2	±0.2	孔到导轨末端之间的距离：l_{2g}、l_{3g}
t_{16}	±1	±1.5	±1.5	±1.5	导轨宽度：b_1
t_{17}	2	3	3	3	底部对称度
t_{18}	0.4	0.4	0.2	0.1	导向面顶面和侧面的垂直度

注：1. 这些公差或偏差用于2.5~5m的导轨。
　　2. c 值见表3-4和表3-5。

（3）几何尺寸　电梯导轨的基本规格是一定的，T型导轨的基本规格如图3-4~图3-6所示，其尺寸与极限偏差分别见表3-3~表3-5。

表3-3　底部两面平行与导向面平行的冷拔导轨的尺寸与极限偏差　（单位：mm）

型号与极限偏差	b_1	h_1	k	p	r_a	l_{2g}	l_{3g}	d	b_3
（T45/A）	45	45	5	5	1	65	15	9	25
T50/A	50	50	5	5	1	75	25	9	30
极限偏差	±0.1	±0.2	±0.5	±0.5	—	±0.2	±0.2	—	±0.2

注：1. l_{2g}、l_{3g}、d、b_3 与连接板的 l_{21}、l_{31}、d、b_3（表3-6）的极限偏差相同。
　　2. 带括号的型号为非首选型号。

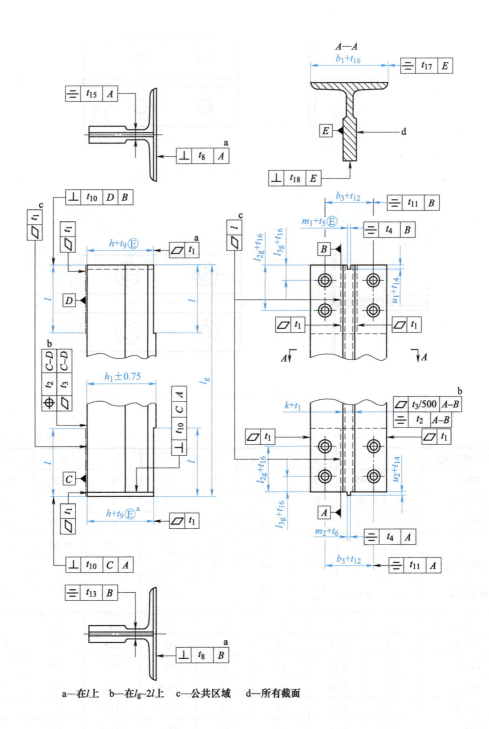

a—在l上　b—在l_g-2l上　c—公共区域　d—所有截面

图 3-3　5000mm 长导轨的几何公差

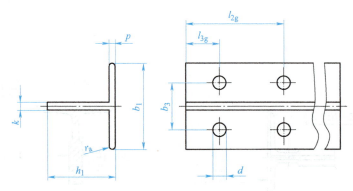

图 3-4 底部两面平行与导向面平行的冷拔导轨

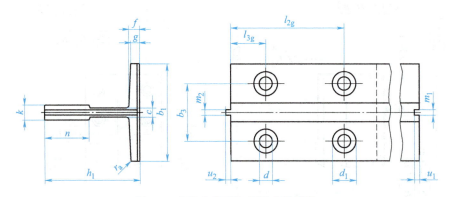

图 3-5 底部上表面倾斜的冷拔导轨

表 3-4 底部上表面倾斜的冷拔导轨的尺寸与极限偏差 （单位：mm）

型号与极限偏差	b_1	h_1	k	n	c	f	g	m_1	m_2
T70/A	70	65	9	34	6	8	6	3.00	2.97
(T75/A)	75	62	10	30	8	9	7	3.00	2.97
T82/A	82	68	9	34	7.5	8.25	6	3.00	2.97
(T89/A)	89	62	16	34	10	11.1	7.9	6.40	6.37
(T90/A)	90	75	16	42	10	10	8	6.40	6.37
极限偏差	±1.5	±0.1	+0.1 / 0	+3 / 0	—	±0.75	±0.75	+0.06 / 0	0 / −0.06

型号与极限偏差	u_1	u_2	d	d_1	b_3	l_{2g}	l_{3g}	r_a
T70/A	3.5	3.00	13	26	42	105	25	1.5
(T75/A)	3.5	3.00	13	26	42	105	25	1.5
T82/A	3.5	3.00	13	26	50.8	81	27	3
(T89/A)	7.14	6.35	13	26	57.2	114.3	38.1	3
(T90/A)	7.14	6.35	13	26	57.2	114.3	38.1	4
极限偏差	±0.1	±0.1	—	—	±0.2	±0.2	±0.2	—

注：1. l_{2g}、l_{3g}、d、b_3 与连接板的 l_{21}、l_{31}、d、b_3（表3-6）的极限偏差相同。
  2. 带括号的型号为非首选型号。

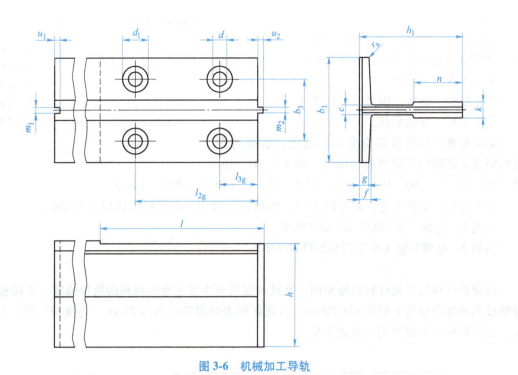

图 3-6 机械加工导轨

表 3-5 机械加工导轨的尺寸与极限偏差 （单位：mm）

型号与极限偏差	b_1	h_1	k	n	c	f	g	r_a	m_1	m_2
（T75/B）	75	62	10	30	8	9	7	3	3.00	2.97
T89/B	89	62	16	34	10	11.1	7.9	3	6.40	6.37
（T127-1/B，/BE）	127	89	16	45	10	11	8	4	6.40	6.37
T127-2/B，/BE	127	89	16	51	10	15.9	12.7	5	6.40	6.37
极限偏差 B 类	±1.5	±0.75	±0.10	+3 0	—	±0.75	±0.75	—	+0.06 0	0 -0.06
极限偏差 BE 类	±1.5	±0.75	±0.05 0	+3 0	—	±0.75	±0.75	—	+0.03 0	0 -0.03

型号与极限偏差	u_1	u_2	d	d_1	b_3	l_{2g}	l_{3g}	l	h
（T75/B）	3.50	3.00	13	26	42	105	25	138	61
T89/B	7.14	6.35	13	26	57.2	114.3	38.1	156	61
（T127-1/B，/BE）	7.14	6.35	17	33	79.4	114.3	38.1	156	88
T127-2/B，/BE	7.14	6.35	17	33	79.4	114.3	38.1	156	88
极限偏差 B 类	±0.1	±0.1	—	—	±0.2	±0.2	±0.2	+3 0	±0.1
极限偏差 BE 类	±0.1	±0.1	—	—	±0.2	±0.2	±0.2	+3 0	±0.05

注：1. l_{2g}、l_{3g}、d、b_3 与连接板的 l_{21}、l_{31}、d、b_3（表3-6）的极限偏差相同。
　　2. 带括号的型号为非首选型号。
　　3. 当导轨制造商和客户之间有特殊约定时，可选择其他尺寸的导轨。

2. T型导轨的命名

电梯导轨在制造、选用时，采用统一的命名方法。导轨命名包括五个方面的要素，如图3-7所示。

第1要素：电梯导轨。

第2要素：标准的编号，并后加"-"。

第3要素：导轨形状。

第4要素：导轨底部宽度的圆整值，必要时带有相同宽度底部但不同剖面的编号，如45、50、70、75、78、82、89、90、114、125、127-1、127-2、140-1、140-2、140-3。

第5要素：制造工艺，如冷拔为/A，机械加工为/B，高质量机械加工为/BE。

示例1：电梯导轨 GB/T 22562-T89/B。

示例2：电梯导轨 GB/T 22562-T127-1/BE。

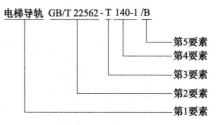

图3-7 导轨命名

3. T型导轨的连接板

连接板材料与导轨材料钢号相同，其抗拉强度至少等于导轨材料的抗拉强度。连接板与导轨底部的接合面的平面度≤0.20mm，且此面的表面粗糙度 Ra ≤25μm。连接板如图3-8所示，连接板尺寸与极限偏差见表3-6。

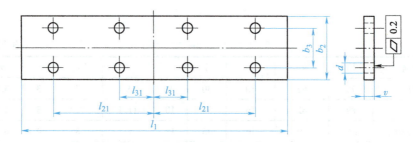

图3-8 连接板

表3-6 连接板尺寸与极限偏差

型号与极限偏差	d	l_1	l_{21}	l_{31}	b_2	b_3	v
（T75/B）	13	305	105	25	70	42	10
T89/B	13	305	114.3	38.1	90	57.2	13
（T127-1/B）	17	305	114.3	38.1	130	79.4	18
（T127-1/BE）	17	305	114.3	38.1	130	79.4	28
T127-2/B	17	305	114.3	38.1	130	79.4	18
T127-2/BE	17	305	114.3	38.1	130	79.4	28
极限偏差	—	+3 0	±0.2	±0.2	—	±0.2	+3 0

3.2.2 对重与平衡重用空心导轨

对重和平衡重用空心导轨采用板材经冷弯成形，供电梯对重和平衡重运行导向部件。导轨按形状分底面直边与折弯两种形式，相邻导轨用连接件连接，连接件分实心与空心两种形式。导轨横截面与连接孔位尺寸如图3-9所示。

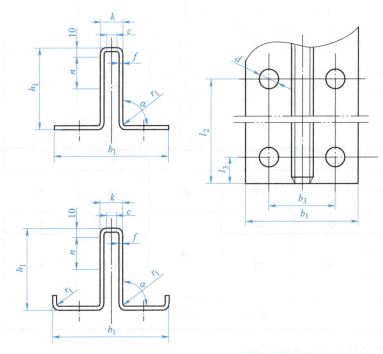

图3-9　导轨横截面与连接孔位尺寸

空心与实心连接件横截面与连接件孔位尺寸如图3-10所示。

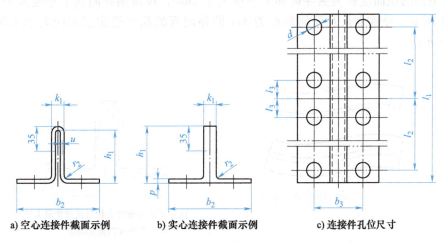

a) 空心连接件截面示例　　b) 实心连接件截面示例　　c) 连接件孔位尺寸

图3-10　空心与实心连接件横截面与连接件孔位尺寸

1. 对重与平衡重用空心导轨的基本技术要求

1) 导轨导向面的纵向或横向表面粗糙度均为 $Ra \leq 6.3\mu m$。
2) 导轨主要尺寸与极限偏差见表3-7。

表 3-7 导轨主要尺寸与极限偏差 （单位：mm）

型号与极限偏差	b_1	c	f	h_1	h_2	k
TK3	87±1.00	≥1.8	2	60		16.4
TK5			3			
TK8	100±2.00	≥4	4.5	80		22
TK3A			2.2			
TK5A-1	78±1.00	≥1.8	3	60	10	16.4
TK5A			3.2			
极限偏差			+0.20 -0.15	0 -0.5		±0.4

型号与极限偏差	n	l_2	l_3	d	r_1	α
TK3	25	180	20	14	3	
TK5						
TK8	30	200			6	90°
TK3A			25			
TK5A-1	25	75		11.5	3	
TK5A						
极限偏差		±0.50	±0.30			+60′ +20′

批量供应产品的长度为 5000±3mm。

导轨两端 5m 内的顶面与导向面应有不大于 1:10 的斜度。

3) 对导轨而言，基本的几何公差是与导向面相关的。导轨顶面与导向面 5m 范围内沿导轨长度方向的扭曲度在两侧导向面上不应大于 2mm，在顶面导向面上不应大于 2.0mm，如图 3-11 所示。导轨全长及任何间距为 1m 的导向面的相对扭曲度不应大于 1.0mm，如图 3-12 所示。

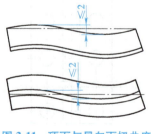

图 3-11 顶面与导向面扭曲度

图 3-12 导向面扭曲度

注：实线与虚线为相对扭曲度最大的 2 个横截面的简图

4) 导轨端面对同侧 200mm 长度内底面的垂直度不应大于 0.3mm，如图 3-13 所示。

5) 导轨底面两端边对导向面中心线的垂直度不应大于 0.3mm，如图 3-14 所示。

6) 导轨两端各 200mm 长度内导向面中心线对导轨底面的垂直度不应大于 0.2mm，如图 3-15 所示。

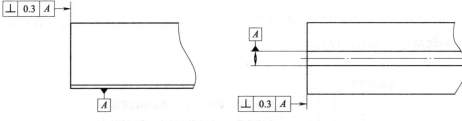

图 3-13　端面对底面的垂直度图　　　　图 3-14　导轨底面两端边对导向面中心线垂直度

2. 对重与平衡重用空心导轨的连接件

连接件分实心连接件和空心连接件两种形式。连接件连接面的表面粗糙度为 $Ra \leqslant 12.5\mu m$。连接件尺寸与极限偏差见表 3-8。

表 3-8　连接件尺寸与极限偏差　　　　　　　　　　（单位：mm）

型号与极限偏差	b_2	h_1	k_1	u	p	b_3
LK3（LS3）	87	50	12	3		50
LK5（LS5）	87	58	10	4.5	4.5	50
LK8（LS8）	102	76	12.6	4.5		64
LK3A（LS3A）	78	50	12	3		44
LK5A-1（LS5A-1）	78	58	10.4	4.5	4.5	44
LK5A（LS5A）	78	58	10			44
极限偏差			±0.20			±0.5

型号与极限偏差	r_2	d	l_1	l_2	l_3
LK3（LS3）	4		400	180	20
LK5（LS5）	5	14	400	180	20
LK8（LS8）	5		450	200	
LK3A（LS3A）	4				25
LK5A-1（LS5A-1）	5	11.5	200	75	
LK5A（LS5A）	5				
极限偏差	—	—	±1.5	±0.5	±0.3

连接件同侧两个连接面的垂直度误差不应大于 0.6mm，如图 3-16 所示。

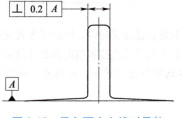

图 3-15　导向面中心线对导轨
　　　　底面的垂直度

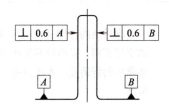

图 3-16　连接件同侧连接面
　　　　垂直度

3. 对重与平衡重用空心导轨与连接件的命名

导轨与连接件命名由类组代号、形式代号、主参数代号、变形代号与细分型号组成。

（1）导轨型号（见图 3-17）。

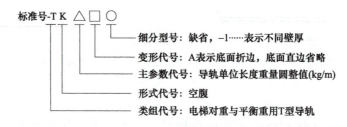

图 3-17　导轨型号

（2）连接件型号（见图 3-18）。

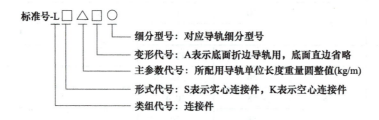

图 3-18　连接件型号

（3）标记示例

1）5kg/m 底面直边对重和平衡重用空心导轨：导轨 GB/T 30977-TK5。

2）导轨 GB/T 30977-TK5 用空心连接件：连接件 GB/T 30977-LK5。

3）导轨 GB/T 30977-TK5A-1 用实心连接件：连接件 GB/T 30977-LS5A-1。

任务工单

任务名称	导轨调整与测试	任务成绩	
学生班级		学生姓名		实践地点	
实践设备	导轨		
任务描述	电梯导轨的作用是在电梯运行时为轿厢和对重装置提供导向，同时还起到安全钳制动时的支撑作用，是电梯系统中重要部件，导轨的安装质量直接影响电梯的性能指标，以及乘客乘坐的舒适度。本次任务是根据应用场合选择合适的导轨，并判断导轨是否符合验收标准		
目标达成	能够按照标准进行导轨的检测与调整		

(续)

	任务1	认识工具			
任务实施	自测	调整导轨的连接精度、导向面的表面粗糙度以及导轨的直线度和扭曲度所需要的调整与测试工具有手锤、重锤、平直尺、卡导尺、靠导尺等			
		工具	名称	工具	名称
	任务2	检测导轨			
		导轨的主要测试项目、规范要求、测试方法及注意事项如下:			
	自测	主要测试项目及规范要求		测试方法及注意事项	
		（1）每列导轨工作面每5m铅垂线测量值间的相对最大偏差均应不大于下列数值：轿厢导轨和设有安全钳的T型对重导轨为1.2mm，不设安全钳的T型对重导轨为2mm		使用激光重线仪或5cm长磁力线重沿导轨侧面和顶面测量，对每5m铅重线分锻连续检测	
		（2）轿厢导轨和设有安全钳的对重导轨工作面接头处不应有连续缝隙，且局部缝隙不大于0.5mm，不设安全钳的对重导轨接头处缝隙不得大于1mm		用塞尺测量两列导轨顶面、侧面之间的缝隙	
		（3）轿厢导轨和设有安全钳的对重导轨接头处台阶应不大于0.05mm，不设安全钳的对重导轨接头处台阶应不大于0.15mm		用直线度为0.01/300的平直尺或其他工具测量	
		（4）导轨顶面间距偏差：轿厢导轨为小于2mm，对重导轨为小于3mm		用卷尺测量，测量导轨支架、导轨接头和中间位置	

（续）

	任务3	调整与测试导轨
任务实施	自测	**任务内容：** （1）垂直度的调整与测试　卡导尺切口中心要与基准线对准，如图 a 所示。若有偏差，可通过在支架与导轨连接处垫塞片，或用锤子调整支架可调部位来修正。在整个调直过程中始终要用同一个卡导尺，并且不得倒位或与别处使用的调换   图 a　卡导尺校正垂直度 校正每列导轨垂直度，保证每列导轨相对基准线每 5m 的误差。轿厢导轨不大于 0.5mm，对重导轨不大于 0.8mm，整列导轨偏差不大于 2mm （2）扭转度的调整与测试　导轨的扭转度要用靠导尺来校正。导轨校正应使用同一把靠导尺，而且要以导轨同一侧面为基准，不允许变换，调整到两端针尖指在同一零刻度线上，如图 b 所示。  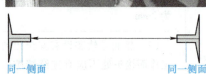 图 b　靠导尺校正扭转度 （3）水平度的调整与测试　刀口贴平导轨连接处顶面和侧面，检查连接处平面度。若有偏差，可在导轨后面和连接板之间加 0.05mm 垫片来调整，但可能会影响导轨连接处平面的平整度，在导轨连接处产生台阶，这时要用锉刀修正，以保证台阶不大于 0.05mm **任务过程：** （1）准备好相关工具，认真识读电梯导轨的调整标准

(续)

		任务3	调整与测试导轨			
任务实施			（2）垂直度的调整与测试 （3）扭转度的调整与测试 （4）水平度的调整与测试 （5）整理实验场地 **任务检测：** （1）检测要素 1）调整和测试工具的正确和规范使用 2）调整和测试的方法是否得当以及是否达到标准 3）文明施工、纪律安全、设备工具管理等 （2）评价要素			
	自测	序号	考核内容与要求		配分及评分标准	
		1	垂直度的调整与测试	（1）卡导尺的使用	10分	30分
				（2）垂直度误差偏整的方法	10分	
				（3）调整的准确度（轿厢导轨垂直度误差不大于0.5mm）	10分	
		2	扭转度的调整和测试	（1）靠导尺的正确使用	10分	30分
				（2）扭转度误差调整方法	10分	
				（3）调整的准确度	10分	
		3	水平度的调整与测试	（1）刀口的正确使用	10分	30分
				（2）水平度误差的调整方法	10分	
				（3）调整的准确度（台阶不大于0.05mm）	10分	
		4	安全文明操作	（1）安全操作，正确使用工具，安全防护	3分	10分
				（2）清理现场，收集工具	3分	
				（3）服从指挥	4分	
任务评价	1. 自我评价 2. 任课教师评价					

项固训练

（一）判断题
1. 相邻的导轨依靠连接板定位。　　　　　　　　　　　　　　　　　　　　　　（　　）
2. 一般情况，批量供应的电梯导轨公称长度为 5000mm。　　　　　　　　　　（　　）
3. 机械加工导轨原材料的抗拉强度应不小于 520MPa。　　　　　　　　　　　（　　）
4. 连接板材料的抗拉强度应不高于导轨材料的抗拉强度。　　　　　　　　　　（　　）

（二）填空题
1. 每台电梯均具有两组至少＿＿＿＿＿＿＿＿＿＿列用于轿厢与对重装置的导轨。
2. 轿厢与对重导轨在导轨架只能用＿＿＿＿＿＿＿＿固定，绝不允许焊接固定。
3. 关于导轨的固定，应当保证导轨不发生＿＿＿＿＿＿＿方向的移动。
4. 导轨接头处的台阶最大应不大于＿＿＿＿mm。
5. 导轨接头处台阶如果超过标准规定值应修平，修光长度至少应为＿＿mm。
6. 通常情况，电梯导轨分为电梯 T 型导轨，电梯对重与平衡重用＿＿＿＿。
7. T 型导轨可为冷拔型，也可为＿＿＿＿＿＿＿＿＿＿＿＿。

（三）选择题
1. T 型导轨标识中 A 表示（　　）。
　　A. 机械加工　　　　B. 高质量机械加工　　　　C. 冷拔　　　　D. 铸造
2. 电梯导轨设计制造过程中所使用原材料的抗拉强度应至少为 370MPa 且不大于（　　）。
　　A. 400MPa　　　　B. 450MPa　　　　C. 500MPa　　　　D. 520MPa

任务 3.3　导轨支架的分类与选用

 工作任务

1. 工作任务类型
学习型任务：掌握电梯导轨支架的功能及性能要求。

2. 学习目标
（1）知识目标：了解导轨支架的类型与安装方式。
（2）能力目标：能根据场地选择适合的导轨支架。
（3）素质目标：能根据导轨安装要求做好个人防护穿戴，以及选择安装与调整工具。

导轨支架

知识储备

导轨支架固定在电梯井道内的墙壁上，作用为支撑导轨。根据 GB/T 10060—2011《电梯安装验收规范》的规定：每根导轨至少应有 2 个导轨支架，其间距不大于 2.5m，特殊情况下，应有措施保证导轨安装满足 GB 7588 规定的弯曲强度要求。导轨支架水平度不大于 1.5‰，导轨支架的地脚螺栓或支架直接埋入墙的深度不应小于 120mm，如果用焊接支架其焊缝应是连续的，并应双面焊牢。

按电梯安装平面布置图要求，导轨支架在井道墙壁固定方式有预埋地脚螺栓式、导轨架埋入式、预埋钢板式、对穿螺栓式和膨胀螺栓式等，如图 3-19 所示。

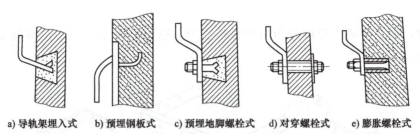

图 3-19 导轨支架固定方式

固定导轨用的金属支架既要有一定强度，又要有一定调节量，来弥补电梯井道建筑误差。

3.3.1 导轨支架的分类

1. 按用途分类

按用途不同，导轨支架可分为轿厢用导轨支架、对重用导轨支架、轿厢与对重共用导轨支架，如图 3-20 所示。

图 3-20 不同用途导轨支架

2. 按组合方式分类

按组合方式不同，导轨支架可分为整体式和组合式，如图 3-21 所示。

（1）整体式导轨支架　它的架体由型钢弯曲焊接而成，具有制造容易、强度好的优点；但由于它的高度尺寸是固定的，因此对安装有较高的要求。

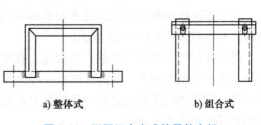

图 3-21 不同组合方式的导轨支架

（2）组合式导轨支架　它的高度可调，撑臂和横梁用螺栓连接。撑臂上的螺栓孔是长圆孔，移动螺栓的紧固位置就能改变高度，安装使用方便，但制造较麻烦，且强度不如整体式。

3. 按形状分类

按形状不同，导轨支架可分为山形导轨支架、框形导轨支架和 L 形导轨支架等，如图 3-22 所示。

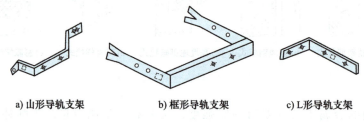

a) 山形导轨支架　　　　b) 框形导轨支架　　　　c) L 形导轨支架

图 3-22　不同形状的导轨支架

（1）山形导轨支架　它的撑臂是斜的，倾斜角常为 15°或 30°，具有较好的刚度。这种导轨支架一般为整体式结构，常用作轿厢导轨支架。

（2）框形导轨支架　它呈矩形，制造比较容易，可制成整体式，也可制成组合式，常用作轿厢导轨支架和轿厢、对重共用导轨支架。

（3）L 形导轨支架　它的结构简单，常用作对重导轨支架。

3.3.2　导轨固定

电梯作为一种机电设备需要进行保养与维护，而且电梯的使用环境存在温度变化。为了满足方便维修、调整以及适应热胀冷缩的要求，导轨不能焊接或用螺钉固定在导轨支架上，而是通过螺栓、螺母与压导板进行固定。

T 型导轨以榫头与榫槽楔合定位，底部用连接板固定；对重和平衡重使用的空心导轨采用连接件固定。连接板（件）螺栓的数目一般每边不少于 4 个，如图 3-23 所示。

1. 导轨固定方式

在电梯井道中，导轨起始段一般在底坑中的支撑板上。导轨是借助于螺栓、螺母与压导板固定于金属支架上的。

压导板（见图 3-24）在电梯安装时能够校正一定范围内的导轨变形，但不能适应建筑物的正常下沉或混凝土收缩等情况。一旦出现这种情况，导轨就会发生变形，影响电梯的正常运行。压导板一般用于建筑物高度较低，运行速度不高的电梯上。

为了解决建筑物下沉或混凝土收缩对电梯导轨的影响，一般采用图 3-24 所示的压导板结构，其固定方式如图 3-25 所示。

两压导板与导轨为点接触，当混凝土收缩时，导轨能够比较容易地在压导板之间滑移。而且，由于导轨背面是一块圆弧垫板，导轨与圆弧垫板之间为线接触，即使金属支架发生稍许偏转，导轨和圆弧垫板之间的线接触关系仍保持不变。但是，压导板结构对导轨的加工精度和直线度要求都比较高。

2. 导轨固定基本要求

1）在井道内设置的电梯导轨的固定距离是根据导轨本身强度和土建结构决定的，一般为 2m 左右，最大不超过 2.5m。

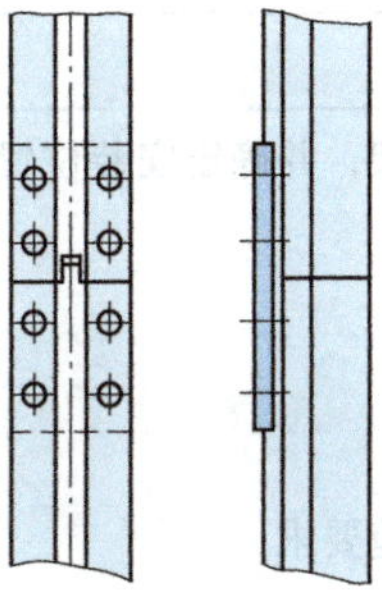

图 3-23　导轨连接与固定

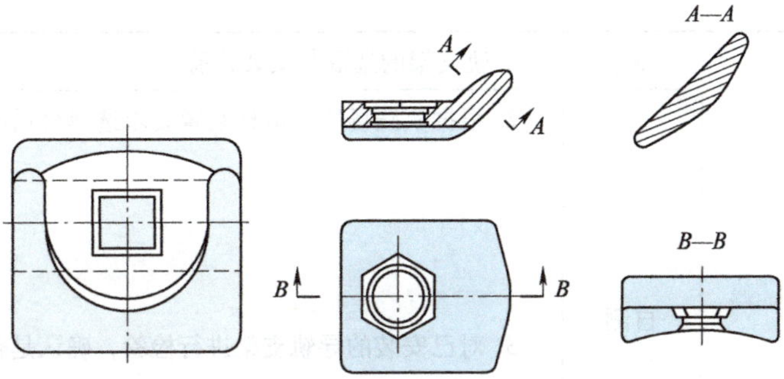

图 3-24　压导板结构图

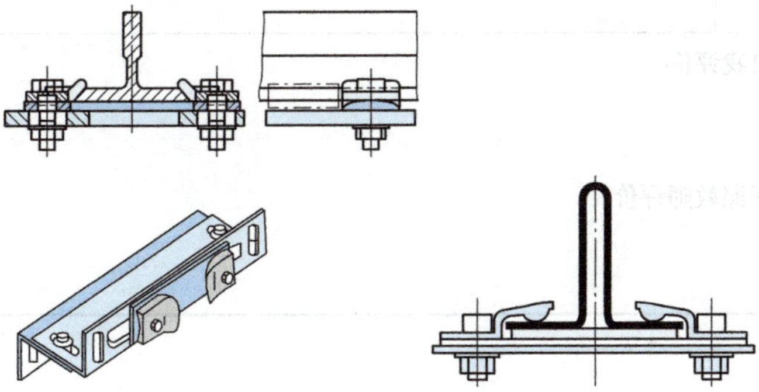

图 3-25　压导板固定方式

2）考虑到金属热胀冷缩的情况，导轨与井道上部机房楼板之间应有 50～100mm 间隙。

3）为保证电梯在运行时的平稳性，以及降低噪声，导轨在安装时应严格保持其直线度。

任务工单

<table>
<tr><td>任务名称</td><td colspan="2">导轨支架的选取与安装检验</td><td>任务成绩</td><td colspan="2"></td></tr>
<tr><td>学生班级</td><td></td><td>学生姓名</td><td></td><td>实践地点</td><td></td></tr>
<tr><td>实践设备</td><td colspan="5">导轨支架</td></tr>
<tr><td>任务描述</td><td colspan="5">电梯导向装置是电梯运行的基础，直接影响电梯运行安全性、平稳性和舒适性等。导轨支架为固定导轨的部件。本次任务的内容为了解导轨支架的分类并根据要求选择安装方式</td></tr>
<tr><td>目标达成</td><td colspan="5">能正确认识电梯导支架部件，能准确指出其安装位置和作用，能检验导轨支架是否符合规范要求</td></tr>
<tr><td rowspan="2">任务实施</td><td>任务</td><td colspan="4">导轨支架的选取与安装检验</td></tr>
<tr><td>自测</td><td colspan="4">1. 简述各电梯规范中对导轨支架的标准</td></tr>
</table>

(续)

任务实施	任务	导轨支架的选取与安装检验
	自测	2. 根据实践场所中电梯装置要求选择合适的导轨支架，并确定安装位置
		3. 对已安装的导轨支架进行检验，确认是否符合规范要求
任务评价	1. 自我评价	
	2. 任课教师评价	

 项固训练

（一）判断题

1. 电梯每段导轨至少有两个导轨支架。（   ）
2. 电梯导轨支架的间距不大于2.5m。（   ）

（二）填空题

1. 按用途不同，导轨支架可分为轿厢用导轨支架、对重用导轨支架和_____导轨支架。
2. _____作为导轨支撑件，被固定在井道。
3. 电梯导轨安装时采用_____把导轨固定在金属支架上。

任务3.4　导靴的分类与选用

✏️ 工作任务

1. 工作任务类型

学习型任务：掌握电梯导靴的功能及性能要求。

2. 学习目标

（1）知识目标：了解各种导靴类型与特点。

（2）能力目标：能认识各种类型电梯导靴，知道各种导靴的应用场合。

（3）素质目标：有团队协作能力；具有关爱用户，质量第一的意识；具有安全生产，节能环保的责任。

导靴

知识储备

导靴是电梯导向装置的重要部件,其性能直接影响电梯平稳性与舒适性。在 GB/T 7588.1—2020 和 GB/T 7588.2—2020 中明确规定了导靴的安装标准,并在 TSG/T 5002—2017《电梯维护保养规则》中明确规定了保养要求。

3.4.1 导靴类型

轿厢导靴安装在轿厢上梁与轿底的安全钳旁,对重导靴安装在对重架的上部与底部,一般每组四个,用于保证轿厢与对重沿导轨上下运行。

常用的导靴有固定滑动导靴、弹性导靴与滚动导靴。

1. 固定滑动导靴

固定滑动导靴主要由靴衬和靴座组成,如图 3-26 所示。靴座为铸件或钢板焊接件,靴衬由摩擦因数低、滑动性能好、耐磨的尼龙制成。为增加润滑性能,有时会在靴衬的材料中加入适量二硫化钼。固定滑动导靴可分为整体式与组合式,如图 3-27 所示。

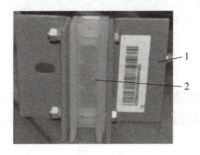

图 3-26 固定滑动导靴
1—靴座 2—靴衬

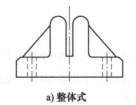

a) 整体式　　b) 组合式

图 3-27 固定滑动导靴

固定滑动导靴具有较大的强度与刚度,承载能力强,用于额定载重量小于 2000kg、速度低于 0.63m/s 的货梯。

固定滑动导靴的靴头是固定的,在安装时要与导轨之间留一定的滑动间隙。故在电梯运行中,尤其是靴衬磨损较大时会产生一定的晃动。为了减小磨损及晃动,刚性滑动导靴可在导靴的滑动工作面上包消声、耐磨的塑料。对于不包塑料的刚性滑动导靴,要求其具有较高的加工精度,并需在工作面间定期涂抹适量的凡士林,以提高其润滑能力,减小磨损。

2. 弹性滑动导靴

弹性滑动导靴由靴座、靴头、靴衬、靴轴、弹簧或橡胶、调节套筒或调节螺母组成。这种导靴多用于速度在 2.0m/s 以下的电梯,如图 3-28 所示。

靴衬选用尼龙槽形滑块,将其放入靴头铸件架内而构成整体。通过弹簧的弹力,滑块以适当的压力全部接触导轨,以保证轿厢平稳运行。

与刚性滑动导靴相比,其不同之处在于靴头是浮动的,在弹簧的作用下,靴衬的底部始终压贴在导轨端面上,因此运行时有一定的吸振性。弹性导靴的弹簧初始压力调整要适度,过大会增加轿厢运行的摩擦力,过小会失去弹簧的吸振作用,使轿厢运行不平稳。

滑动导靴必须在其摩擦面上加注润滑剂,可在导轨上定期添加润滑剂(如黄油)或采

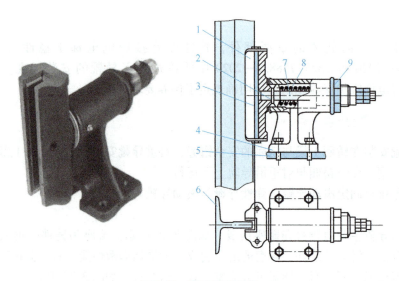

图 3-28 弹性滑动导靴

1—靴头　2—销　3—靴衬　4—靴座　5—轿厢　6—导轨　7—靴轴　8—弹簧　9—调节螺母

用润滑油盒自动润滑。

3. 滚动导靴

滚动导靴一般用在高速电梯上。三个由弹簧支承的滚轮代替滑动导靴的靴头和靴衬，工作时滚轮由弹簧的压力压在导轨的三个工作面上。轿厢运行时，三个滚轮在导轨上滚动，不但有良好的缓冲吸振作用，也大大减小了运行阻力，使舒适感有较大的改善，如图 3-29 所示。

滚轮外缘一般由橡胶或聚氨酯材料制作，在使用中不需要润滑，在开始使用时还要将新导轨表面的防锈涂层清洗掉。当滚轮表面有剥落时，轿厢运行的水平振动明显增大，必须及时更换滚轮，滚动导靴不允许在导轨工作面上加润滑油。

图 3-29 滚动导靴

1—滚轮　2—螺栓轴　3—轮臂　4—轴承　5—弹簧　6—底座

3.4.2 导靴使用要求

轿厢导靴的靴衬侧面与导轨的间隙为 0.5~1mm。有弹簧导靴的靴衬与导轨顶面无间隙、导靴弹簧的可压缩范围不超过 5mm；无弹簧导靴的靴衬与导轨顶面间隙为 1~2mm。对重导靴的靴衬与导轨顶面间隙不大于 2.5mm，滚轮导靴的滚轮与导轨顶面间隙为 1~2mm。

导靴的基本参数有额定速度、额定载重量、导轨宽度、导轨正面及侧面的压力，见表 3-9。

表 3-9 导靴示例及基本参数

导靴示例	型号	额定速度/(m/s)	额定载重量/kg	导轨宽度/mm	导轨面正压力/N	导轨面侧压力/N
	DX20 滑动导靴	≤1.75	≤2000	10 或 16	≤1200	≤1000
	DX2 滑动导靴	≤2.5	—	10 或 16	≤6500	≤6500

任务工单

任务名称	导靴的选取与安装检验		任务成绩	
学生班级		学生姓名		实践地点
实践设备	导靴			
任务描述	电梯导向装置是电梯运行的基础,直接影响电梯运行安全性、平稳性和舒适性等。导轨支架为固定导轨的机件,本次任务的内容为了解导轨支架的分类并根据要求选择安装方式			
目标达成	能正确认识电梯导靴,并能准确指出其安装位置和作用			
任务实施	自测	任务	识别各种类型的导靴	
		1. 根据导靴1图(图a)回答下列问题 (1)图a所示为什么类型的导靴,适用于什么场合? 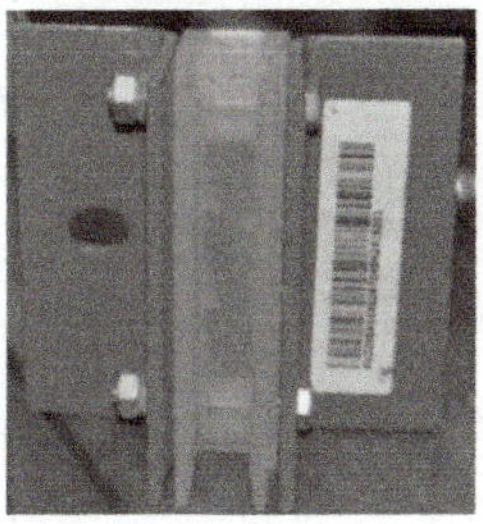 (2)如何更换导靴的靴衬?说明靴衬的材质 图a 导靴1 (3)该导靴的靴头的轴向位置是固定的,还是浮动的?导靴的靴衬与导轨的端面有无间隙?		

(续)

任务实施	任务	识别各种类型的导靴
	自测	(4) 导靴的靴衬严重磨损时，应及时更换，若不更换会对电梯运行有什么影响？ 2. 根据导靴 2 图（图 b）回答下列问题   正面　　　　　侧面 图 b　导靴 2 (1) 图 b 所示为什么类型的导靴，适用于什么场合？ (2) 该导靴的靴头的轴向位置是固定的，还是浮动的？导靴的靴衬与导轨的端面有无间隙？ (3) 如图所示的导靴部件螺母应当拧紧，还是留有间隙，原因是什么？模拟其运行状况。 (4) 图 a 与图 b 所示的导靴在实际使用时，还应在其上方安装什么部件？该部件的作用是什么？

(续)

	任务	识别各种类型的导靴
任务实施	自测	3. 根据导靴3图（图c）回答下列问题  图c　导靴3 （1）图c所示为什么类型的导靴，适用于什么场合？有什么特点？ （2）安装调整该导靴，要求该导靴的滚轮对导轨不歪斜，压力均匀，导轨端面滚轮与导轨端面≤1mm 调节该导靴的三个滚轮与导轨三个工作面的间隙方法如下：  　图d　调整弹簧　　　　图e　调节弹簧伸缩量　　图f　紧固螺母 滚轮导靴的三个滚轮与导轨的压力都有对应的调整弹簧，如图d所示，调节弹簧的伸缩量就可以调整与导轨接触面的压力，如图e所示，要保证滚轮对导轨不歪斜，压力均匀。调节完毕后，要紧固螺母，如图f所示。 4. 导靴的故障与排除 电梯在运行中抖动或有摩擦声，其产生的原因很多，请从导靴方面的故障现象说明可能的原因及排除方法。

任务评价	1. 自我评价 2. 任课教师评价

项固训练

（一）判断题

1. 固定滑动导靴对应的电梯导轨采用油润滑。　　　　　　　　　　　　（　　）
2. 每个滚动导靴只能有三个滚轮。　　　　　　　　　　　　　　　　　（　　）
3. 相邻两根导轨依靠连接板定位。　　　　　　　　　　　　　　　　　（　　）
4. 滚动导靴对应的电梯导轨采用油润滑。　　　　　　　　　　　　　　（　　）
5. 每个滚动导靴只能有三个滚轮。　　　　　　　　　　　　　　　　　（　　）

（二）填空题

1. 导靴可分为_____、_____、_____，其中摩擦力最大的是_____，摩擦力最小的是_____。
2. 导靴的_____跟导轨工作面配合，让一部电梯在曳引轮的牵引下，使轿厢和对重分别沿着各自导轨上下运动。

项目 4　轿厢与重量平衡系统的结构与调整

任务 4.1　电梯轿厢的结构与调整

工作任务

1. 工作任务类型

学习型任务：掌握电梯轿厢的结构、规格要求和调整方法。

2. 学习目标

（1）知识目标：掌握轿厢各部分构成；掌握轿厢各组件规格与要求。

（2）能力目标：能正确说出轿厢各组件的位置。

（3）素质目标：具备团队协作能力；具有安全生产，明责守规的意识。

轿厢系统

 知识储备

4.1.1　轿厢的结构

1. 普通轿厢的结构

电梯轿厢主要由轿厢架和轿厢体两大部分组成，其基本结构及附加部件如图 4-1 所示。轿厢架与轿厢体是相对独立的两部分结构，轿厢体为乘客提供一个封闭、舒适及多功能的空间，轿厢架则承受电梯运行时的各种载荷。

为防止电梯超载运行，多数电梯在轿厢上设置了超载装置。超载装置安装的位置有轿底称重式（超载装置安装在轿厢底部）及轿顶称重式（超载装置安装在轿厢架上梁）等。

2. 双层轿厢的结构

随着建筑物高度的增加，为了向客户提供令人满意的服务，电梯数量也需相应地增加。这意味着电梯井道将占用更多的平面面积，减少了大楼的可利用空间。使用双层轿厢系统可以大大增加大楼井道的利用率，从而减少所需电梯的数量，增加大楼宇的可利用空间。

双层轿厢电梯（见图 4-2）有别于普通单轿厢电梯，它由同一井道内两个叠加在一起的轿厢组成，上轿厢服务双数层楼，下轿厢服务单数楼层，乘客可根据自己的需要，选择相应的轿厢。双层轿厢电梯最适合 30~100 层的多住户楼，以及对高峰时间交通处理能力有着较高要求的办公楼。

（1）双层轿厢的优点

1）一次可运输 2 倍于普通电梯的客流量，增强了大楼电梯系统的运输能力。

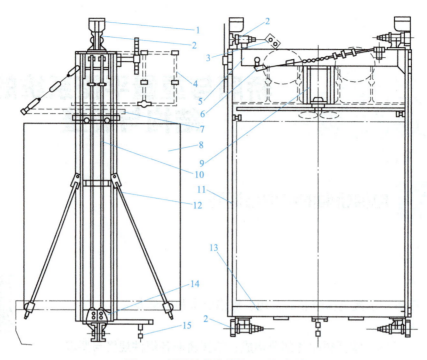

图 4-1 轿厢的基本结构及附加部件

1—导轨加油壶 2—导靴 3—轿顶检修箱 4—轿顶安全栅栏 5—轿厢架上梁
6—安全钳传动机构 7—开门机架 8—轿厢体 9—风扇架 10—安全钳拉条
11—轿厢立柱 12—轿厢拉条 13—轿底框架 14—安全钳嘴 15—补偿链

2)减少了乘坐电梯的等候时间。
3)通过减少停层来缩短乘客的乘梯时间。
(2)双层轿厢的缺点
1)电梯设备投资成本较高。
2)首层和二层之间需要由扶梯或楼梯连接。
3)乘坐上轿厢的乘客需要到二层乘梯。

4.1.2 轿厢架

轿厢架是轿厢的承载机构,轿厢的负载由它传递到曳引钢丝绳,当安全钳动作或蹲底撞击缓冲器时,还要承受由此产生的反作用力,因此轿厢架需要有足够的强度。

1. 轿厢架的结构

轿厢架是一种框形金属架,由底梁、立柱、上梁和拉条等组成。这些构件一般都采用型钢或专门折边而成的型材,通过搭接板用螺栓连接,可以拆装,以便进入井道组装。对轿厢架的整体或每个构件的强度要求都较高,要保证电梯运行过程中,万一产生超速而导致安全钳扎住导轨制停轿厢,或轿厢下坠与底坑

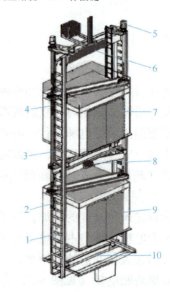

图 4-2 双层轿厢电梯的结构

1—竖梁 2—下部轿厢的调节螺杆(反向)
3—中间链接杆件 4—上部轿厢的调节螺杆
(正向) 5—调节电动机 6—顶部十字结构
7—上部轿厢 8—中间钢架 9—下部轿厢
10—底梁

内缓冲器相撞时,不致发生损坏情况。对轿厢架的上梁、下梁还要求在受载时最大挠度应小于其跨度的 1/1000。

(1) 底梁　底梁用以安装轿厢底,直接承受轿厢载荷。现在客梯常用框式结构,用型钢或折弯钢板焊成框架,中间有加强的横梁与立柱连接。轿底通过弹性减振元件支撑在底梁上,如图 4-3 所示。在轿厢架中,底梁的强度要求最高,在轿厢蹲底时,要能承受缓冲器的反作用力,在额定载荷时挠度不应超过 1/1000。

图 4-3　弹性减振元件

(2) 立柱　立柱每侧一个,下部用连接板与底梁用螺栓连接,上部与上梁用螺栓连接。它是将底梁的载荷传递到上梁的构件,一般用槽钢、角钢或钢板折弯件构成。安全钳的钳块拉杆一般就设在立柱中间。

(3) 上梁　上梁由槽钢或钢板折弯件组合而成,两端用连接板与立柱连接,中间有安装绳头组合或反绳轮的绳头板。上导靴和安全钳提拉系统一般装在上梁上。

(4) 拉条　在轿底或框式底梁边缘与立柱中部之间设有可以调节长度的拉条,它的主要作用是增强轿底的刚性,调节轿底的水平度和防止负载偏斜造成底板倾翘。

2. 轿厢架的形式

轿厢架一般有两种形式:对边形轿厢架与对角形轿厢架。

(1) 对边形轿厢架　对边形轿厢架适用于具有一面或对面设置轿门的电梯。这种形式的轿厢架受力情况较好,当轿厢受到偏心载荷时,只在轿架支撑范围内发生拉力,或在立柱发生推力,这是大多数电梯所采用的构造方式,如图 4-4 所示。

(2) 对角形轿厢架　对角形轿厢架常用在具有相邻两边设置轿门的电梯上,这种轿厢架在受到偏心载荷时,各构件不但受到偏心弯曲,而且其顶架还会受到扭转的影响。由于承受载荷的能力较差,特别是对于重型电梯,应尽量避免采用这种形式,如图 4-5 所示。

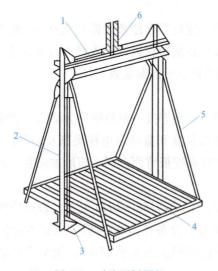

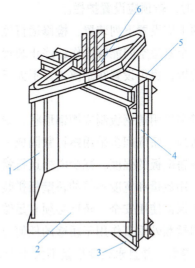

图 4-4　对边形轿厢架
1—上梁　2—立柱　3—底梁　4—轿厢底
5—拉条　6—绳头组合

图 4-5　对角形轿厢架
1—拉条　2—轿厢底　3—底梁　4—立柱
5—上梁　6—绳头组合

4.1.3 轿厢体

轿厢体是形成轿厢空间的封闭围壁，除必要的出入口和通风孔外，不得有其他开口。轿厢体由不易燃和不产生有害气体和烟雾的材料制成，主要包括轿顶、轿壁及轿底。

1. 轿顶

轿顶一般由薄钢板制成，前端要安设开门机构和安装轿门，要求具有一定的强度，一般用拉条拉在立柱上端或上梁上。轿顶应能支撑3个携带常用工具的抢修人员的重量，且应有足够的站人空间。如果有轿顶轮固定在轿架上，应设置有效的防护装置，以避免绳与绳槽间进入杂物或曳引钢丝绳松弛时脱离绳槽，伤害检修人员。轿顶结构与轿壁相仿，轿顶装有照明灯、排风扇等，有的电梯还装有安全窗，以备应急之用。一般规定轿顶的安全窗只能在轿顶，在轿厢内用专用钥匙向外打开，并规定安全窗只能由专业人员使用。轿厢内应设有空调通风设备、照明设备、防火设备等，以使轿厢安静、舒适。

由于安装、检修和营救的需要，轿顶有时需要站人，GB/T 7588—2020规定，轿顶应至少能承受作用于其任何位置且均匀分布在 $0.3m \times 0.3m$ 面积上的2000N静力，并且永久变形量不大于1mm。人员需要工作或在工作区域间移动的表面应是防滑的。

在轿顶或轿顶设备上的任何单一连续区域，如果最小净面积为 $0.12m^2$ 且其中最短边尺寸不小于0.25m，则认为是可站人的区域。从层站进入轿顶的位置，应能看到轿顶上的标志，该标志应标明允许进入的人员数量和避险空间类型对应的姿势。

如果轿顶上具有轿厢安全窗，其净尺寸不应小于 $0.4m \times 0.5m$。该安全窗应具有手动锁紧装置，应能不用钥匙从轿厢外开启，并能用三角钥匙从轿厢内开启。

轿顶应采取以下保护措施：轿顶应具有最小高度为0.1m的踢脚线，且设置在轿顶的外边缘，或者轿顶的外边缘与护栏之间；在水平方向上，轿顶外边缘与井道壁之间的净距离大于0.3m时，轿顶应设置护栏。

轿顶上应设置下列装置：检修运行控制装置，应设置在距离避险空间0.3m范围内，且从其中一个避险空间能够操作；停止装置，应设置在距检查或维护人员入口不大于1m且易接近的位置，也可设置在距离入口不大于1m的检修运行控制装置上。

2. 轿壁

轿壁多采用薄钢板制成槽钢形状，壁板的两头分别焊接一根角钢作为堵头。轿壁间以及轿壁与轿顶、轿底间多采用螺钉紧固成一体。壁板长度和宽度与电梯类型及轿壁结构有关。为了提高轿壁板的强度，减少电梯运行噪声，往往在壁板背面点焊上矩形加强肋。大小不同的轿厢，用数量和宽度不等的轿壁板拼装而成。

为了保证使用安全，轿壁必须有足够的强度，GB/T 7588—2020规定，轿壁应能承受从轿厢内向轿厢外垂直作用于轿壁的任何位置且均匀地分布在 $5cm^2$ 圆形（或正方形）面积上的300N静力，并且永久变形量不大于1mm，弹性变形量不大于15mm；能承受从轿厢内向轿厢外垂直作用于轿壁的任何位置且均匀地分布在 $100cm^2$ 圆形（或正方形）面积上的1000N静力，并且永久变形量不大于1mm。

另外，在靠井道侧的轿壁上，为了减小振动和噪声，要粘贴吸振隔音材料。为了增大轿壁阻尼，减小振动，通常在壁板后面粘贴夹层材料或涂上减振材料。当两台以上电梯共设在一个井道时，为了应急的需要，可在轿厢内侧壁上开设安全门。安全门只能向内开启，并装有限位开关，当门开启时，切断控制回路。门的宽度不小于 0.4m，高度不小于 1.5m。

为了美观，在各轿壁板之间还装有铝镶条，有的还在轿壁板面贴上一层防火塑料板，并用不锈钢板包边，也有的在轿壁板上贴一层具有各种图案或花纹的不锈钢薄板等。对于乘客电梯，在轿壁上还应装有扶手、整容镜等。

在观光电梯上，轿壁被设计成透明的，这种电梯多用在大型商场和观光景点。玻璃轿壁应用夹层玻璃且按标准选用，能承受标准所要求的冲击摆实验。如果轿壁距轿厢地板 1.1m 高度以下使用了玻璃，应在高度 0.9~1.1m 处设置扶手，该扶手的固定应与玻璃无关。

3. 轿底

轿底是用槽钢按设计要求的尺寸焊接成框架，然后在框架上铺设一层钢板或木板而成的。轿厢的轿底、轿壁与轿顶之间用螺栓固定。高级客梯轿厢多设计成活络轿厢，不用螺栓固定。

轿底框的四个角各设置一块厚 40~50mm 的弹性橡胶元件，整个轿厢厢体通过这四个弹性元件放置在轿厢架的底架上。

在轿底前沿应有轿门地坎及挡板，以防人在层站把脚插入轿厢底部。

任务工单

任务名称	认识电梯轿厢各组件		任务成绩		
学生班级		学生姓名		实践地点	
实践设备	电梯轿厢				
任务描述	轿厢是运送乘客和货物的承载部件，也是乘客唯一能够看到的电梯的结构部件。本次任务旨在认识电梯轿厢各组件				
目标达成	掌握电梯轿厢结构组成				
任务实施	任务	标注电梯轿厢各部件名称			
	自测	部件	名称	部件	名称

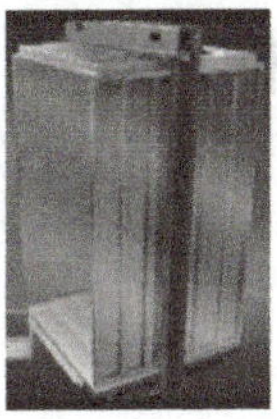

(续)

任务		标注电梯轿厢各部件名称				
任务实施	自测	(续)				
		部件	名称	部件	名称	
任务评价	1. 自我评价 2. 任课教师评价					

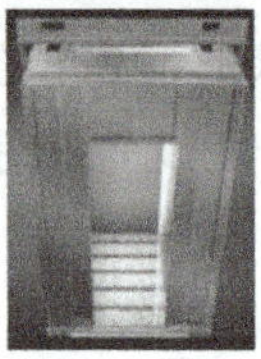

巩固训练

（一）填空题

1. 轿厢是用来运送乘客、货物的电梯组件，由_____与_____两大部分组成。
2. 离轿顶外侧边缘有水平方向超过0.3m的自由距离时，轿顶应装_____。

（二）判断题

1. 轿厢内部件高度不应小于1m。 （　　）
2. 使用人员正常出入轿厢入口的净高度不应小于2m。 （　　）
3. 玻璃轿壁应有临时标记。 （　　）
4. 轿厢安全窗和安全门不应有手动上锁装置。 （　　）
5. 轿厢安全窗应能不用钥匙从轿厢外开启，并应用规定三角形钥匙从轿厢内开启。

（　　）

任务4.2　电梯重量平衡系统结构与调整

 工作任务

重量平衡系统

1. 工作任务类型

学习型任务： 掌握电梯重量平衡系统的构成与作用。

2. 学习目标

（1）知识目标：掌握电梯重量平衡系统的构成与作用；掌握电梯对重的配重方式；掌握补偿装置的类型和补偿方法。

（2）能力目标：能够正确计算配重的重量。

（3）素质目标：具备团队协作能力；具有安全生产、明责守规的意识。

知识储备

4.2.1 电梯重量平衡系统的组成与作用

电梯重量平衡系统包括对重装置和补偿装置，其结构如图 4-6 所示。

对重装置的作用：跟轿厢重量一起将曳引钢丝绳共同压紧在曳引轮绳槽内，使之产生足够的摩擦力，以平衡轿厢重量，减小驱动电动机功率。

补偿装置的作用：当电梯运行的高度超过 30m 以上时，由于曳引钢丝绳和电缆的自重，使得曳引轮的曳引力和电动机的负载发生变化，补偿装置可弥补轿厢两侧的重量不平衡，保证轿厢侧与对重侧重量比在电梯运行过程中不变。

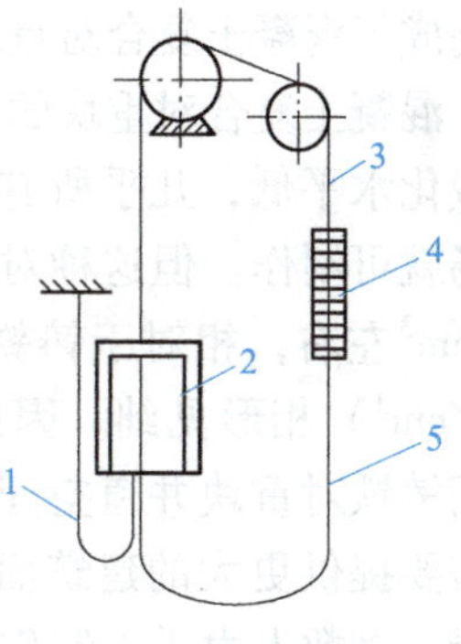

图 4-6 电梯重量平衡系统示意图

1—电缆 2—轿厢 3—曳引钢丝绳
4—对重装置 5—补偿装置

4.2.2 对重装置

对重装置位于井道内，通过曳引钢丝绳经曳引轮与轿厢连接。在电梯运行过程中，对重装置通过对重导靴在对重导轨上滑行，当轿厢或对重撞上缓冲器后，电梯将失去曳引条件，可避免冲顶事故发生。

1. 对重装置的结构

对重一般分为无对重轮式（曳引比为 1∶1 的电梯）和有对重轮式（曳引比为 2∶1 的电梯）两种。不论是有对重轮式，还是无对重轮式的对重装置，其结构组成基本相同。

对重装置一般由对重架、对重块、对重导靴、缓冲器撞块、曳引钢丝绳，以及对重反绳轮（有对重轮式含）组成，如图 4-7 所示。

2. 对重装置的规格及材料选择

对重架用槽钢或用钢板折压成槽钢形焊接而成。使用场合不同，对重架的结构形式也不同，对重架所用型钢和钢板的规格依据电梯的额定载重量选择。用不同规格的型钢做对重架直梁时，必须用与型钢槽口尺寸相对应的对重块。

对重块用铸铁制成，一般有 50kg、75kg、100kg 和 125kg 等几种。对重块放入对重架后必须用压板压紧，防止电梯在运行过程中发生窜动而产生噪声。对重装置过轻或过重都会给电梯的调试工作带来困难，影响电梯的整机性能和使用效果。

随着人们对生态建设的日益重视及成本等因素的考虑，现在越来越多的电梯采用复合材料对重块。传统由铸造工艺制成的铁对重块，存在制造和维护成本高、易锈蚀等缺点，有被逐渐淘汰的趋势。

相对于铸铁对重块，人们将采用非金属材料或金属材料与非金属材料混合所制成的对重

块称为复合材料对重块。目前国内电梯采用的复合材料对重块大致有以下几种：

1）混凝土对重块（见图4-8）。国内早期采用复合材料替代铸铁制成电梯对重块主要采用此种方案，混凝土对重块的制作流程大致为：用0.3~0.5mm的薄钢板冲剪成与对重块几何形状一致的模，模内用钢筋焊成骨架，把一定标号的水泥与砂、石子按一定的比例混合，通过搅拌后浇入模内，待一定的养护、硬化后，就制成了混凝土复合对重块。

混凝土复合对重块的原料广泛，制作简单，机械化水平低，几乎所有地区，甚至电梯安装现场就可制作。但这种对重块的密度一般只有3g/cm³左右，相对于铸铁对重块的密度（7~65g/cm³）相形见绌。因此，混凝土对重块要占用铸铁对重块井道空间的2倍以上，井道布置需要提供更大的建筑面积。另外，从工艺角度看，多数人力手工制作的对重块受原材料配

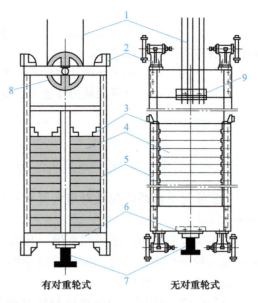

图4-7 对重装置
1—曳引钢丝绳 2—对重导靴 3—压板 4—对重块
5—对重架 6—对重调整垫 7—缓冲器撞块
8—对重反绳轮 9—对重绳头板

比、养护工艺、气候、场地等诸多因素制约，其质量难以保证，变形、断裂、散开等情形时有发生。

2）含铁矿粉对重块（见图4-9）。含铁矿粉对重块是把铁矿粉、水泥、砂石和黏合剂按一定比例混合搅拌，倒入对重模具内，用液压式压力机压力成型，经过一定周期的养护、硬化后成型。

直接把铁矿石加入到复合材料对重块中，不仅工艺性差，而且难以实现质量分布、机械强度、外观平整等技术要求。更重要的是经济性不好，铁矿石中常含有铜、镍、锌、金、银等贵重金属，如果用在对重块中，实在可惜。因此，常见的复合材料对重块中添加的铁主要是从上述铁矿石中提炼出来的铁矿粉，如Fe_3O_4，其密度约为5.18g/cm³，呈黑色固体粉末状。

目前含铁矿粉对重块的造价约为铸铁对重块的60%，所以含铁矿粉对重块的密度在4.2g/cm³为宜，追求过大的密度，制造成本难以得到控制。经过一个阶段的使用，含铁矿粉对重块的劣势逐渐暴露出来，在潮湿的季节或潮湿的井道中，Fe_3O_4极易被氧化成Fe_2O_3，使局部生锈，进而可能发生松散、胀裂等情况。

3）重晶石对重块（见图4-10）。重晶石是以硫酸钡（$BaSO_4$）为主要成分的非金属矿石，密度一般为4.3~4.7g/cm³，其硬度低、脆性大，广泛应用于染料、水泥、道路建筑等领域。重晶石作为电梯对重块的添加物，是看中了其不溶于水、无毒、无磁性、不会在潮湿的环境中被氧化，化学性质极其稳定的优点。

重晶石对重块的密度至少可以达到3.8g/cm³，略低于含铁矿粉对重块，又高于混凝土对重块，其价格略高于混凝土对重块，但又低于含铁矿粉对重块。

4）金属颗粒对重块（见图4-11）。金属制品使用过程中的新旧更替是必然的，由于金属制品的腐蚀、损坏和自然淘汰，每年都有大量的废旧金属产生。如果随意弃置这些废旧金属，既造成了环境的污染，又浪费了有限的金属资源。而所有的金属材料都来自金属矿产资源，矿产资源有限且不可再生，随着人类的不断开发，这些资源在不断地减少，资源短缺必然成为人类需要直接面临的一个局势。

图4-8　混凝土对重块

图4-9　含铁矿粉对重块

图4-10　重晶石对重块

废旧金属颗粒对重块就是用废旧金属颗粒与水硬性胶凝材料制成的，对重块里面用钢筋结构加固并外包铁网。金属颗粒具有密度大、价格低、来源广泛等优点，并且利用废旧金属颗粒制作对重块没有二次污染，符合环保理念。

图4-11　金属颗粒对重块

3. 电梯对重装置计算

为了使对重装置能对轿厢起最佳的平衡作用，必须正确计算其重量。对重装置的总重量与电梯轿厢自重和轿厢额定载重量有关。一般在电梯满载和空载时，曳引钢丝绳两端的重量差值应为最小，以使曳引机组消耗功率少，曳引钢丝绳也不易打滑。

对重装置的总重量 W 的基本计算公式为

$$W = G + KQ$$

式中，G 为轿厢自重（kg）；Q 为轿厢额定载重量（kg）；K 为电梯平衡系数，一般取 0.4~0.5。

平衡系数选值原则是：以曳引钢丝绳两端重量之差最小为好，尽量使电梯接近最佳工作状态。

当电梯的对重装置和轿厢侧完全平衡时，只需克服各部分摩擦力就能运行，且电梯运行平稳，平层准确度高。因此对平衡系数 K 的选取，应尽量使电梯经常处于接近平衡状态。对于经常处于轻载的电梯，K 可选取 0.4~0.45；对于经常处于重载的电梯，K 可取 0.5。这样有利于节省动力，延长机件的使用寿命。

例：有一台客梯的额定载重量为 1000kg，轿厢自重为 1000kg，若平衡系数取 0.45，求对重装置的总重量。

解：已知 $G=1000$kg，$Q=1000$kg，$K=0.45$，则

$$W = G + KQ = 1000\text{kg} + 0.45 \times 1000\text{kg} = 1450\text{kg}$$

4.2.3 补偿装置

1. 补偿装置的形式

（1）补偿链（图4-12a） 以铁链为主体，悬挂在轿厢与对重下面。为了减小运行中铁链碰撞引起的噪声，在铁链中穿上了麻绳。这种装置结构简单，但不适用于高速电梯，一般用在速度<1.75m/s 的电梯上。

（2）补偿绳（图4-12b） 以钢丝绳为主体，悬挂在轿厢或对重下面，具有运行较稳定的优点，常用于速度>1.75m/s 电梯上。

为了防止平衡绳在电梯运行过程中的漂移，电梯井道中须设置张紧装置；当速度>3.5m/s 时，平衡绳或张紧装置中须配置防跳装置。

（3）补偿缆（图4-12c） 补偿缆是近些年常用的一种以铁链为主体、在外层包裹橡胶层的补偿装置。补偿缆的中间有钢制成的环链，填塞物为金属颗粒与聚氯乙烯的混合物，形成圆形保护层，链套采用具有防火、防氧化的聚氯乙烯护套。这种补偿缆质量大、密度高，每米可达 6kg，最大悬挂长度可达 200m，运行噪声也小，适用于各类中、高速电梯。

a) 补偿链　　b) 补偿绳　　b) 补偿缆

图 4-12　补偿装置

2. 补偿方法

常用的补偿方法有三种：单侧补偿法、双侧补偿法和对称补偿法。

（1）单侧补偿法　补偿装置一端连接在轿厢底部，另一端悬挂在井道壁的中部，如图 4-13 所示。采用这种方法时，对重装置的重量需加上曳引钢丝绳的总重 T_y。对重装置的重量 W 的计算公式为

$$W = G + KQ + T_y$$

$$T_y = T_p(不考虑随行电缆重量)$$

式中，G 为轿厢自重（kg）；Q 为轿厢额定载重量（kg）；K 为电梯平衡系数，一般取 0.4~0.5；T_y 为曳引钢丝绳总重量（kg）；T_p 为补偿装置的重量（kg）。

采用单侧补偿法，当轿厢满载运行时，不论在何位置，曳引钢丝绳两端的负重差均为 $Q(1-K)$；当轿厢空载时，曳引钢丝绳两端的负重差均为 KQ。这种方法比较简单，但由于要增加对重装置的重量，使曳引轮的悬挂总重量增加。

（2）双侧补偿法　轿厢和对重装置各自设置补偿装置，如图 4-14 所示，其安装方法与单侧补偿法基本相同。采用双侧补偿法时，对重装置不需要增加重量，每侧补偿装置的重量（不考虑随行电缆重量）为 $T_p = T_y$；两侧共需补偿装置的重量为 $2T_p = 2T_y$。

（3）对称补偿法　补偿装置（补偿链）的一端悬挂在轿厢底部，另一端挂在对重装置的底部（见图4-15a），这种补偿法称为对称补偿法。其优点是不需要增加对重装置的重量，补偿装置的重量等于曳引绳钢丝的总重量（不考虑随行电缆的重量），也不需要增加井道的空间。

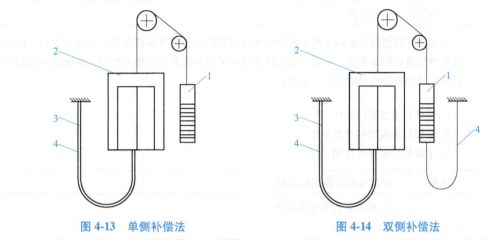

图4-13　单侧补偿法
1—对重装置　2—轿厢　3—随行电缆　4—补偿装置

图4-14　双侧补偿法
1—对重装置　2—轿厢　3—随行电缆　4—补偿装置

如果采用补偿绳（曳引钢丝绳）的对称补偿法，还需要在井道的底坑架设张紧轮装置（见图4-15b），张紧轮的重量也应该包括在补偿绳内。张紧轮装置上设有导轨，在电梯运行时，必须能沿导轨上、下自由移动，并且要有足够的重量以张紧补偿绳（在计算补偿绳重量时，应加上张紧轮装置的重量）。导轨的上部装有行程开关，在电梯发生碰撞时，对重装置在惯性力作用下冲向楼板，张紧轮沿着导轨被提起，导轨上部的行程开关动作，切断电梯控制电路。

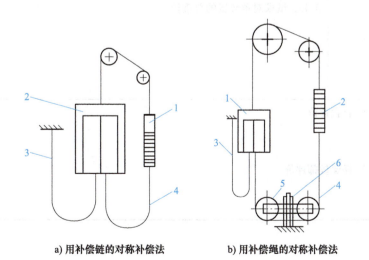

a) 用补偿链的对称补偿法　　b) 用补偿绳的对称补偿法

图4-15　对称补偿法
1—对重装置　2—轿厢　3—随行电缆　4—补偿装置　5—张紧轮　6—张紧轮导轨

任务工单

任务名称	对重装置、补偿装置认识和重量的计算		任务成绩		
学生班级		学生姓名		实践地点	
实践设备	对重装置、补偿装置				
任务描述	对重和补偿装置在电梯工作中能使轿厢与对重间的重量差保持在某一个限额之内，以保证电梯的曳引传动平稳、正常。本次任务旨在了解对重装置结构与作用，并能进行选择和计算；认识补偿装置的结构，了解其作用				
目标达成	1. 了解对重装置的作用 2. 掌握对重装置的计算方法 3. 了解补偿装置的作用				
任务实施	任务	对重与补偿装置的选取			
	自测	1. 对重装置有什么作用？ 2. 补偿装置有什么作用？ 3. 有一台客梯的额定载重量为1200kg，轿厢自重为1000kg，若平衡系数取0.45，试求对重装置的总重量			
任务评价	1. 自我评价 2. 任课教师评价				

 巩固训练

（一）选择题

1. 电梯常用的补偿装置有补偿链、补偿绳和（　　）。

A. 补偿块　　　　B. 补偿线　　　　C. 补偿缆　　　　D. 补偿环

2. 一台载货电梯额定载重量为1000kg，轿厢自重为1200kg，平衡系数为0.5，对重装置的总重量为（　　）kg。

A. 1500　　　　B. 1700　　　　C. 2000　　　　D. 2200

3. 曳引式电梯平衡系数为（　　）。

A．0.2~0.25　　B. 0.4~0.5　　C. 0.5~0.75　　D. 0.75~1

（二）填空题

1. 重量平衡系统是由_____和_____构成的。
2. 一般情况下，只有轿厢的载重量达到_____的额定载重量时，对重一侧和轿厢一侧才处于完全平衡。
3. 对重装置的总重量的一般计算公式为 $W=G+KQ$，其中，W 是指对重装置的重量；G 是指_____；K 是指_____，一般取值为_____；Q 是指_____。
4. 补偿装置的三种形式分别是_____、_____和_____。
5. 常用的补偿方法有三种：_____、_____和_____。

任务 4.3　轿厢其他装置的选用

工作任务

1. 工作任务类型

学习型任务：掌握电梯轿厢其他装置的选用及功能。

2. 学习目标

（1）知识目标：掌握轿厢超载装置的各种类型及特点。

（2）能力目标：能分析电梯满载与超载状态的运行过程。

（3）素质目标：具有工地安全意识和危险分析意识。

知识储备

4.3.1　轿厢的超载装置

超载装置是当轿厢超过额定载荷时，能发出警告信号并使轿厢不关门或不能运行的安全装置。超载装置一般设在轿底，也有少数设在轿顶的上梁，对于非1∶1曳引比的电梯，超载装置也可以设置在机房固定绳头端。超载装置一般分为机械式、橡胶块式及压力传感器式，见表4-1。

轿底超载装置一般轿厢底是活动的，称为活动轿厢式。这种形式的超载装置，若采用橡胶块作为称量元件，则橡胶块的压缩量能直接反映轿厢的重量，如图4-16所示；若采用机械式，则通过轿厢位移反映轿厢的重量。

在轿底框中间装有微动开关，在超载（超过额定载荷10%）时动作，使电梯门不能关闭或电梯不能起动，同时发出声响和灯光信号，也称超载开关。也可根据需要设多个开关，以发出轻载、半载、满载、超载等多个检出信号以供拖动控制和其他需要。碰触开关的螺钉直接装在轿厢底上，只要调节螺钉的高度，就可调节对超载量的控制范围。橡胶块结构的超载装置有结构简单、动作灵敏等优点，橡胶块既是称量元件，又是减振元件，大大简化了轿底结构，调节和维护都比较容易。

轿顶超载装置将超载装置设置在轿顶，若采用橡胶块式，当轿厢超载时，通过橡胶块的形变来触动微动开关，从而发出超载信号；若采用机械式，当轿厢超载时，活动轿厢向下发生位移，通过机械传动机构来触发微动开关，从而发出超载信号。

安装在机房之中的超载装置，它通过轿厢承重时绳头端的位移，来触发微动开关从而达到防止超载的目的，具有调节、维护方便的优点。

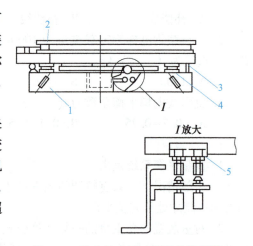

图 4-16　橡皮块式活动轿厢超载装置
1—轿厢框　2—轿厢底　3—限位螺钉
4—橡胶块　5—微动开关

使用微动开关的超载装置只能设定一个或几个称量限值，不能给出载荷变化的连续信号，为了适应其他的控制要求，特别是计算机应用于群控后，以及使电梯运行达到最佳的调度状态，须对每台电梯的容流量或承载情况进行统计分析，然后选择合适的群控调度方式。因此可采用压力传感器作为称量元件，它可以输出载荷变化的连续信号。

表 4-1　不同类型的超载装置

超载装置名称		超载装置结构
机械式超载装置	轿底超载装置	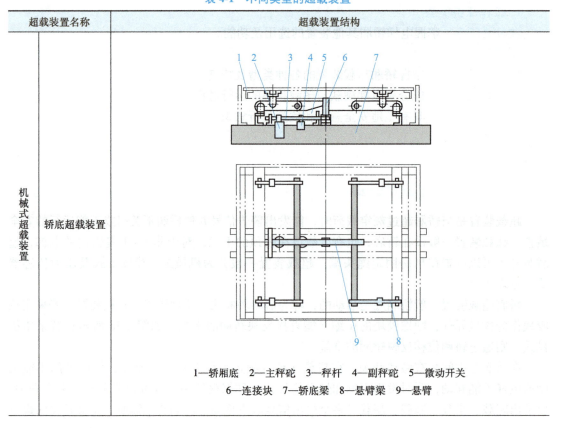 1—轿厢底　2—主秤砣　3—秤杆　4—副秤砣　5—微动开关 6—连接块　7—轿底梁　8—悬臂梁　9—悬臂

(续)

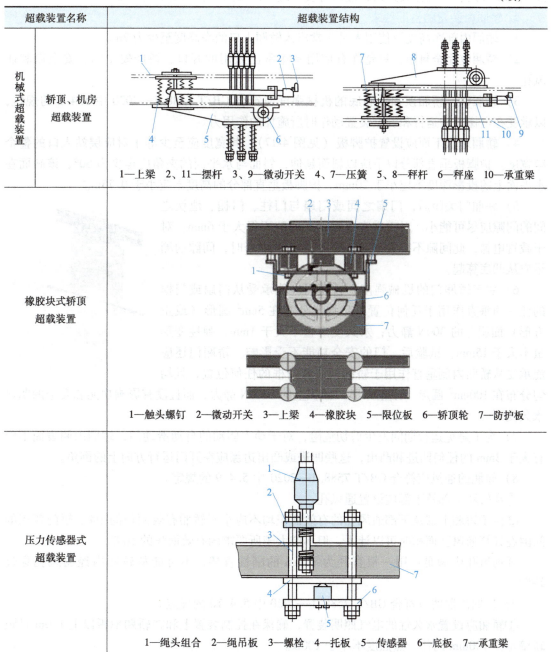

4.3.2 轿厢内的装置及性能要求

1. 轿厢内的装置

轿厢内是装载货物和运送乘客的空间,一般设置了轿厢照明、风扇、选层及关门控制面板、紧急情况与外界联络装置及应急照明等,部分电梯还有轿厢内操纵箱。

轿厢内的操纵箱应用钥匙锁住,只能由专职人员使用。操作箱内包括多种操作方式,如独立行驶方式、司机行驶方式、检修行驶方式，以及门机、风扇及轿厢照明开关等。

2. 轿厢内装置的性能要求

1）轿厢内部净高度及使用人员正常出入轿厢入口的净高度至少为 2m。

2）轿厢应完全封闭，只允许有使用者正常出入用的开口、轿厢安全门、安全窗和通风孔。

3）轿厢壁、轿厢顶和轿厢底的机械强度应符合 GB/T 7588.1—2020 中 5.4.3 的规定，以承受在电梯正常运行和安全装置动作时所施加的作用力。

4）轿厢地坎下面应设置护脚板（见图 4-17），其宽度应至少等于对应层站入口的整个净宽度。护脚板垂直部分以下应以斜面延伸，斜面与水平面的夹角应至少为 60°，该斜面在水平面上的投影深度不应小于 20mm。护脚板垂直部分的高度不应小于 0.75m。

5）轿厢门关闭后，门扇之间或门扇与门柱、门楣、地坎之间的间隙应尽可能小。对于乘客电梯，此间隙不得大于 6mm；对于载货电梯，此间隙不得大于 8mm。当有凹进部分时，间隙的测量应从凹底算起。

6）关于轿厢门的机械强度，轿厢门应能承受从门扇或门框的任一面垂直作用于任何位置，且均匀分布在 $5cm^2$ 圆形（或正方形）面积上的 300N 静力；永久变形量不大于 1mm，弹性变形量不大于 15mm；试验后，门的安全功能不受影响。轿厢门还应能承受从轿厢内侧垂直作用于轿门门扇或门框的任何位置，且均匀分布在 $100cm^2$ 圆形（或正方形）面积上的 1000N 静力，而且没有影响功能和安全的明显永久变形。

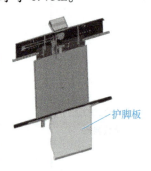

图 4-17 护脚板

7）为了避免运行期间发生剪切危险，对于动力驱动的自动滑动门，轿厢内侧表面不应有大于 3mm 的任何凹进和凸出，这些凹进或凸出边缘应在开门运行方向上的倒角。

8）轿厢的通风应符合 GB/T 7588.1—2020 中 5.4.9 的规定。

①在轿厢上部及下部应设置通风孔。

②位于轿厢上部及下部通风孔的有效面积均不应小于轿厢有效面积的 1%。轿门四周的间隙在计算通风孔面积时可以计入，但不应大于所要求的有效面积的 50%。

③通风孔应满足：用一根直径为 10mm 的刚性直棒，不可能从轿厢内经通风孔穿过轿壁。

9）轿厢的照明应符合 GB/T 7588.1—2020 中 5.4.10 的规定。

①轿厢应设置永久性的电气照明装置，确保在控制装置上和在轿厢地板以上 1.0m 且距轿壁至少 100mm 的任一点照度不小于 100lx。

②应至少具有两只并联的灯。

③使用中的电梯，轿厢应有连续照明。当轿厢停在层站且门自动关闭时，则可关断照明。

④应有自动再充电紧急电源供电的应急照明，其容量能够确保在下列位置提供至少 5lx 的照度且持续 1h：轿厢内及轿顶上的每一个报警触发装置处；轿厢中心，地板以上 1m 处；轿顶中心，轿顶以上 1m 处。在正常照明电源发生故障的情况下，应自动接通紧急照明电源。

10)对于动力驱动的自动门,阻止关门的力不应大于150N,该力的测量不应在关门开始的1/3行程内进行。

在门关闭过程中,人员通过入口时,保护装置应自动使门重新开启。该保护装置的作用可在关门最后20mm的间隙时被取消。该保护装置(如光幕)至少能覆盖从轿厢地坎上方25~1600mm的区域;该保护装置应能检测出直径不小于50mm的障碍物;为了抵制关门时的持续阻碍,该保护装置可在预定的时间后失去作用;在该保护装置故障或不起作用的情况下,如果电梯保持运行,则门的动能应限制在最大4J,并且在门关闭时应总是伴随一个听觉信号。

11)如果轿门(或多扇轿门中的任一门扇)开着,应不能起动电梯或保持电梯继续运行。轿门都应设置符合规定的电气安全装置,以验证轿门。

12)电梯在正常使用中,当轿厢没有得到运行指令,则经过一段必要的时间后,自动操纵门应被关闭。

13)轿顶上的装置应符合GB/T 7588.1—2020中5.4.8的规定,应设置符合要求的检修运行控制装置、停止装置和电源插座。

4.3.3 轿顶工作防坠落保护

当电梯离轿顶外侧边缘有水平方向超过0.3m的自由距离时,轿顶应装设护栏且紧固安全防护栏的螺栓,以保护检修人员的安全。若防护栏为其他颜色,则应用油漆将其涂成黄色。防护栏的底端必须安装10cm的踢脚板,防止物品从轿顶掉落,如图4-18所示。轿顶如果没有安装安全防护栏,在轿顶工作就应该使用防坠落用品,如图4-19所示。

图4-19a所示为坠落限制系统(包括系腰式安全带和短索),用来防止员工到达坠落危险区域,它必须满足下列要求:

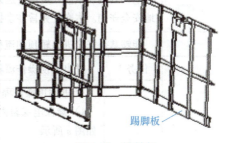

图4-18 防护栏

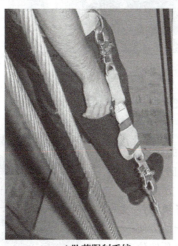

a)坠落限制系统　　　　b)坠落阻止系统

图4-19 防坠落用品

1）必须是经过验证合格的产品。
2）正确穿戴。
3）安全带挂钩必须能够承受额定载荷200kg并且没有缺口。
4）短索的长度可调。

图4-19b所示为坠落阻止系统（包括全身式安全带、缓冲短索和自锁器），用来阻止员工发生坠落，它必须满足下列要求：
1）设备必须是经过验证合格的产品，应保持良好的状况并正确使用。
2）生命线悬挂点和缓冲短索的承载能力必须是已知的，且至少为2100kg。
3）缓冲短索不能超过1.8m，并且不能被调节超出这个长度。
4）生命线和短索应没有缺口。

任务工单

任务名称	安全进出轿顶		任务成绩	
学生班级		学生姓名		实践地点
实践设备	3层3站电梯			
任务描述	电梯安装、维修人员需要进入轿顶进行操作时，必须按照规定的操作规范进行，践行工地安全守则。本次任务旨在掌握安全进出轿顶的流程			
目标达成	能够掌握安全进出轿顶的流程			
任务实施	自测	任务1	进出轿顶操作流程学习	
		1. 进轿顶操作程序（操作人员须戴安全帽） 1）确保电梯轿内无人，在轿厢内和工作楼层放置防护栏，防止他人误入，如图a所示  图a 工作楼层放置防护栏 2）将电梯呼到要上轿顶的层楼。确保电梯轿厢内无人并放置防护栏，在轿厢操纵盘内按两个下方向指令（下一层和最底层），将轿厢停到适当位置。适当位置是指能方便操作轿顶急停和容易进入轿顶的位置，如图b所示 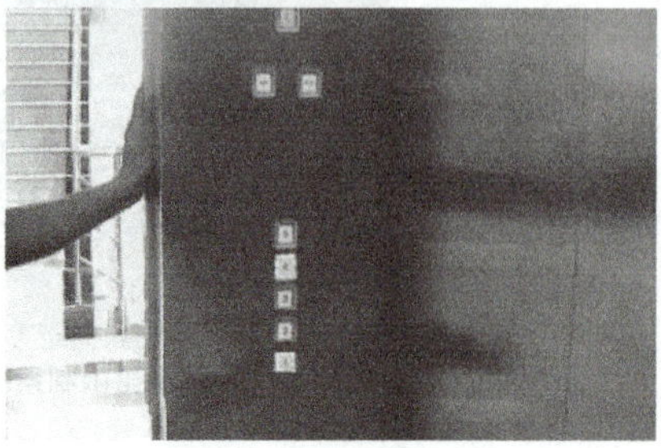 图b 按两个方向指令		

(续)

	任务1	进出轿顶操作流程学习	
任务实施	自测	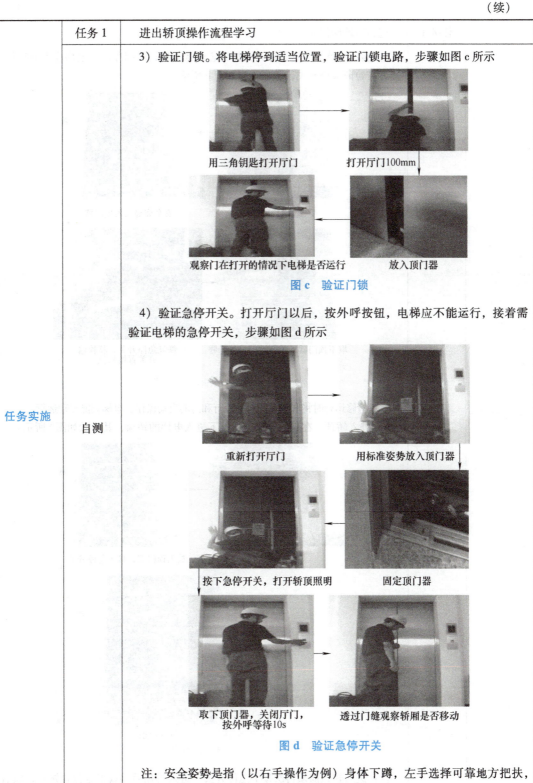3）验证门锁。将电梯停到适当位置，验证门锁电路，步骤如图c所示

用三角钥匙打开厅门　　打开厅门100mm

观察门在打开的情况下电梯是否运行　　放入顶门器

图c　验证门锁

4）验证急停开关。打开厅门以后，按外呼按钮，电梯应不能运行，接着需验证电梯的急停开关，步骤如图d所示

重新打开厅门　　用标准姿势放入顶门器

按下急停开关，打开轿顶照明　　固定顶门器

取下顶门器，关闭厅门，按外呼等待10s　　透过门缝观察轿厢是否移动

图d　验证急停开关

注：安全姿势是指（以右手操作为例）身体下蹲，左手选择可靠地方把扶，将身体重心放在左腿上，伸出右腿顶住右侧的厅门，右手即可自由操作 | |

（续）

		任务1	进出轿顶操作流程学习
任务实施	自测		5）验证检修开关。急停开关打到急停状态后，关闭厅门，电梯应不能运行，接着需验证检修开关，验证步骤如图 e 所示 重新打开厅门　　　　安全姿势放入顶门器 取下顶门器，关闭厅门，按外呼等待10s　　恢复急停开关，将检修开关置检修位 图 e　验证检修开关 注：检修运行时将取消轿厢自动运行和门的自动操作，电梯只能点动运行 6）进入轿顶。在确保安全的情况下进入电梯的轿顶，其步骤如图 f 所示 重新打开厅门　　　　放入顶门器，按下急停开关 进入轿顶 图 f　进入轿顶流程 注：进入轿顶前须再次按下急停开关。进入轿顶后寻找安全位置站好，随后关闭层门

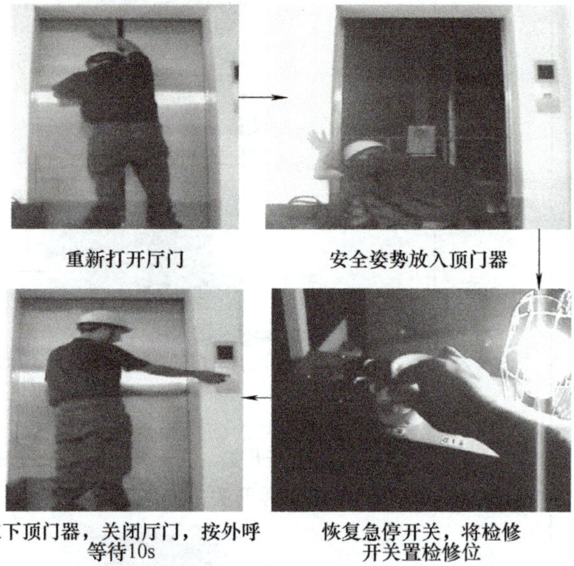

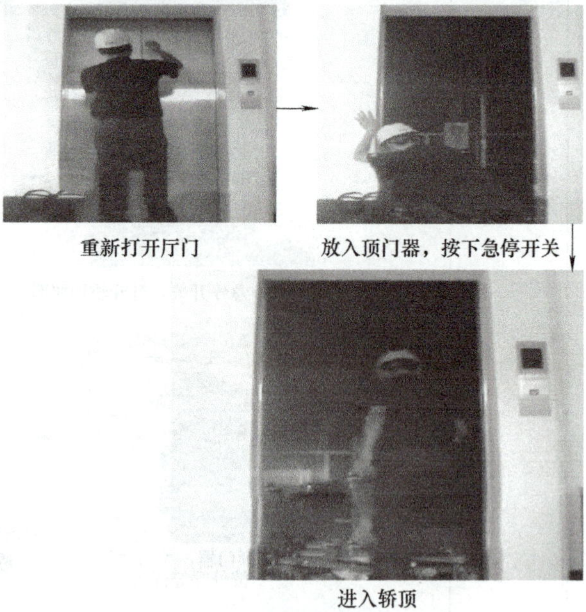

(续)

	任务1	进出轿顶操作流程学习
任务实施	自测	**2. 在轿顶工作前验证公共及上行、下行按钮** 进入轿顶后,验证轿顶检修盒上的上行和下行按钮点动运行是否正常,如图g所示  图g 验证上行和下行开关 1）恢复急停开关 2）按上行或下行按钮,电梯应不能运行 3）同时按下公共和上行按钮,电梯上行 4）同时按下公共和下行按钮,电梯下行 注：1）在轿顶工作过程中必须确保电梯始终保持检修状态 　　2）电梯不移动时,要马上把急停开关置于停止位 **3. 出轿顶的操作** 在轿顶上完成相应的检修和电梯维护保养以后,工作人员离开轿顶的途径有两种：一种是在进入层退出轿顶,另一种是在非进入层退出轿顶。 （1）在进入层退出轿顶　假设在3层进入轿顶,进入轿顶后,不移动轿厢的位置,完成相关维护保养工作后,在3层退出轿顶。其退出步骤如下： 1）按下急停开关 2）打开层门,放置顶门器 3）恢复急停开关和检修开关 4）退出轿顶,关闭层门,恢复电梯 （2）在非进入层退出轿顶　它要比上一种情况多出验证异层门锁电路的过程。其退出步骤如图h所示 1）把轿厢运行到方便退出的位置,按下急停开关 2）打开层门,放置顶门器 3）恢复急停开关 4）同时按下公共和下行按钮,电梯轿厢应当不动；同时按下公共和上行按钮,电梯轿厢也应当不动 5）验证完门锁有效后,重新把急停开关置于停止位,放置顶门器 6）重复（1）中出轿顶步骤

(续)

	任务1	进出轿顶操作流程学习		
任务实施	自测	 打开厅门100mm，放置顶门器 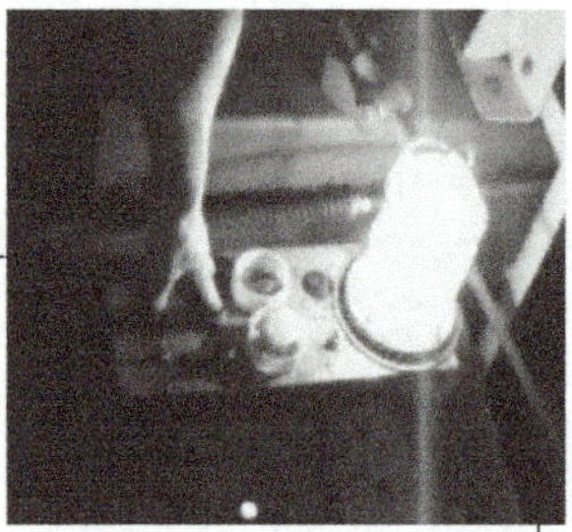 → 在轿顶，同时按下公共和上行按钮，或公共和下行按钮  → 验证门锁有效后，放置顶门器，退出轿顶 图h　异层出轿顶的操作流程		
	任务2	安全进出轿顶流程实践		
	自测	任务目标 1. 戴上安全帽 2. 熟悉进轿顶的流程 3. 模拟训练进入轿顶的过程 任务检测 1. 检测要素 1）安全装备和安全姿势是否到位 2）对于进入轿顶操作的步骤是否熟练 3）文明施工、纪律安全、设备工具管理规范等 2. 评价要素		

序号	考核内容与要求		配分及评分标准	
1	打开厅门，进入轿厢前的安全操作	（1）戴安全帽	5分	50分
		（2）用专用钥匙开厅门操作，注意身体重心保持平衡	5分	
		（3）开门时门扇打开宽度<100mm，进行JHA（安全风险分析）	10分	

(续)

		任务2	安全进出轿顶流程实践			
任务实施	自测	序号	考核内容与要求		配分及评分标准	(续)
		1	打开厅门，进入轿厢前的安全操作	（4）门锁电路的验证	10分（操作+口述）	50分
				（5）急停开关的验证	10分（操作+口述）	
				（6）检修开关的验证	10分（操作+口述）	
		2	进入轿顶的步骤	进入轿顶前先按下急停开关，再打开照明灯，将检修开关置于检修状态，然后进入轿顶，慢慢关闭厅门。严禁跳入轿顶	错一步扣5分，扣完为止	10分
		3	根据指令点动操作电梯运行	先复位急停开关。按下行按钮→公共按钮→下行按钮+公共按钮，电梯下行；按上行按钮→公共按钮→上行按钮+公共按钮，电梯上行	错一步扣5分，扣完为止	10分
		4	退出轿顶操作	确定（或控制）轿顶停在能出入层站的适当位置，确定急停开关已打在制动位置，手动让厅门门锁开启，再用手拉开厅门，在安全情况下离开轿顶，将轿顶开关恢复正常	操作错一步扣5分，扣完为止；口述轿顶维修的注意事项，错一处扣5分	20分
		5	安全文明操作	（1）安全操作，正确使用工具，安全防护 （2）清理现场，收集工具 （3）服从指挥	10分。违反安全操作等扣3分；不清理现场和工具扣3分；不听指挥扣4分	
任务评价	1. 自我评价 2. 任课教师评价					

项固训练

（一）填空题

1. 轿厢地坎下面应设置_____，其宽度应等于相应层站入口整个净宽度。护脚板垂直部分的高度至少为_____m。
2. 电梯一旦超载，_____检测出超载，超载灯亮，警铃响，电梯不能关门运行。
3. 电梯内应设永久性照明装置，且照明度应不小于_____。

（二）判断题

1. 当超载装置发现轿厢载荷超过额定负载时发出警告信号并使电梯不能起动。（   ）
2. 轿厢机械式超载可安装在轿底、轿顶和机房。（   ）
3. 护脚板垂直部分的高度不应小于0.25m。（   ）

（三）选择题

1. 轿厢护脚板垂直部分高度应不小于（   ）m。
   A. 0.5　　　　　B. 0.6　　　　　C. 0.75　　　　　D. 1
2. 满载开关一般在额定载荷（   ）时动作。
   A. 80%　　　　　B. 90%　　　　　C. 100%　　　　　D. 110%
3. 哪种超载装置不是开关量信号（   ）。
   A. 活动轿厢超载装置　　　　　B. 机房超载装置
   C. 电阻式超载装置　　　　　　D. 轿顶超载装置

项目 5　电梯门系统的结构及其工作原理

任务 5.1　电梯门系统的结构

  工作任务

1. 工作任务类型

学习型任务：掌握电梯门系统的结构、规格要求和调整方法。

门系统

2. 学习目标

(1) 能力目标：能正确说出电梯门、系统各部件结构及相互之间活动关系。

(2) 知识目标：掌握电梯门系统构成及各部分作用；掌握轿门与层门联动关系。

(3) 素质目标：具备团队协作能力；具有安全生产、明责守规的意识。

电梯门系统是电梯事故高发点，60%~70%的电梯事故都是由门系统引发的。80%以上的电梯故障及事故发生在门系统，电梯门系统是电梯监督检验和安全监察的重点。同时电梯门系统作为电梯八大系统之一，它的安全性能尤为重要。尤其是电梯的门机系列产品，它的主要技术指标和安全性能在国家标准中都有要求，切实保证了电梯的安全稳定。门机控制系统历经由电阻到变频，由变频到永磁的两大阶段。现在门机系列的主流产品都是采用最新的门驱动系统和闭环矢量控制技术，易于掌控。此外，门机和门机上坎还具有结构紧凑、节能环保、运行可靠、安装方便、噪声低等优点。人性化的设计，如西子门机系统独特的障碍点记忆保护功能、编码器故障保护功能、门机上坎的配套门锁搭配等，使电梯的维护和操作更加方便；开关门曲线可调功能、停电慢关门功能、防止轿门扒开功能（轿门锁）、防触电保护功能等，大大提高了电梯安全性。

电梯的安装、保养等需要遵守 GB/T 7588.1—2020《电梯制造与安装安全规范　第 1 部分：乘客电梯和载货电梯》、GB/T 7588.2—2020《电梯制造与安装安全规范　第 2 部分：电梯部件的设计原则、计算和检验》、GB/T 10060—2011《电梯安装验收规范》、TSG T7001—2023《电梯监督检验和定期检验规则》、GB/T 24480—2009《电梯层门耐火试验》、GB/T 27903—2011《电梯层门耐火试验　完整性、隔热性和热通量测定法》等的要求。

5.1.1　电梯门系统的组成及作用

电梯门系统主要包括轿门（轿厢门）、层门（厅门）、开关门机构及其附属的部件。电梯门系统的作用是防止乘客和物品坠入井道或与井道相撞，避免发生乘客或货物未能完全进入轿厢而被运动的轿厢剪切等危险情况，它是电梯最重要的安全保护设施之一。

1. 层门

层门又称为厅门，安装在候梯大厅电梯入口处，如图 5-1 和图 5-2 所示。它是乘客在进入电梯前首先看到或接触到的部分，电梯有多少个层站就有多少个层门。当轿厢离开层站时，层门必须保证可靠锁闭，防止人员或其他物品坠入井道。层门是电梯很重要的一个安全设施，根据不完全统计，电梯发生的人身伤亡事故约有 70% 是由于层门故障或使用不当等引起的，层门的开启与有效锁闭是保障电梯使用者安全的首要条件。

图 5-1 层门正面

图 5-2 层面背面

层门结构

2. 轿门

轿门又称为轿厢门。它安装在轿厢入口处，由轿厢顶部的开关门机构驱动而开闭，同时带动层门开闭，如图 5-3 和图 5-4 所示。轿门是随同轿厢一起运行的门，乘客在轿厢内部只能见到轿门，供司机、乘客和货物的进出。简易电梯用手工操作开闭的轿门称为手动门，当前一般的电梯都装有自动开、关门机构，称为自动门。为了防止电梯在关门时将人夹住，在轿门上常设有关门安全装置（防夹保护装置）。

图 5-3 轿门正面

图 5-4 轿门背面

轿门结构

3. 轿门与层门的关系

只有轿门开启才能带动层门的开启，所以轿门称为主动门，层门称为被动门。只有轿门、层门完全关闭后，电梯才能运行。为了将轿门的运动传递给层门，轿门上设有系合装置（如门刀），门刀通过与层门门锁的配合，使轿门能带动层门运动。

5.1.2 电梯门的类型及结构

为了方便乘客和货物进出层门和轿厢，门的型式和结构都应设计成不仅进出方便，且结构简单、构造科学。

1. 电梯门的类型

电梯门主要有两类：滑动门和旋转门。目前普遍采用的是滑动门。

滑动门按其开门方向又可分为中分式、旁开式和直分式三种，层门必须和轿门是同一类型的。

（1）中分式门 电梯门由中间分开。开门时，左右门扇以相同的速度向两侧滑动；关门时，左右门扇则以相同的速度向中间合拢。

这种门按其门扇分为两扇中分式和四扇中分式，如图 5-5 所示。四扇中分式用于开门宽度较大的电梯，此时单侧两个门扇的运动方式与两扇旁开式门相同。

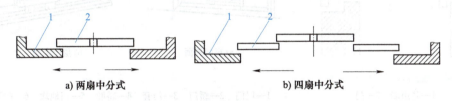

图 5-5 中分式门（平面图）
1—井道墙 2—门

（2）旁开式门 电梯门由一侧向另一侧推开或由一侧向另一侧合拢。这种门按照门扇的数量分为单扇旁开门、双扇旁开门和三扇旁开门，如图 5-6 所示。

双扇旁开式门的两个门扇在开门和关门时各自的行程不相同，但运动的时间却必须相同，因此两门扇的速度有快慢之分。速度快的称快门，反之称慢门，所以双扇旁开式又称双速门。由于门在打开后是折叠在一起的，因而又称双折式门。同理，三扇旁开式门称为三速门和三折式门。

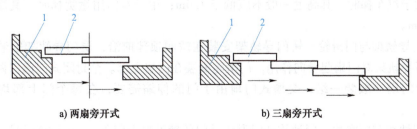

图 5-6 旁开式门（平面图）

旁开式门按开门方向，又可分为左开式门和右开式门。区分它们的方法是：人站在轿厢内，面向外，门向右开的称右开式门；反之，为左开式门。

(3) 直分式门　电梯门由下向上推开,称直分式门,又称闸门式门。这种门按门扇的数量可分为单扇门、双扇门和三扇门等。与旁开式门同理,双扇门称双速门,三扇门称三速门,如图 5-7 所示。

2. 电梯门的结构

电梯门一般由门扇、门滑轮、门靴、门地坎、门导轨架等组成。轿门由滑轮悬挂在轿门导轨上,下部通过门滑块(门靴)与轿门地坎配合;层门由门滑轮悬挂在厅门导轨架上,下部通过门滑块与厅门地坎配合,如图 5-8 所示。

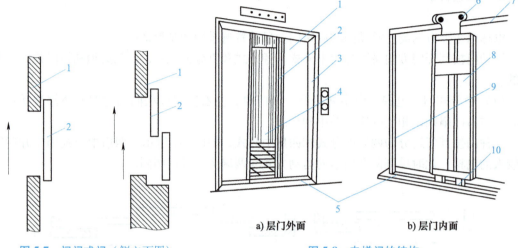

图 5-7　闸门式门(侧立面图)
1—井道墙　2—门

图 5-8　电梯门的结构
1—层门　2—轿门　3—门套　4—轿厢　5—门地坎　6—滑轮
7—层门导轨架　8—门扇　9—厅门门框立柱　10—门滑块(门靴)

(1) 门扇　电梯的门扇有封闭式、空格式及非全高式之分。

1) 封闭式门扇一般用 1~1.5mm 厚的钢板制造,中间辅以加强肋。有时为了加强门扇的隔音效果和提高减振作用,会在门扇的背面涂一层阻尼材料,如油灰等。

2) 空格式门扇一般指交栅式门,具有透气性,但为了安全,空格不能过大,我国规定栅间距离不得大于 100mm。这种门扇出于安全性能考虑,只能用于货梯轿门。

3) 非全高式门扇,其高度低于门口高,常见于汽车梯和货物不会有倒塌危险的专门用途货梯。用于汽车梯时,其高度一般不应低于 1.4m;用于专门用途货梯时,其高度一般不应小于 1.8m。

(2) 门导轨架与门滑轮　轿门导轨架安装在轿厢顶部前沿,层门导轨架安装在层门框架上部。门导轨架对门扇起导向作用。门滑轮安装在门扇上部。全封闭式门扇以两个滑轮为一组,每个门扇一般装一组;交栅式门扇由于门的伸缩需要,在每个门上部均装有一个滑轮。

(3) 门地坎和门滑块　门地坎和门滑块是门的辅助导向组件,与门导轨和门滑轮配合,使门的上、下两端均受导向和限位。如图 5-9 所示,门在运动时,滑块顺着地坎槽滑动。

层门地坎安装在层门口的井道牛腿上;轿门地坎安装在轿门口。地坎一般用铝型材料制成,门滑块一般用尼龙制造。在正常情况下,滑块与地坎槽的侧面和底部均有间隙。

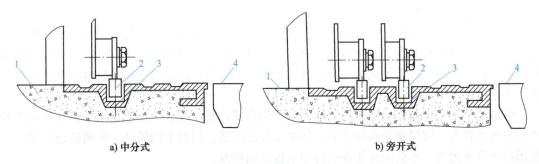

图 5-9 门地坎和门滑块
1—地坪 2—门滑块 3—地坎槽 4—轿底

5.1.3 电梯开门机及其工作原理

电梯门的开门机分手动和自动两种。

开关门机构

1. 手动开门机及其工作原理

手动开门机，仅在少数的货梯中使用。手动开门机中因轿门与厅门之间没有机械联动关系，司机必须用手依次反复开、关轿门和厅门，不仅麻烦而且劳动强度大，目前在电梯上已很少使用。

2. 自动开门机及其工作原理

自动开门机是使电梯门自动开启或关闭的装置（层门的开、关是由轿门通过门刀带动的）。它装设在轿门的上方及轿门的连接处，除了能自动开启和关闭轿门，还应具有自动调速的功能，以避免起端与终端冲击。

当电梯开门时，速度的变化过程：低速运行→加速至全速运行→减速运行→停机靠惯性运行至门全部打开；而当电梯关门时，速度的变化过程：全速起动运行→第一级减速运行→第二级减速运行→停机靠惯性运行至门全部关闭。根据使用要求，一般关门平均速度要低于开门平均速度，这样可以防止关门时将人夹住，而且客梯的门还应设有安全触板。

另外，为了防止关门对人体的冲击，对门的运行速度应进行限制。我国《电梯制造与安装安全规范》中规定，当门的动能超过 10J 时，最快门扇的平均关闭速度要限制在 0.3m/s。

根据门的型式不同，自动开门机适合于两扇中分式门、两扇旁分式门和交栅式门。

（1）两扇中分式自动开门机的工作原理 这种开门机可同时驱动左、右门，且以相同的速度做相反方向的运动。它的开门机构一般为曲柄摇杆和摇杆滑块的组合。

1）单臂中分式开门机（见图 5-10）。这种开门机以带齿轮减速器的永磁直流电动机为动力，采用一级链条传动。连杆的一端铰接在链轮（即曲柄轮）上，另一端与摇杆铰接。摇杆的上端铰接在机座框架上，下端与门连杆铰接，门连杆则与左门铰接（相当于摇杆滑块机构）。当曲柄轮顺时针转动时，摇杆向左摆动，带动门连杆使左门向左运动，进入开门过程。

右门由曳引钢丝绳联动机构间接驱动。两个绳轮分别装在轿门导轨架的两端，左门扇与曳引钢丝绳的下边连接，右门扇与曳引钢丝绳的上边相连接。左门在门连杆带动下向左运动时，带动曳引钢丝绳顺时针回转，从而使右门在曳引钢丝绳的带动下向右运动，与左门扇同时进入开门行程。

门在开关时的速度变化,由改变电动机电枢的电压来实现,曲柄轮与凸轮箱中的凸轮相连,凸轮箱装有行程开关(常为5个,开门方向2个,关门方向3个),链轮转动时使凸轮依次动作行程开关,使电动机接上或断开电器箱中的电阻,以此改变电动机电枢电压,使其转速符合门速要求。

曲柄轮上平衡锤的作用是抵消门在关闭后的自开趋势。设置平衡锤是因为摇杆机构中各构件自重的合力,使门扇受到回开力,如果不加以抵消,门就不能关严。平衡锤还能使门在关闭后产生紧闭力,不会因轿厢在运行中的振动而松开。

2) 双臂中分式开门机(见图5-11)。这种开门机同样以直流电动机为动力,但电动机不带减速箱,常以两级V带传动减速。曲柄轮按图5-11所示逆时针转动180°左右,摇杆同时推动左右门扇,完成一次开门行程;曲柄轮再顺时针转动180°左右,就能使左右门扇同时合拢,完成一次关门行程。

这种开门机同样采用电阻降压调速。用于速度控制的行程开关装在曲柄轮背面的开关架上,一般为3~5个。开关打板装在曲柄轮上,在曲柄轮转动时依次动作各开关,达到调速的目的。改变行程开关的位置,就能改变运动阶段的行程。

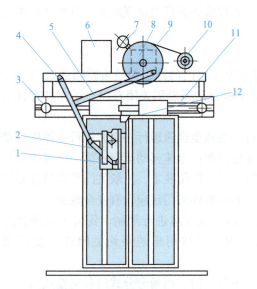

图5-10 单臂式中分式开门机
1—门锁压杆机构 2—门连杆 3—绳轮 4—摇杆
5—连杆 6—电器箱 7—平衡锤 8—凸轮箱
9—曲柄轮 10—带齿轮减速器的直流电动机
11—曳引钢丝绳 12—门锁

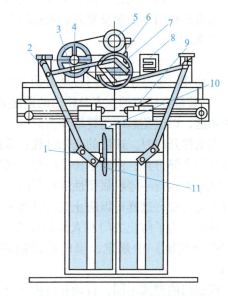

图5-11 双臂式中分式开门机
1—门连杆 2—摇杆 3—连杆 4—传动带轮
5—电动机 6—曲柄轮 7—行程开关 8—电器箱
9—强迫锁紧装置 10—电动门锁 11—门刀

(2) 两扇旁开式自动开门机的工作原理(见图5-12) 这种开门机与单臂中分式开门机具有相同的结构,不同之处是多了一条慢门连杆。

当曲柄连杆转动时,摇杆带动快门运动,同时慢门连杆也使慢门运动,只要慢门连杆与摇杆的铰接位置合理,就能使慢门的速度为快门的1/2。自动调速功能的实现与单臂中分式开门机组相同,但由于旁开式的行程要大于中分式门,为了提高使用效率,门的平均速度一般要高于中分式门。

5.1.4 电梯门的整体要求

为保证电梯的安全运行，电梯门与周边结构如门框、上门楣等的缝隙只要不妨碍门的运动应尽量小。标准要求客梯门的周边缝隙不大于 6mm，货梯不大于 8mm。在中分门层门下部用人力向两边拉开门扇时，其缝隙不得大于 30mm。从安全角度考虑电梯轿门地坎与层门地坎的距离不得大于 35mm。轿门地坎与所对的井道壁的距离不得大于 150mm。

电梯的门刀与门锁轮的位置要调整精确，在电梯运行中，门刀经过门锁轮时，门刀与门锁轮两侧的距离要均等。通过层站时，门刀与层门地坎的距离和门锁轮与轿门地坎的距离均应为 5~10mm，距离太小容易碰擦地坎，太大则会影响门刀在门锁轮上的啮合深度。一般门刀在工作时应与门锁轮在全部厚度上接触。

当电梯在开锁区内切断门电动机电源或停电时，应能从轿厢内部用手将门拉开，开门力应不大于 300N，但应大于 50N。要求开门力大于 50N 是为防止电梯运行过程中门自动开启，一般采用运行中不切断门电动机励磁电流或门机上设平衡锤等方法防止门在电梯运行中关不严或自动开启。关门行程超过总行程的 1/3 后，阻止关门的力不超过 150N。

电梯开门后若没有运行指令，电梯门应在一段时间后自动关闭，不应该出现电梯开着门在层站等待的现象。

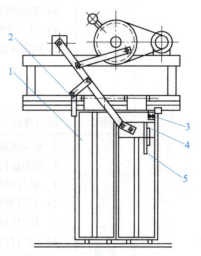

图 5-12 两扇旁开式自动开门机
1—慢门 2—慢门连杆 3—门锁
4—快门 5—门刀

任务工单

任务名称		认识电梯门系统		任务成绩	
学生班级			学生姓名		实践地点	
实践设备	电梯轿门、层门、开关门机构及其门附件				
任务描述	本次任务的主要内容：通过拆装门系统，认识电梯门系统结构组成；进一步了解轿门、层门组成部件；通过联动实验掌握开关门机构工作原理和层门、轿门之间的联动关系				
目标达成	1. 熟悉电梯门系统的组成及其各部件的专业名称 2. 理解电梯门系统各部件的作用 3. 清楚知道电梯门系统的相关技术规范以及对电梯开关门运行的影响				
任务实施	任务 1	轿门及其工作过程的认知			
	自测	1. 对照实物轿门说出轿门的组成部件及其所在的位置			

(续)

	任务1	轿门及其工作过程的认知
任务实施	自测	2. 演示轿门的开关过程,在演示的过程中观察以下内容: 1) 轿门滑轮在门导轨中的运行过程 2) 轿门滑块在门地坎槽中的运行过程 3) 安全触板的结构和工作特点 4) 门刀的结构和工作特点 3. 识读该轿门开门机的型号,说明其主要参数
	任务2	层门及其工作过程的认知
	自测	1. 对照实物层门说出层门的组成部件及其所在的位置 2. 演示层门被轿门同步开启的过程,在演示的过程中观察以下内容: 1) 轿门和层门的联动关系 2) 层门滑轮在门导轨中的运行过程 3) 层门门滑块在门地坎槽中的运行过程 4) 层门自关闭的运行过程及设备的连接特点 5) 说明层门门锁的机电联锁技术规范以及对电梯安全运行的影响 3. 演示电梯困人,层门紧急开门的过程
	任务3	门系统结构的认知
	自测	1. 电梯轿门的结构如图 a 所示,请说出图 a 中各部件的名称:  图 a 电梯轿门的结构

(续)

	任务3	门系统结构的认知
任务实施	自测	1—_____；2—_____；3—_____； 4—_____；5—_____；6—_____； 7—_____ 其中部件3的作用是：_____ 2. 电梯厅门的结构如图b所示，请说出图b中各部件的名称：  图 b　电梯厅门的结构 1—_____；2—_____；3—_____； 4—_____；5—_____；6—_____
任务评价		1. 自我评价 2. 任课教师评价

 巩固训练

（一）填空题

1. 垂直滑动门只能用于_____电梯。

2. 沿门两侧垂直门导轨滑动开启的门称为_____。
3. 垂直双扇门为层门跟轿门的两扇门，由门中间_____各自上下开关的门。

（二）选择题

1. 层门净高度不得小于（　　）m。
   A. 1　　　　　　B. 2　　　　　　C. 2.2　　　　　　D. 2.5
2. 关门行程超过 1/3 后，阻止关门的力不超过（　　）。
   A. 150N　　　　B. 140N　　　　C. 130N　　　　D. 110N
3. 乘客电梯层门门扇与门扇、门扇与门套、门扇下端与地坎的间隙应为（　　）。
   A. 1~8mm　　　B. 1~6mm　　　C. 2~7mm　　　D. 3~6mm
4. 杂货电梯的层门与其他电梯一样是防止发生剪切和坠落事故的关键，所以层门应设有（　　）。
   A. 急停装置　　　　　　　　　　B. 电气和机械联锁装置
   C. 重力锁　　　　　　　　　　　D. 弹珠锁
5. 门电动机安装在（　　）。
   A. 机房　　　　B. 井道　　　　C. 轿顶　　　　D. 底坑
6. 厅门是被动门，它是由（　　）带动的。
   A. 电动机　　　B. 开门机构　　C. 轿门上的门刀　　D. 导向轮
7. 自动开门的电梯，其层门应不能（　　）开启。
   A. 在层站用锁匙　　　　　　　　B. 在轿厢内部用开门按钮
   C. 在层门外用手扒　　　　　　　D. 在轿顶用力
8. 货梯层门和轿门与周围的缝隙和门扇之间的缝隙要求为（　　）。
   A. 1~5mm　　　B. 1~6mm　　　C. 1~7mm　　　D. 1~8mm
9. 电梯关门时，速度的变化过程为（　　）。
   A. 慢→快→慢→停止　　　　　　B. 慢→快→更快→停止
   C. 快→慢→更慢→停止　　　　　D. 快→更快→更慢→停止

（三）简答题

1. 请叙述门系统的构成与作用。

2. 请说明层门与轿门的联动关系。

任务 5.2　电梯门及门入口保护装置

工作任务

1. 工作任务类型

学习型任务：掌握电梯门及入口保护装置的结构、类型、规格要求和调整方法。

2. 学习目标

（1）知识目标：掌握电梯防夹与自动关门装置类型与结构；掌握门锁装置的结构、作用和技术要求。

（2）能力目标：能正确识读电梯门锁、层门各部件规范要求。

（3）素质目标：具备团队协作能力；具有安全生产、明责守规的意识。

知识储备

5.2.1　电梯门保护装置

1. 门锁装置

为了保证电梯门可靠闭合与锁紧，禁止层门与轿门被随意打开，防止发生坠落与剪切事故等，电梯安装了层门的门锁装置与验证门扇闭合的电气安全装置。门锁装置保证乘客在层站外不用开锁装置就无法打开层门。

门锁装置属于机电联锁装置，层门上门锁装置的启闭是由轿门通过门刀来带动的。

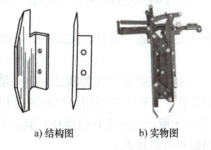

图 5-13　门刀

（1）门刀　门刀是用钢板制成的，其形状似刀，故称为门刀，如图 5-13 所示。

门刀用螺栓紧固在轿门上，在每一层站能准确地插入两个锁滚轮中间，通过门刀的横向移动打开门锁，并带动层门打开。

（2）门锁　门锁由底座、锁钩、锁舌、施力元件（弹簧）、滚轮、开锁门轮和电气安全触点组成，如图 5-14 所示。可见，即使弹簧失效，也可靠重力使门锁钩闭合，非常安全。门锁要求十分牢固，在开门方向施加 1000N 的力应无永久变形，所以锁紧元件（锁钩、锁舌）应耐冲击，由金属制造或加固。

锁钩的啮合深度（钩住的尺寸）是十分关键的，标准要求在啮合深度达到和超过 7mm 时，电气安全触点才能接通，电梯才能启动运行。锁钩锁紧的力是由施力元件和锁钩的重力供给的。

门锁的电气安全触点是验证锁紧状态的重要安全装置，要求与机械锁紧元件（锁钩）之间的连接是直接的且不会误动作，而且当触头粘连时，也能可靠断开。一般使用的是簧片式或插头式电气安全触点，普通的行程开关和微动开关是不允许用的。

除了锁紧状态要有电气安全触点验证外，轿门和层门的关闭状态也应有电气安全触点验证。当门关到位后，电气安全触点才能接通，电梯才能运行。验证门关闭的电气触点也是重

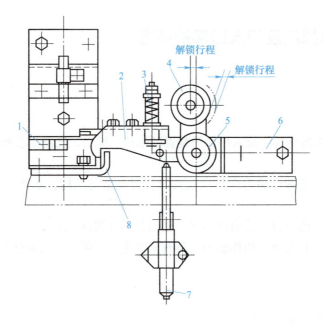

图 5-14 门锁结构
1—电气安全触点开关 2—锁钩 3—弹簧 4—开锁门轮 5—滚轮 6—底座 7—外推杆 8—锁舌

要的安全装置,应符合规定的安全触点要求,不能使用一般的行程开关和微动开关。

2. 人工紧急开锁与强迫关门装置

为了在必要时(如救援)能从层站外打开层门,标准规定每个层门都应有人工紧急开锁装置。工作人员可用三角形的专用钥匙从层门上部的锁孔中插入,通过门后的装置(如图 5-15 所示的手动开门顶杆)将门锁打开。在无开锁动作时,开锁装置应自动复位,不能仍保持开锁状态。

当轿厢不在层站时,层门无论什么原因开启时,必须有强迫关门装置使该层门自动关闭,强迫关门装置是利用重锤的重力,通过曳引钢丝绳、滑轮将门关闭的,如图 5-15 所示。强迫关门装置也有利用弹簧来实施关门的。

(1) 层门的开启方式 层门的打开通常有两种方式:

1) 电梯正常使用时,在停靠的层站平层位置,由门机自动打开轿门,同时轿门的门刀带动打开层门。

2) 在施工、检修、救援等特定情况下,由专业人员使用三角钥匙打开层门,该打开层门的装置被称为层门的紧急开锁装置。

(2) 层门紧急开锁装置

1) 层门紧急开锁装置的安全要求。每个层门均应能从外面借助于一个符合 GB/T 7588.1—2020 中 5.3.9.3.1 规定的开锁三角形钥匙将门开启。这样的钥匙应只交给一个负责人员。钥匙应带有书面说明,并详述必须采取的预防措施,以防止发生开锁后因未能有效地重新锁上而可能引起的事故。在一次紧急开锁后,如果层门关闭,则门锁装置应不能保持在开启位置。

2) 三角钥匙的要求。三角钥匙应符合 GB/T 7588.1—2020 中 5.3.9.3.1 的要求,层门

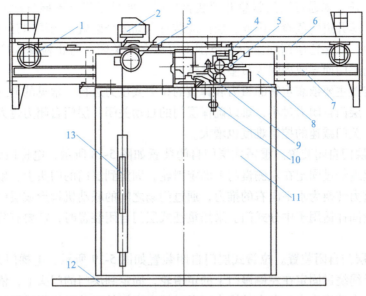

图 5-15 层门启闭机构

1—滑轮 2—安全触点 3—曳引钢丝绳连接扣 4—门锁轮 5—曳引钢丝绳连接扣
6—传动曳引钢丝绳 7—门滑轨 8—门吊板 9—门锁 10—手动开门顶杆
11—层门 12—层门地坎 13—重锤（强迫关门装置）

上的三角钥匙孔应与其相匹配。三角钥匙是为援救、安装、检修等提供操作条件。三角钥匙应附带有类似"注意使用此钥匙可能引起的危险，并在层门关闭后应注意确认已锁住"内容的提示牌。三角钥匙如图 5-16 所示。

3）三角钥匙的安全使用。在电梯检修或对被困轿厢人员进行救援时，常常需要人为将层门打开（见图 5-17），人为打开层门的操作步骤必须严格按要求实施，否则会导致人员坠入井道死亡。用三角钥匙打开层门是非常危险的，必须由经过培训的持证人员来操作。

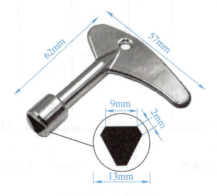

图 5-16 三角钥匙

图 5-17 打开层门

(3) 层门自闭装置 GB/T 7588.1—2020 中 5.3.9.1.8 规定：应由重力、永久磁铁或弹簧来产生和保持锁紧动作。如果采用弹簧，应为带导向的压缩弹簧，并且其结构应满足在开锁时不会被压并圈。即使永久磁铁（或弹簧）失效，重力也不应导致开锁。

在轿门驱动层门的情况下，由于层门靠轿门驱动，层门自身没有动力，当轿厢不在层站位置而层门被打开（如通过层门紧急开锁装置）时，如果层门是不能自动关闭的，则可能发生人员意外坠落井道的危险。因此，层门应装有自动闭合装置，当层门开启时，层门有一定的自动关闭力，以保证层门在全行程范围内可以自动关闭，防止检修人员在检修期间离开，因忘记关闭层门而导致周围人员坠落井道。

层门自闭装置主要依靠重物的重力和弹簧的拉力或压力运行，常见的形式有重锤式、拉簧式、压簧式。层门自闭力过小，难以确保层门的自动关闭；层门自闭力过大，门机的功率需要相应增大，关门减速的控制难度也增大。

1）重锤式层门自闭装置。重锤式层门自闭装置如图 5-18 所示，电梯门为向左旁开式，连接重锤的钢丝绳绕过固定在左侧慢门上的定滑轮，固定到层门的门头上，依靠定滑轮将重锤垂直方向的重力转换为水平向右的推力，通过门扇之间的联动机构形成层门自闭力。重锤式层门自闭装置同样适用于中分式门。采用重锤式层门自闭装置时，需要有防止重锤意外坠入井道的措施。

2）拉簧式层门自闭装置。拉簧式层门自闭装置如图 5-19 所示，电梯门为向左旁开式，连接弹簧的钢丝绳绕过固定在左侧慢门上的定滑轮，固定到层门的门头上，依靠定滑轮将弹簧垂直方向的拉力转换为水平向右的推力，通过门扇之间的联动机构形成层门自闭力。拉簧式层门自闭装置同样适用于中分式门。采用拉簧式层门自闭装置时，由于弹簧是在拉伸状态下工作的，长期拉伸容易导致拉力减弱，层门自闭力不足。

3）压簧式层门自闭装置。压簧式层门自闭装置如图 5-20 所示，电梯门为向左旁开式，连接弹簧的机械也连接到右侧的慢门上，将弹簧垂直方向的压力转换为水平向右的推力，通过门扇之间的摆臂联动机构作用到整个电梯门上，从而形成了层门自闭力。压簧式层门自闭装置也同样适用于中分式门。采用压簧式层门自闭装置时，由于弹簧是在压缩状态下工作，弹簧自身不会失效，但由于机械结构体积较大，一般用在井道较大的载货电梯上。

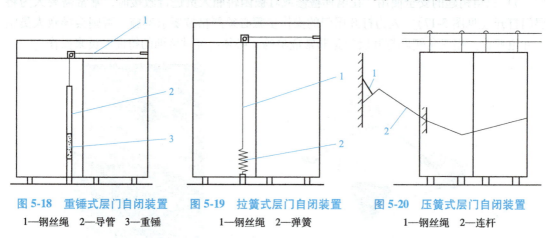

图 5-18 重锤式层门自闭装置　　图 5-19 拉簧式层门自闭装置　　图 5-20 压簧式层门自闭装置
1—钢丝绳　2—导管　3—重锤　　1—钢丝绳　2—弹簧　　1—钢丝绳　2—连杆

5.2.2 电梯门入口保护装置

乘客在层门和轿门的关闭过程中，通过入口时被门扇撞击或将被撞击时，保护装置应自动使门重新开启，这种保护装置就是电梯门入口保护装置。常见的电梯门入口保护装置有安全触板、光电式保护装置等。

门入口保护装置

1. 安全触板

安全触板是一种机械式安全防护装置，如图 5-21 所示。它装设在轿门外侧，中分式门和旁开式门都可以装设这种装置。安全触板由触板、联动杠杆和微动开关组成。正常情况下，触板在重力的作用下，凸出轿门 30~35mm。若门区有乘客或障碍物存在，则轿门在关闭时，触板会受到撞击而向内运动带动联动杠杆压下微动开关，令微动开关控制的关门继电器失电，使开门继电器得电，控制门机停止关门运动转为开门运动，以保证乘客和设备不会受到撞击。

图 5-21 安全触板

2. 光电式保护装置

光电式保护装置又被称为光幕，如图 5-22 所示。它运用了红外线扫描探测技术，其控制系统包括控制装置、发射装置、接收装置、信号电缆和电源电缆等。发射装置和接收装置安装于电梯门两侧，主控装置通过传输电缆，分别对发射装置和接收装置进行数字程序控制。在关门过程中，发射管依次发射红外线光束，接收管依次打开接收光束，在轿厢门区形成由多束红外线密集交叉扫描的保护光幕，并不停地进行扫描，形成红外线光幕警戒屏障。当有乘客和物体进入光幕屏障区内时，控制系统迅速转换，输出开门信号，使电梯门打开；当乘客和物体离开光幕警戒区域后，电梯门方可正常关闭，从而达到安全保护的目的。

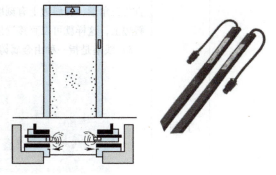

图 5-22 光幕

电梯门入口保护装置也可以分为接触式和非接触式两种。接触式保护装置即为安全触板。非接触式保护装置可以是在安全触板上增加光幕或光电开关；也可以是单独的光电式保护装置或电磁感应装置、超声波监控装置等。

安全触板动作可靠，但反应速度较低，且不够自动化；光幕反应灵敏，但可靠性较低。为了弥补接触式和非接触式门入口保护装置的不足并发挥各自的优点，出现了光幕和安全触板二合一的保护系统，使电梯层门运行更加安全可靠。

任务工单

任务名称	电梯层门及自动门锁的调整与测试		任务成绩	
学生班级		学生姓名		实践地点	
实践设备	电梯层门			
任务描述	门系统事故占所有电梯事故中的 80% 左右，门系统事故之所以占电梯事故的比重最大，发生也最为频繁，是由于电梯系统的结构特点造成的。电梯的每一运行过程都要经过开门动作过程两次和关门动作过程两次，门锁工作频繁，老化速度快，久而久之造成门锁机械或电气保护装置动作不可靠。若维修更换不及时，电梯带隐患运行，则很容易发生事故。因此电梯维保人员应当加强对门的各部件进行测试与调整，从而有效减少故障的发生，降低故障率。本次任务内容是能够按规范要求对层门主要构件及门锁进行调整与测试			

(续)

目标达成	1. 学会扳手、塞尺、线坠等层门调整与测试工具的使用 2. 掌握层门及自动门锁各部件的作用 3. 掌握层门及自动门锁各部件的调整标准、调整与测试方法 4. 能够按规范要求完成层门及自动门锁各部件的调整	
任务实施	任务1	工具的认识
	自测	层门调整所需工具：扳手1套、线坠1套、塞尺1副、层门调整垫片若干，如图 a 所示 1）扳手是一种手工工具，用来抓住、拧紧或转动螺栓、螺母、螺钉、管子或其他物件，也指具有同样用途的机动工具 2）塞尺又称测微片或厚薄规，是用于检验间隙的测量器具之一，横截面为直角三角形，在斜边上有刻度，利用锐角的正弦关系直接将短边的长度表示在斜边上，这样就可以直接读出缝的大小了 3）线坠是指一种由金属铸成的圆锥形的物体，主要用于物体的垂直度测量 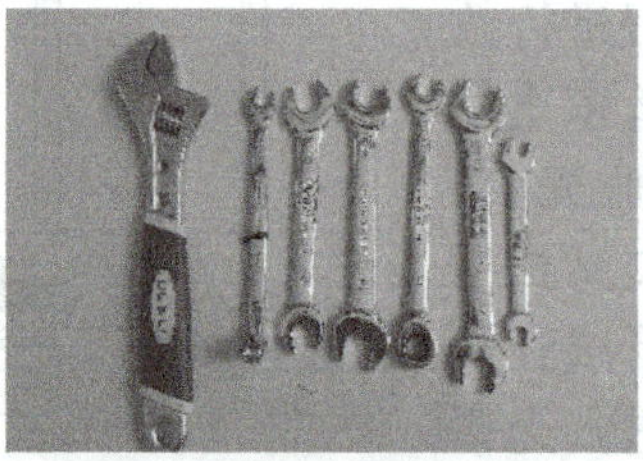  扳手 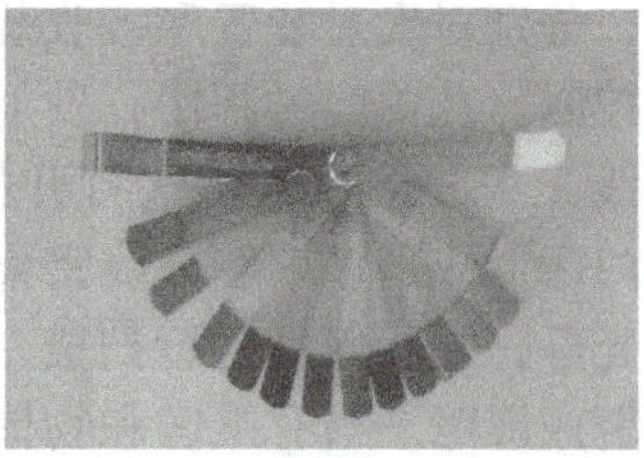　　　　　　塞尺  线坠 图 a　层门调整工具
	任务2	层门及门锁主要部件的测试
	自测	层门及门锁主要部件的主要测试项目、规范要求、测试方法及其注意事项见下表 | 主要测试项目及规范要求	测试方法及注意事项
---	---
（1）吊门滚轮上的偏心挡轮与导轨下端面的间隙<0.5mm	用塞尺测量，一般掌握在0.5mm 的塞尺塞不进
（2）门扇与门套间隙为 6mm±2mm	直尺测量
（3）门与门扇间隙为 6mm±2mm	直尺测量
（4）轿门在全开后，门扇不应凸出轿厢门套，并应有适当的缩入量	观察检查	

(续)

	任务2	层门及门锁主要部件的测试	
		(续)	
		主要测试项目及规范要求	测试方法及注意事项
		（5）层门下端距地坎的距离为6mm±2mm	直尺测量
	自测	（6）层门锁在锁合时锁钩、锁臂及可活动的连接点动作灵活，不应有太大的撞击声	将层门门锁脱离门刀，进行门锁的锁合与解脱检查
		（7）在电气安全装置动作前，锁紧元件的最小啮合长度为7mm	直尺测量
		（8）层门钥匙应能灵活地将门锁解脱	操作检查
		（9）层门门套垂直度≤1/1000	用磁性线垂吊垂线辅以150mm钢直尺测量
		（10）中分式门关闭，在门扇对口处的不平度应≤1mm，在整个可见高度上均≤2mm	测量检查或观察检查
任务实施	任务3	层门主要部件的调整与作用	
	自测	1. 钢丝绳张紧力的调整与作用 （1）调节层门钢丝绳张紧力的作用 钢丝绳太紧会增加关门的阻力，导致关闭时反应迟钝；钢丝绳太松会使层门开关门时产生噪声 （2）钢丝绳张紧力的调整 在门扇全开的状态下，用1kg的力按压驱动钢丝绳的中央位置，确认钢丝绳间的距离为55~65mm 钢丝绳张力不适当时，应将门关闭，用钢丝绳两端的调整螺栓进行调整，先拧松钢丝绳固定螺栓上的螺母，两边都要拧松；再根据实际情况调节钢丝绳；调整完后将两边的螺母拧紧，如图b所示 图b 拧紧钢丝绳螺母 2. 偏心轮的调整与作用 （1）偏心轮调整的作用 检查偏心轮固定螺栓松紧和导轨与偏心轮间隙，原则上该间隙应小于0.5mm。间隙大了门会导致门脱轨，间隙小了开关门则不畅 （2）偏心轮的测试与调整 用专用塞尺检查门导轨与偏心轮的间隙，正常的间隙在0.2~0.5mm之间，可通过在门头组件与门扇之间插入垫片来调节间隙大小，如图c所示	

（续）

	任务3	层门主要部件的调整与作用
任务实施	自测	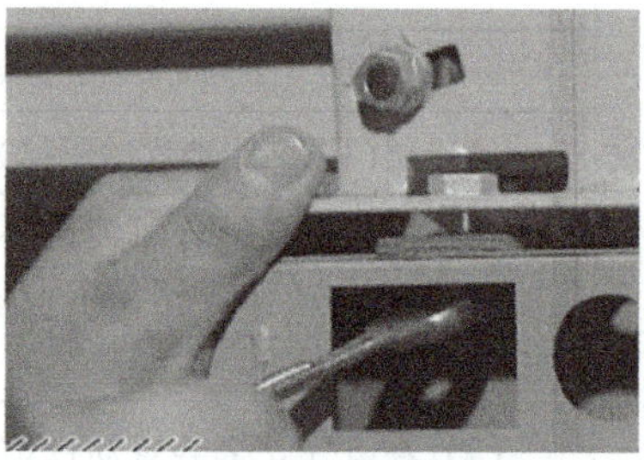 图c 偏心轮间隙的调整 3. 门扇垂直度的调整 层门连接板和层门间的2个垂直度调节螺栓通过加塞垫片的方法，可将两扇门的垂直度误差调整到规定范围内，门闭合后不呈A形或V形，如图d所示 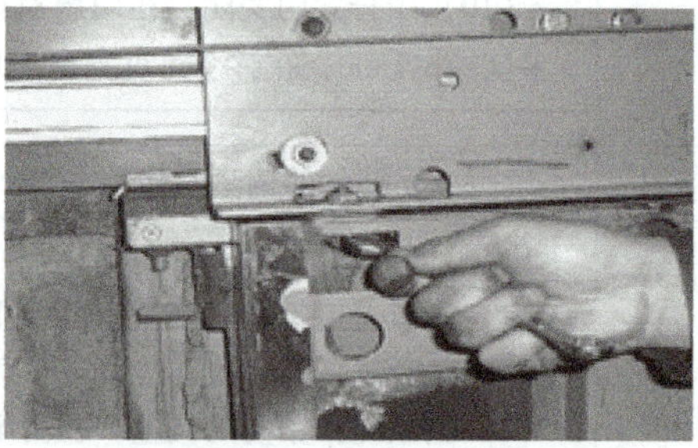 图d 门扇垂直度调节螺栓 对门扇进行调整时，最终要使门扇达到如下要求： 1）层门门扇之间平行度良好，前后误差不大于0.5mm 2）层门门扇与门套间隙为4~6mm 3）层门门扇下端与地坎间隙为3~6mm 4）层门门缝间隙不大于2mm
	任务4	门锁主要部件的调整
	自测	自动门锁装于层门扇背面的左或右上角，是确保层门不被厅外人员开启的安全装置。层门关妥后，门电联锁电路接通，电梯方能起动运行，所以对门锁的测试与调整关系到人身安全和电梯的正常运行 1. 层门门锁的锁钩、锁臂及动接点动作的调整与测试 自动门锁的锁钩和锁舌如图e所示，为了确保层门不被厅外人员开启，并且自动门锁工作灵活，要求锁钩和锁舌留有2mm的间隙，啮合深度至少为7mm，其间隙规范如图f所示。若测试间隙不符合规范，可通过锁钩和锁舌定位螺栓的位置调节，如图g所示

(续)

	任务4	门锁主要部件的调整
任务实施	自测	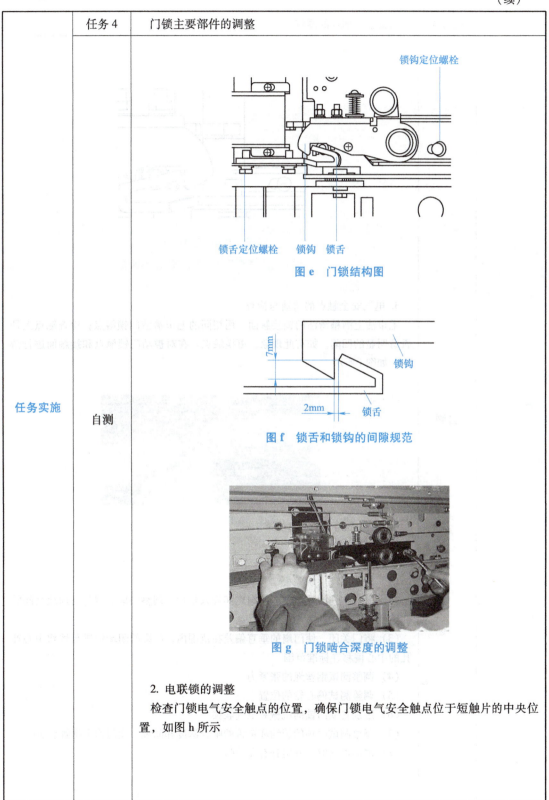 图 e 门锁结构图 图 f 锁舌和锁钩的间隙规范 图 g 门锁啮合深度的调整 2. 电联锁的调整 检查门锁电气安全触点的位置，确保门锁电气安全触点位于短触片的中央位置，如图 h 所示

(续)

	任务4	门锁主要部件的调整
任务实施	自测	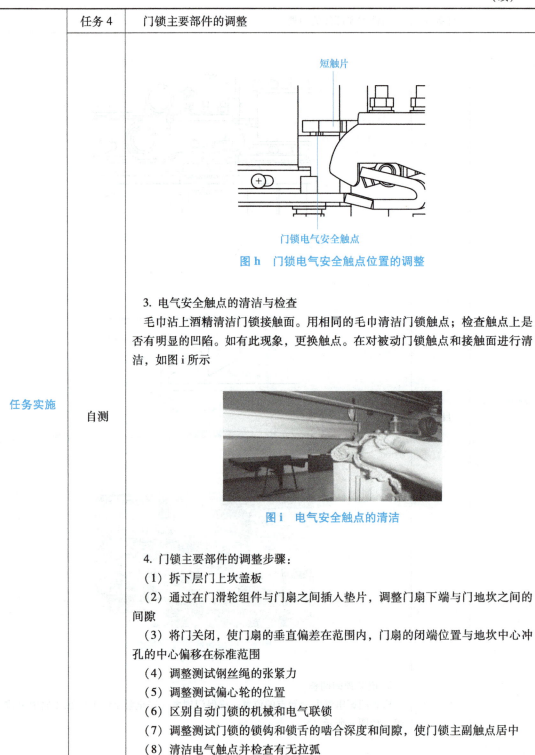

图 h　门锁电气安全触点位置的调整

3. 电气安全触点的清洁与检查

毛巾沾上酒精清洁门锁接触面。用相同的毛巾清洁门锁触点；检查触点上是否有明显的凹陷。如有此现象，更换触点。在对被动门锁触点和接触面进行清洁，如图 i 所示

图 i　电气安全触点的清洁

4. 门锁主要部件的调整步骤：
（1）拆下层门上坎盖板
（2）通过在门滑轮组件与门扇之间插入垫片，调整门扇下端与门地坎之间的间隙
（3）将门关闭，使门扇的垂直偏差在范围内，门扇的闭端位置与地坎中心冲孔的中心偏移在标准范围
（4）调整测试钢丝绳的张紧力
（5）调整测试偏心轮的位置
（6）区别自动门锁的机械和电气联锁
（7）调整测试门锁的锁钩和锁舌的啮合深度和间隙，使门锁主副触点居中
（8）清洁电气触点并检查有无拉弧 |

(续)

1. 自我评价
(1) 检测要素
1) 对层门及自动门锁结构认识的熟练程度
2) 调整和测试工具的正确和规范使用
3) 调整和测试的方法是否得当以及是否达到标准
4) 文明施工、纪律安全、设备工具管理等
(2) 评价要素

序号	考核内容与要求		配分及评分标准	
1	调整层门	(1) 门导轨中心与地坎中心的垂直校正，垂直度符合标准要求（参考值为1mm）	10分（不会用垂坠校正扣10分）	60分
		(2) 门扇下端与地坎的间隙均在1~6mm内	10分（超差或校调方法不正确各扣5分）	
		(3) 门扇的垂直度偏差在2mm以内	10分（每扇门超差扣5分）	
		(4) 中分式门扇对合处，上部应为0，下部应小于2mm	10分（每扇门不合格扣5分）	
		(5) 调整门压导板压轮与导轨间隙，应符合标准要求（参考值为0.3~0.5mm）	10分（调整错一处扣2分）	
		(6) 调整操作工序考核。顺序应按以上（1）~（5）进行	10分（工序错扣10分）	
2	调整门锁	(1) 调整锁钩与锁舌之间的间隙	10分（调整方法错误扣5分）	30分
		(2) 调整锁钩与锁舌之间的啮合深度，不小于7mm	10分（调整结果错误不得分）	
		(3) 门锁电气安全触点符合规定要求	10分（口述答错扣10分）	
3	安全文明操作	(1) 安全操作，正确使用工具，安全防护	3分	10分
		(2) 清理现场，收集工具	3分	
		(3) 服从指挥	4分	

2. 任课教师评价

项固训练

（一）判断题

1. 电梯安全触板开关故障，可能导致电梯不关门现象。（　）
2. 门锁的电气安全触点是验证锁紧状态的重要安全装置，普通的形成开关和微动开关是不允许使用的。（　）
3. 短接层门联锁开关后使电梯运行，是电梯维修中经常使用的故障判断方法。（　）
4. 电梯层门锁紧装置的作用是即使永久磁铁（或弹簧）失效，由于重力作用也不应导致开锁。（　）
5. 电梯在正常使用中，若轿厢没有得到运行指令，则经过一段时间后自动门应被关闭。（　）
6. 每个层门均应能从外面借助于一个符合规定的开锁三角形钥匙将门开启。（　）
7. 使用三角形钥匙开启层门时，须将三角形钥匙插入层门上的钥匙孔，旋转后打开层门，切勿用力过猛，并看清轿厢是否停在此层，以免发生意外。（　）

（二）选择题

1. 层门锁钩、锁臂及触点动作应灵活，在电气安全装置动作之前，锁紧元件的最小啮合深度为（　）。

　　A. 4mm　　　　B. 5mm　　　　C. 7mm　　　　D. 10mm

2. 安全触板是在轿门关闭过程中，当有乘客或障碍物触及时，轿门重新打开的（　）门保护装置。

　　A. 电气　　　　B. 光控　　　　C. 机械　　　　D. 微机

（三）填空题

1. 在轿厢与层门之间，装有_____，当电梯关门时，如果触板碰到人或物，阻碍关门时，_____动作，使重新开启。
2. 常见的层门自闭装置有_____、_____和_____。

项目 6　电梯保护装置的结构与选用

任务 6.1　电梯保护装置的种类与结构

 工作任务

1. 工作任务类型

学习型任务：掌握电梯安全保护装置的种类、结构以及功能。

2. 学习目标

（1）知识目标：掌握超速保护装置的动作保护过程；掌握限速器的种类、结构、使用场合；掌握越程保护装置安装位置；掌握缓冲装置的类型、动作特点、使用场合。

（2）能力目标：能正确说出限速装置跟安全钳的联动关系；能正确识别各种限速器与安全钳的应用场合；能正确区分耗能型与蓄能型缓冲器；能了解电梯各种机械安全防护装置的设置与作用。

（3）素质目标：具备团队协作能力；具有安全生产、明责守规的意识。

电梯电气安全保护装置

 知识储备

6.1.1　电梯安全故障及安全保护系统

根据 GB/T 7588.1—2020 和 GB/T 7588.2—2020 的规定，电梯必须设置一系列机械和电气安全装置。电梯的安全系统，包括高安全系数的曳引钢丝绳、限速器、安全钳、缓冲器、多道限位开关、防超载系统及开关门系统等安全保障。

1. 电梯不安全状态可能发生的故障与事故

（1）电梯不安全状态　电梯的不安全状态主要有超速、失控、越程（终端越位）、冲顶、蹲底、不安全运行、非正常停止和关门障碍等。

1）超速：电梯速度超出额定速度的 115% 以上。

2）失控：无法用正常控制方法使电梯停止运行。

3）越程：电梯在顶层端站或底层端站超出正常平层位置。

4）冲顶：轿厢冲向井道顶部，对重块冲撞在缓冲器上。

5）蹲底：轿厢运行撞落到井道底坑。

6）不安全运行：超载运行，厅门、轿门未关闭运行，限速器失效状态运行，电动机错、断相运行等。

7）非正常停止：因主电路、控制电路、安全装置等故障，使电梯在运行中突然停车。

8）关门障碍：门安全保护装置故障或电梯在关门时，受到人或物的阻碍，使门无法关闭，导致电梯无法正常起动运行。

（2）电梯故障与事故　以上介绍的不安全运行状态极易导致电梯故障与事故。从故障与事故统计情况来看，电梯的故障和事故大体上有剪切、挤压、坠落、被困、火灾、电击、材料失效及意外卷入等。

1）剪切：如人员肢体一部分在轿厢，另一部分在层站，当轿厢失控时造成身体被剪切。

2）挤压：如人员遇到故障被困电梯时自行脱困，造成肢体卡在轿厢与井道、轿厢与层门之间而被挤压。

3）坠落：如人员从井道或者电梯厅掉入电梯井道中造成伤亡。

4）被困：这是最常见的一种故障，由于各种原因导致电梯突然停梯，人员被困在电梯轿厢内。

5）火灾：如电梯自身着火或者受外界火灾的影响。

6）电击：如电梯的控制系统受雷击或受电网电压波动的影响。

7）材料失效：如由于磨损、腐蚀、损伤等因素导致零部件的破坏或失效。

8）意外卷入：如电梯运动旋转部件曳引轮、限速器轮等，保护罩未盖或松动，有人员或物品被卷入。

2. 电梯安全保护

为了确保电梯运行中的安全，针对电梯可能发生的挤压、撞击、剪切、坠落、电击等潜在危险，设计出了多种机械、电气安全保护装置，以确保电梯正常运行。根据电梯安全标准的要求，不论何种电梯都要符合标准中的安全保护要求。

（1）保护对象

1）保护的人员：使用人员、维护和检查人员，井道、机房和滑轮间（如有）外面的人员。

2）保护的物体：轿厢中的装载物、电梯的零部件、安装电梯的建筑。

（2）电梯安全保护系统　电梯安全保护系统见表6-1。

表6-1　电梯安全保护系统

序号	安全保护装置与电梯系统安全功能	保护内容
1	层轿门安全保护装置	包括门防夹安全保护、层门门锁、门联锁、自动关闭层门装置、电子检测装置或关门力限制器等
2	超载安全保护装置	电梯超载运行很危险，一般在轿底或曳引钢丝绳端接处安装有轿厢超载装置。超载时，会向控制系统发出超载信号，阻止电梯运行，同时发出刺耳的蜂鸣声
3	限速器与安全钳联动保护装置	当电梯发生超速、失速、坠落等事故时，若速度达到一定值（如额定速度的115%）后，限速器的电气开关已动作并切断电梯的安全回路后，电梯仍不停止，继续超速下行，这时限速器机械动作，并带动安全钳动作触发安全钳夹住导轨，将轿厢制停，同时再次切断电梯的安全回路

（续）

序号	安全保护装置与电梯系统安全功能	保护内容
4	上行超速保护装置	上行超速保护可以通过双向限速器、双向安全钳、夹绳器配合完成，其动作原理与下行保护装置基本相同
5	越程安全保护装置	为避免电梯冲顶或蹲底，在电梯中设置了越程安全保护系统。它设在井道内上、下端站附近，由减速开关、强迫换速开关、限位开关、极限开关和缓冲装置组成。当电梯冲向井底时，轿厢就会碰到限位开关，制停指令使电梯不能继续运行。如果运行仍未停止，则极限开关动作切断主电路，使驱动主机停止运转（如果它还在转的话）。缓冲装置是安置在井道两端的液压或弹簧缓冲器。在井道上、下端站附近的缓冲器会吸收故障电梯的动能，减轻人员伤害
6	紧急停止安全保护装置	电梯拥有主动停止的功能。在电梯中设置了多个停止开关。当发生紧急情况时，必须立即就近控制电梯，这时紧急停止安全保护系统发挥作用。当按下按钮时，电梯就会立刻停止运行，以供检修或紧急情况
7	非正常停止安全保护装置（被困保护）	当停电、故障等原因造成电梯突然停驶，将乘客困在轿厢内时，非正常停止安全保护系统发挥作用。具有停电平层功能的电梯可以通过使用应急电源，让轿厢停止在最近的楼层，以解救被困人员 电梯设有由应急电源供电的应急照明和紧急报警装置，被困人员可以使用轿厢里的对讲通信装置求救。救援人员会手动将电梯就近平层，再用三角形钥匙打开电梯门，将被困人员从轿厢中救出
8	旋转部件、运动部件防护装置	为了防止意外的机械损坏、旋转部件被卷入，电梯在旋转部件（如限速器、曳引机、曳引轮、反绳轮）处都安装了防护罩，人员能到达或靠近的运动部件也加了各种防护，如轿顶防护栏、对重防护网等，在危险区域附近都设有警示标志与护栏
9	故障自动检测功能	电梯系统具有全面合理的系统故障自动检测功能，当电梯发生故障时，电梯自动检测出故障发生的原因、位置和状态，并及时做出分项登录和分级处理
10	故障自动存储功能	电梯系统具有全面合理的系统故障自动存储功能，当电梯发生故障时，电梯对检测出的故障及时做出分项登录和分级处理，并存储起来。电梯维修保养人员可通过电梯系统的微机故障记录表了解电梯发生故障的资料，以便及时排除电梯故障
11	检修操作	电梯检修运行时，维修人员可以在电梯控制柜、轿厢检修按钮、轿顶检修盒控制检修，通过该功能，对电梯进行慢速检修运行。当运行速度低于 0.63m/s 时，以点动方式控制电梯上、下行，以便进行电梯检修工作
12	电梯停车低速自救	电梯发生故障可能会导致电梯在非平层区域停车，当故障被排除后或该故障并不是重大的安全类故障时，电梯可自动以 0.3m/s 以下的速度进行自动救援运行，并在最近或最底层的服务层停车开门，以防止将乘客困在轿厢中。在确认了轿厢位置与系统分析结果一致后，电梯恢复正常运行状态 电梯低速自救运行期间，轿顶蜂鸣器会发生警报声。电梯除在最低层非门区停车，进行故障低速自救运行会向上运行外，一般都会向下低速运行，到最近的服务层平层位置停车开门。当电梯低速自救运行回到最近的服务层平层位置停车开门后，轿顶蜂鸣器停止响动，若故障已排除，则电梯会自动恢复正常运行；若故障未排除，则电梯保持开门状态，不允许起动运行，等待电梯维修保养人员来排除故障

(续)

序号	安全保护装置与电梯系统安全功能	保护内容
13	电气安全保护系统	电梯不但有断相和错相保护,还有短路保护和过载保护。电梯电源的主控制开关常选用带有失电压、短路等保护作用的空气自动开关。它不仅能用来切断电梯总电源,而且起短路保护、过载保护和失电压保护等多种保护作用。 电梯安全回路是电梯中非常主要的电气安全保护回路,它将电梯所有与安全运行相关的开关串联在一起,构成安全保护电路。只要有一个开关动作,安全保护电路就处于断路状态,电梯停止运行以确保安全。这些安全开关包括限速器断绳开关、张紧轮开关、安全钳开关、缓冲器开关、夹绳器开关及相序保护触点、各个位置的停止开关、盘车保护开关、断绳保护开关、防护栏开关、轿顶机械锁开关等

以上这些装置与功能共同组成了电梯安全保护系统,以防止任何不安全的情况发生。同时,电梯的维护和使用必须随时注意、随时检查安全保护装置的状态是否正常有效,很多事故就是由于未能发现、检查到电梯状态不良,未能及时维护、检修或不正确使用造成的。所以电梯维修人员及电梯乘客都必须了解电梯的工作原理,以便及时发现隐患并正确合理地使用电梯。电梯安全保护系统关联图如图 6-1 所示。

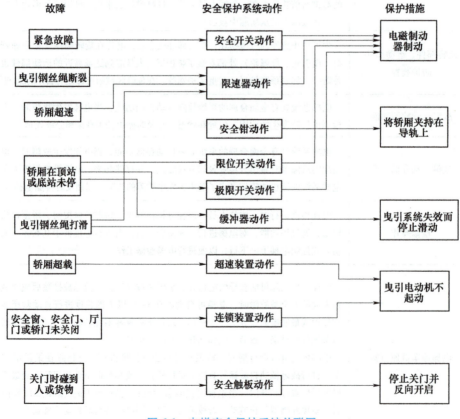

图 6-1 电梯安全保护系统关联图

6.1.2 超速保护装置的结构原理

1. 下行超速保护

电梯由于控制失灵、曳引力不足、制动器失灵或制动力不足,以及超载拖动、绳断裂等原因,都会造成轿厢超速和坠落,因此必须有可靠的保护措施。

防超速和断绳的保护装置是限速器-安全钳系统,如图6-2所示。安全钳是一种使轿厢(或对重)停止向下运动的机械装置,凡是由钢丝绳或链条悬挂的电梯轿厢均应设置安全钳。当底坑下有人能进的空间时,对重也可设安全钳。安全钳一般都安装在轿架的底梁上,成对地同时作用在导轨上。限速器是限制电梯运行速度的装置,一般安装在机房。

当轿厢超速下降时,轿厢的速度立即反映到限速器上,使限速器的转速加快,当轿厢的运行速度超过电梯额定速度的115%时,达到限速器的电气设定速度和机械设定速度后,限速器开始动作,分两步迫使电梯轿厢停下来。第一步是限速器会立即通过限速器开关切断控制电路,使曳引电动机和电磁制动器失电,曳引电动机停止转动,电磁制动器牢牢卡住制动轮,使电梯停止运行;如果这一步没有达到目的,电梯

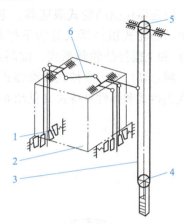

图6-2 限速器-安全钳系统
1—安全钳 2—轿厢 3—限速器钢丝绳
4—张紧装置 5—限速装置
6—安全钳操纵拉杆系统

继续超速下降,这时限速器进行第二步制动,即限速器立即卡住限速器钢丝绳,此时限速器钢丝绳受到限速器的拉力拉动安全钳拉杆,提起安全钳楔块,楔块牢牢夹住导轨,迫使电梯停止运动。在安全钳动作之前或动作的同时,安全钳开关动作,也能起到切断控制电路的作用(该开关必须采用人工复位后,电梯方能恢复正常运行)。一般情况下限速器动作的第一步就能避免事故的发生,应尽量避免安全钳动作,因为安全钳动作后安全钳楔块将牢牢地卡在导轨上,会在导轨上留下伤痕,损伤导轨表面。所以一旦安全钳动作了,维修人员在恢复电梯正常后,需要修锉一下导轨表面,使导轨表面保持光洁、平整。

(1)限速器 限速器是由限速装置、限速器钢丝绳和张紧装置等组成。限速器钢丝绳把限速装置和张紧装置连接起来,绳的两端分别绕过限速装置和张紧装置的绳轮形成一个封闭的环路后,固定在轿厢架上梁安全钳的绳头拉手上,该拉手能提拉起安装在轿厢梁上的安全钳连杆系统,如图6-3所示,将轿厢两侧的安全钳楔块

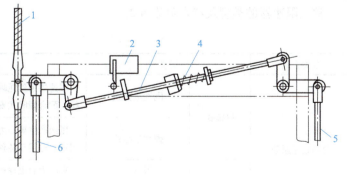

图6-3 限速器、安全钳的连杆系统
1—限速器钢丝绳 2—安全开关 3—安全钳连杆
4—复位弹簧 5、6—提拉杆

同步提起,夹住导轨,使超速下行的轿厢被迫制停。

1)限速器的种类。电梯额定速度不同,使用的限速器也不同。对于额定速度不大于 0.63m/s 的电梯,采用刚性夹持式限速器,配用瞬时式安全钳;对于额定速度大于 0.63m/s 的电梯,采用弹性夹持式限速器,配用渐进式安全钳。按检测超速原理的不同,限速器包括凸轮式限速器、甩锤式限速器和甩球式限速器。其中,凸轮式限速器又分为下摆杆凸轮棘爪式(见图 6-4 和图 6-5)和上摆杆凸轮棘爪式,按限速器钢丝绳与绳槽动作方式不同,限速器可分为夹持式和摩擦式。其中,夹持式限速器又分为刚性夹持式和弹性夹持式(见图 6-6)。

图 6-4 下摆杆凸轮棘爪式限速器外观

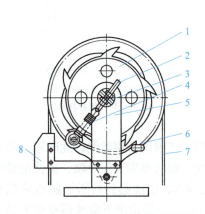

图 6-5 下摆杆凸轮棘爪式限速器结构
1—制动轮 2—拉簧调节螺钉 3—制动轮轴
4—调速弹簧 5—支座 6—摆杆
7—限速器钢丝绳 8—超速开关

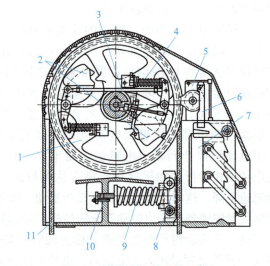

图 6-6 弹性夹持限速器结构
1—限速器绳轮 2—甩块 3—连杆 4—螺旋弹簧
5—超速开关 6—锁栓 7—摆动钳块 8—固定钳块
9—压紧弹簧 10—调节螺栓 11—限速器钢丝绳

常见限速器的类型及特点见表 6-2。

表 6-2 常见限速器的类型及特点

分类方式	类型		特点
检测超速原理	甩锤式	刚性甩锤式	限速器钢丝绳瞬时动作,无缓冲,不适合高速运行的电梯,配合瞬时式安全钳,适用速度为1m/s以下
		弹性甩锤式	甩锤产生离心力动作,使限速器钢丝绳部分增加了弹簧缓冲,适用于各种速度
	凸轮式	甩球式	离心力通甩球产生
		上摆杆凸轮棘爪式	配合安全钳为瞬时式,适用速度为1m/s以下
		下摆杆凸轮棘爪式	配合安全钳为瞬时式,适用速度为1m/s以下

(续)

分类方式	类型		特点
限速器钢丝绳与绳槽动作方式	夹持式	刚性夹持式	通过夹持限速器钢丝绳的方式动作,夹持无缓冲,适用速度为1m/s以下
		弹性夹持式	通过夹持限速器钢丝绳的方式动作,夹持部件增加了弹簧,起到缓冲作用,适用于各种速度
	摩擦式		通过摩擦方式使限速器钢丝绳动作,适用速度为1m/s以下
有无机房	有机房限速器		限速器安装在机房内,张紧轮安装在底坑
	无机房限速器		限速器安装在井道顶部,限速器需要设置复位开关
安装位置	上置式限速器		限速器安装在顶部,张紧轮安装在底坑
	下置式限速器		限速器安装在底坑,张紧轮安装在井道顶部,用得很少
超速保护动作方向	单向限速器		只对下行超速保护
	双向限速器		对电梯向上和向下运行都能进行超速保护,配用双向安全钳
新型限速器	电子限速器		限速器安装在井道顶部,通过编码器测速能进行速度加速器精确测量,可配合完成意外移动保护功能

2)限速器的工作过程。以弹性夹持限速器为例,限速器的工作过程:当轿厢运行超速时,图6-6中甩块向外飞出,触发动作组件及其超速开关,此时锁栓旋转放开,摆动钳块向限速器钢丝绳方向摆动,其棘爪同时下落,抓住钢丝绳。

3)限速器的安全技术要求。根据GB/T 7588.1—2020的规定,对限速器有以下要求:
①触发安全钳的限速器的动作速度应至少等于额定速度的115%,但应小于下列值:
a. 对于除了不可脱落滚柱式外的瞬时式安全钳,为0.8m/s;
b. 对于不可脱落滚柱式瞬时式安全钳,为1m/s;
c. 对于额定速度小于或等于1m/s的渐进式安全钳,为1.50m/s;
d. 对于额定速度大于1m/s的渐进式安全钳,为$1.25v+0.25/v$,单位为米每秒(m/s)。
e. 对于额定速度大于1m/s的电梯,建议选用尽可能接近d所规定的动作速度值。
f. 对于低速电梯,建议选用尽可能接近a所规定动作速度的下限值。

②在轿厢上行或下行的速度达到限速器动作速度之前,限速器或其他装置上的符合GB/T 7588.1—2020中5.11.2规定的电气安全装置使驱动主机停止运转。但是,如果额定速度不大于1m/s,该电气安全装置最迟在限速器达到其动作速度时起作用。如果安全钳释放后(标准中5.6.2.1.4),限速器未能自动复位,则在限速器未复位时,符合标准中5.11.2规定的电气安全装置应防止电梯的启动,但是,在标准中5.12.1.6.1d)3)规定的情况下,该装置应不起作用。限速器绳断裂或过分伸长时,一个符合标准中5.11.2规定的电气安全装置使驱动主机停止运转。

③限速器动作时,限速器绳的提拉力不应小于以下两个值的较大者:使安全钳动作所需力的2倍或300N。

④限速器应由符合GB/T 8903规定的限速器钢丝绳驱动。限速器钢丝绳的最小破断拉力

相对于限速器动作时产生的限速器提拉力的安全系数不应小于 8。对于曳引型限速器，考虑摩擦因数 $\mu_{max} = 0.2$ 时的情况。限速器绳的公称直径不应小于 6mm，限速器绳轮的节圆直径与绳的公称直径之比不应小于 30。

4）张紧装置。张紧装置由支架、张紧轮和配重组成，如图 6-7 所示。它的作用是使钢丝绳张紧，保证钢丝绳与限速装置之间有足够的摩擦力，以准确反映轿厢的运行速度。

张紧轮安装在张紧装置的支架轴上，不仅可以灵活的转动，调整其配重的重量，还可以调整钢丝绳的张力。当限速器动作时，要求限速器钢丝绳的拉力应不小于安全钳起作用时所需力的 2 倍，且不小于 300N。

为补偿限速器钢丝绳在工作中的伸长，张紧装置在导向装置中上下浮动。为防止限速器钢丝绳断绳或过分伸长，张紧装置触地失效，张紧装置底部距底坑应有合适的高度，即低速电梯为（400±50）mm，快速电梯为（550±50）mm，高速电梯为（750±50）mm。

张紧装置的侧面装有断绳保护开关，若限速器钢丝绳断裂或限速器钢丝绳过度伸长，张紧装置向下垂落，则断绳保护开关被触发，切断电梯控制电路，防止电梯在没有限速器和安全钳保护下行驶。

（2）安全钳装置　安全钳装置包括安全钳本体、安全钳提拉联动机构和电气安全触点，如图 6-8 所示。

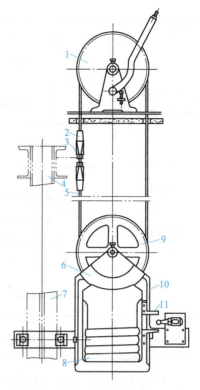

图 6-7　张紧装置

1—限速装置　2—钢丝绳锥套　3—绳头拉手
4—轿厢架　5—钢丝绳　6—张紧装置
7—轿厢导轨　8—配重　9—张紧轮
10—支架　11—断绳保护打板

1）安全钳的种类和特点。按安全钳动作过程，安全钳可分为瞬时式安全钳和渐进式安全钳。渐进式安全钳又可分为双楔块渐进式安全钳、单楔块渐进式安全钳和单提拉杆渐进式安全钳，见表 6-3。

其中，双楔块式在动作的过程中对导轨损伤较小，而且制动后方便解脱，因此是应用最广泛的一种。不论是哪一种结构型式的安全钳，当安全钳动作后，只有将轿厢提起，方能使轿厢上的安全钳释放。

①瞬时式安全钳及其使用特点。瞬时式安全钳也称刚性、急停型安全钳。它的承载结构是刚性的，动作时产生很大的制停力，使轿厢立即停止。

瞬时式安全钳的使用特点是：制停距离短，轿厢承受冲击大。在制停过程中楔块或其他型式的卡块将迅速地卡入导轨表面，从而使轿厢停止。滚柱型的瞬时安全钳的制停时间约 0.1s，而双楔块瞬时安全钳的制停时间最少只有约 0.01s，整个制停距离只有几毫米至几十毫米，轿厢的最大制停减速度约 $5g \sim 10g$。因此，GB/T 7588.1—2020 标准规定，瞬时式安全钳只能适用于额定速度不超过 0.63m/s 的电梯。通常与刚性甩锤式限速器配套使用。

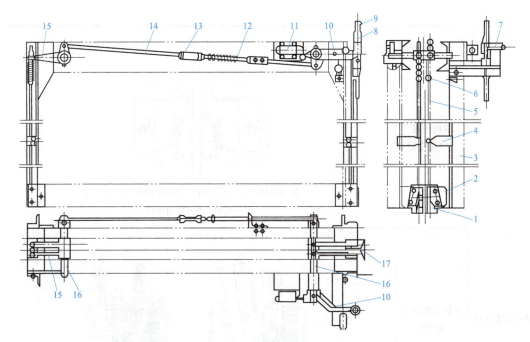

图 6-8 安全钳结构及安装位置

1—安全钳楔块 2—安全钳本体 3—轿厢架 4—防幌架 5—垂直拉杆 6—压簧 7—防跳器 8—绳头
9—限速器钢丝绳 10—主动杠杆 11—安全开关 12—压簧 13—正反扣螺母
14—横拉杆 15—从动拉杆 16—转轴 17—导轨

②渐进式安全钳及其使用特点。渐进式安全钳也称弹性滑移型安全钳。它与瞬时式安全钳的区别在于安全钳钳座是弹性结构，楔块或滚柱表面都没有滚花。钳座与楔块之间增加了一排滚珠，以减少动作时的摩擦力。它能使制动力限制在一定范围内，并使轿厢在制停时产生一定的滑移距离。

表 6-3 安全钳的种类及结构

种类	结构
瞬时式安全钳	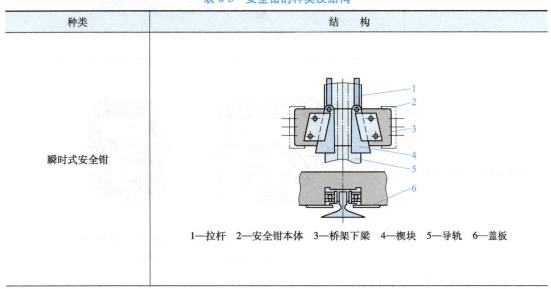 1—拉杆 2—安全钳本体 3—桥架下梁 4—楔块 5—导轨 6—盖板

（续）

种类		结　构
渐进式安全钳	双楔块渐进式安全钳	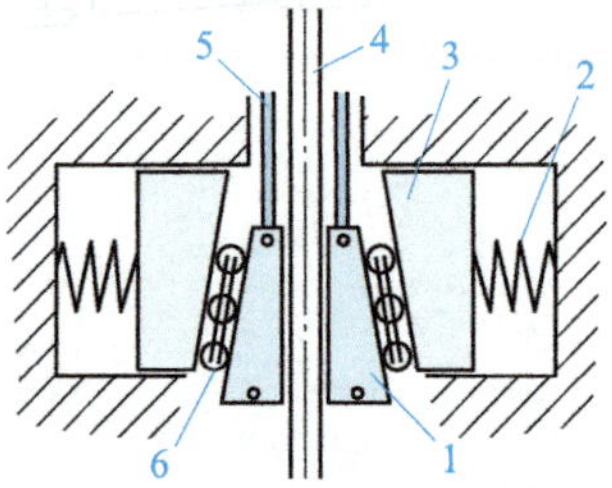 1—活动楔块　2—弹性元件　3—导向楔块　4—导轨 5—拉杆　6—导向滚柱
	单楔块渐进式安全钳	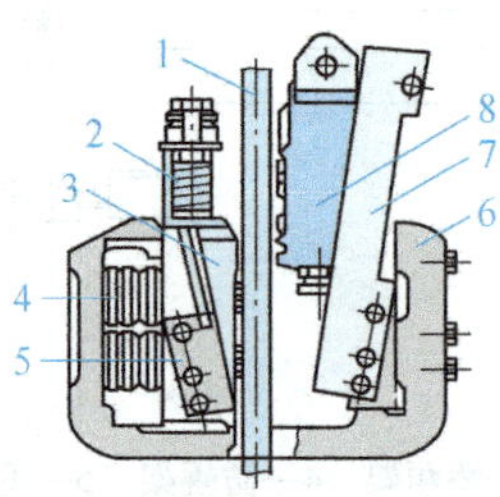 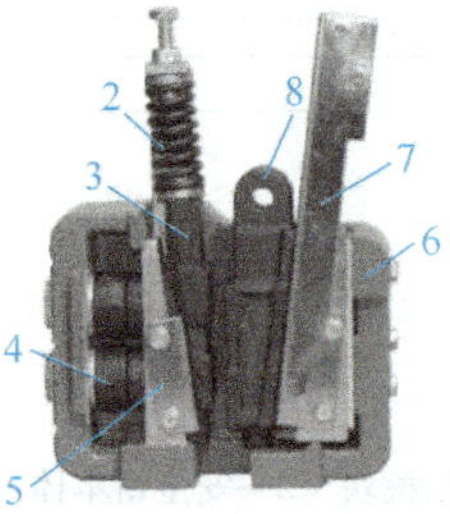 1—导轨　2—弹簧　3—静楔块　4—碟形弹簧　5、7—滑槽　6—钳座　8—动楔块
	单提拉杆渐进式安全钳	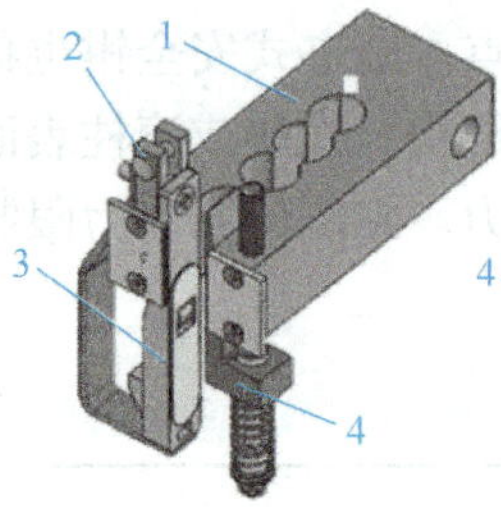  1—弹性钢板　2—拉杆　3—动楔块　4—静楔块
	弹性导向夹钳式安全钳	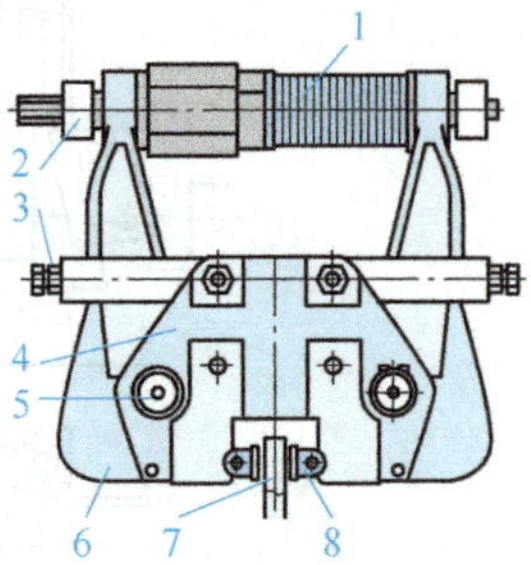  1—碟簧　2—碟簧张力调节螺母　3—间歇调节螺母　4—钳体　5—圆柱销 6—导向钳　7—楔块　8—导轨

(续)

种类	结 构
双向安全钳	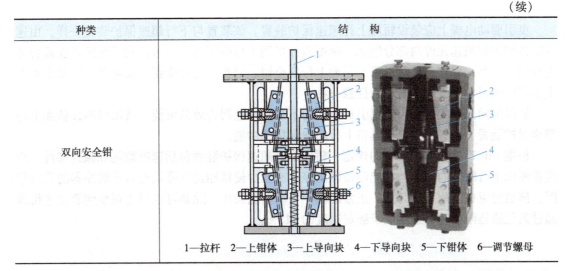 1—拉杆 2—上钳体 3—上导向块 4—下导向块 5—下钳体 6—调节螺母

2) 安全钳的安全技术要求。若电梯额定速度>0.63m/s，轿厢应采用渐进式安全钳装置。若电梯额定速度≤0.63m/s，轿厢可采用瞬时式安全钳装置。若轿厢装有数套安全钳装置，则它们应全部是渐进式。若额定速度>1m/s，对重安全钳装置应是渐进式；其他情况下，可以是瞬时式；渐进式安全钳制动时的平均减速度应在 $0.2g \sim 1g$ 之间（$g=9.8m/s^2$）。

3) 安全钳的安装。轿厢下梁两端头各设置一只安全钳，对重一般不设置安全钳，但在特殊情况下，如井道下方有人能达到的建筑物或空间存在时，则必须设置对重安全钳。对重安全钳安装在对重上，其工作原理与轿厢安全钳一样，但当对重用于轿厢上行超速保护时，必须采用渐进式安全钳。如图6-9所示，轿厢安全钳钳体安装在轿底下梁两侧导轨位置，安全钳拉杆机构安装在轿顶或轿底都可以。

安全钳与导轨两侧间隙及安全楔块高度差要符合要求，两侧楔块动作要同步，安全钳铅封应完好，安全钳动作时，必须保证有一个电气安全装置动作。如图6-10所示，安全钳电气开关安装在轿顶安全钳拉杆位置，安全钳的释放应由专职人员进行操作。

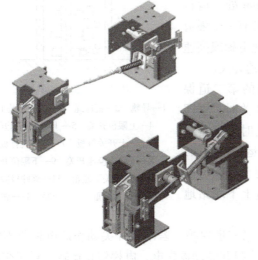

图6-9 安全钳钳体

图6-10 安全钳电气开关

2. 上行超速保护

曳引驱动电梯上应装设轿厢上行超速保护装置。该装置与下行超速保护装置一样，由速度监控装置和减速元件两部分组成。速度监控采用上行限速器，也可以与下行的限速器合并为双向限速器；减速元件可以采用轿厢上行安全钳、对重下行安全钳、夹绳器，以及作用在曳引轮或曳引轮轴上的装置中的任意一种。

如果电梯采用的是无齿轮曳引机，因为不存在减速器失效的可能，所以可不设轿厢上行超速保护装置，但该曳引机应具备上行超速保护的功能。

根据 GB/T 7588.1—2020 的规定：轿厢上行超速保护装置包括速度监测和减速部件，应能检测出上行轿厢的超速，并能使轿厢制停，或至少使轿厢速度降低至对重缓冲器的设计范围。该装置应在下列工况有效：正常运行；手动救援操作，除非可以直接观察到驱动主机或通过其他措施限制轿厢速度低于额定速度的 115%。

6.1.3 越程保护装置与缓冲器的结构原理

1. 越程保护装置

为了防止电梯由于控制方面的故障，使轿厢超越顶层或底层端站继续运行，必须设置保护装置以防止发生严重的后果和结构损坏。

防止越程的保护装置一般由设在井道内上、下端站附近的强迫换速开关、限位开关和极限开关组成。这些开关都安装在固定于导轨的支架上。由安装在轿厢上的打板（撞杆）触动而动作，如图 6-11 所示。强迫换速开关、限位开关和极限开关均为电气开关，尤其是限位和极限开关必须符合电气安全触点要求。

（1）强迫换速开关 强迫换速开关是防止越程的第一道保护，一般设在端站正常换速开关之后，轿厢平层感应器超越上、下端站地坎 50~80mm 处。运行速度在 1.5m/s 以下的电梯，其上、下端各有一个强迫换速开关，运行速度在 1.5m/s 以上的快速电梯或高速电梯，其上、下端站至少各有两个强迫换速开关。

（2）限位开关 限位开关是防越程的第二道保护，当轿厢在端站没有停层而触动限位开关时，立即切断方向控制电路让电梯停止运行。但此时仅仅是防止向危险方向运行，电梯仍能向安全方向运行。例如，上行运行过程中上限开关动作，电梯不能上行但可以下行。限位开关安装位置在轿厢地坎超过上下端站地坎 30~50mm 处。

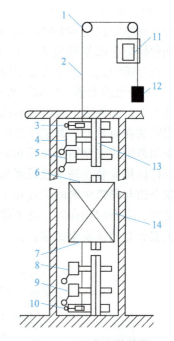

图 6-11 越程保护装置

1—导轨 2—钢丝绳 3—极限开关上碰轮
4—上限位开关 5—上强迫换速开关
6—上开关打板 7—下开关打板
8—下强迫换速开关 9—下限位开关
10—极限开关下碰轮 11—终端极限开关
12—张紧配重 13—导轨 14—轿厢

（3）极限开关 极限开关是防越程的第三道保护，若限位开关动作后电梯仍不能停止运行，则触动极限开关切断电路，使驱动主机和制动器失电，电梯停止运转。对于交流调压调速电梯和变频调速电梯极限开关动作后，应能使驱动主机迅速停止运转。对单速或双速电梯应切断主电路或主接触器线圈电路,极限开关动作应能防止电梯在两个方向的运行,而且不经过专业人员调整,电梯就不能自动恢复运行。极限开关在轿厢超越平层位置 50～200mm 内就可迅速断开,这样就避免了事故的发生。

极限开关安装位置应尽量接近端站,但必须确保与限位开关不联动,而且必须在对重(或轿厢)接触缓冲之前动作,并在缓冲器被压缩期间保持极限开关的保护作用。极限开关一般安装在轿厢地坎超越上、下端站地坎 150mm 处。

限位开关和极限开关必须符合电气安全触点要求,不能使用普通行程开关、电磁开关、干簧管开关等传感装置。

2. 缓冲器

电梯由于控制失灵、曳引力不足或制动失灵等发生轿厢或对重蹲底时,缓冲器将吸收轿厢或对重的动能,提供最后的保护,以保证人员的安全。缓冲器是电梯安全系统最后一道保障。

(1)缓冲器的种类

1)弹簧缓冲器。弹簧缓冲器一般由缓冲垫、缓冲座、弹簧、弹簧座等组成,用地脚螺栓固定在底坑基座上,如图 6-12 所示。

弹簧缓冲器是一种蓄能型缓冲器,当弹簧缓冲器受到冲击后,它将轿厢或对重的动能和势能转化为弹簧的弹性变形能(弹性势能)。由于弹簧的力作用,使轿厢或对重得到缓冲、减速。但当弹簧压缩到极限位置后,弹簧要释放缓冲过程中的弹性变形能,使轿厢反弹上升,撞击速度越高,反弹速度越大,并反复进行,直至弹力消失,能量耗尽,电梯才完全静止。因为弹簧缓冲器缓冲后存在回弹及缓冲不平稳的缺点,所以弹簧缓冲器仅适用于额定速度不大于 1m/s 的低速电梯。

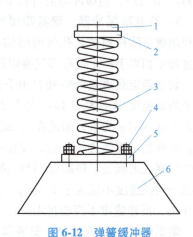

图 6-12 弹簧缓冲器
1—缓冲橡胶 2—上缓冲座 3—缓冲弹簧
4—地脚螺栓 5—弹簧座 6—底坑基座

弹簧缓冲器的总行程是重要的安全指标,国家标准规定总行程应至少等于相当于 115% 额定速度的重力制停距离的 2 倍,且在任何情况下,此行程不得小于 65mm。

2)液压缓冲器。与弹簧缓冲器相比,液压缓冲器具有缓冲效果好、行程短、没有反弹作用等优点,适用于各种速度的电梯。液压缓冲器由缓冲垫、柱塞、复位弹簧、油位检测孔、缓冲器开关及缸体等组成,如图 6-13 所示。

缓冲垫由橡胶制成,可避免与轿厢或对重的金属部分直接冲撞。柱塞和缸体均由钢管制成,复位弹簧的弹力使柱塞处于全部伸长位置。缸体装有油位计,用以观察油位。缸体底部有放油孔,平时油位计加油孔和底部放油孔均用油塞塞紧,防止漏油。

轿厢或对重撞击缓冲器时,柱塞受力向下运动,液压油通过环形节流孔时,由于面积突然缩小,使液压油内的质点相互撞击、摩擦,将动能转化为热能,也就是消耗了能量,使轿厢(对重)以一定的减速度停止。当轿厢或对重离开缓冲器时,柱塞在复位弹簧反作用下,向上复位直到全伸长位置,液压油重新流回油缸内。缓冲器油的黏度与缓冲器能承受的工作载荷有直接关系,一般要求采用有较低的凝固点和较高黏度指标的高速机械油。在实际应用中，不同载重量的电梯可以使用相同的液压缓冲器，但应采用不同的缓冲器液压油，黏度较大的液压油用于载重量较大的电梯。

液压缓冲器的总行程应至少等于相当于115%额定速度的重力制停距离（$0.067v^2$）。电梯在达到端站前，电梯减速监控装置能检查出曳引机转速确实在缓慢下降，且轿厢减速后与缓冲器接触时的速度不超过缓冲器的设计速度，则可以用这一速度来代替额定速度计算缓冲器的行程，但其行程不得小于以下值：

1）当电梯额定速度不超过4m/s时，其缓冲行程为$0.067v^2$的50%，但在缓冲器的行程不应小于420mm。

2）当电梯额定速度超过4m/s时，其缓冲行程为$0.067v^2$的1/3，但缓冲器的行程不应小于540mm。

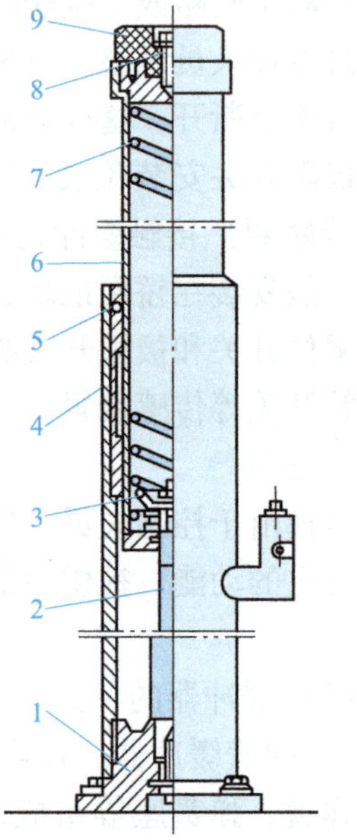

3）聚氨酯缓冲器。聚氨酯缓冲器如图6-14所示，它是利用聚氨酯材料的微孔气泡结构来吸能缓冲的，在受冲击过程中相当于一个带有多气囊阻尼的弹簧。

装有额定载重量的轿厢自由下落时，缓冲器作用期间的平均减速度应不大于$1g$；大于$2.5g$的减速度，时间应不大于$0.04s$（g为重力加速度）。缓冲器动作后应无永久变形，依靠复位弹簧进行复位，复位时间应不大于120s，并有电气触点来验证。轿厢以115%额定速度撞击时，缓冲器作用期间的平均减速度不应大于$2.5g$（g为重力加速度），作用时间不大于$0.4s$，反弹速度不应超过1m/s，并且无永久变形。

聚氨酯缓冲器重量轻、安装简单、无需维修、缓冲效果好，耐冲击、抗压性能好，在缓冲过程无噪声、无火花、防爆性好，安全可靠、平稳，所以聚氨酯缓冲器在低速电梯中广泛使用。

图6-13 油压式缓冲器

1—液压缸塞　2—油孔立柱　3—挡油圈
4—液压缸　5—密封盖　6—柱塞
7—复位弹簧　8—通气孔螺栓
9—缓冲垫

图6-14 聚氨酯缓冲器

（2）缓冲器的安装　缓冲器在底坑中一般安装两个：对重架下安装一个，轿厢架下安装一个。有些电梯在轿厢架下面安装两个缓冲器，这两个缓冲器顶面高度差≤2mm，撞板与缓冲器中心偏差≤20mm，要确保缓冲器接地良好，液压缓冲器的柱塞要加油脂保护，其铅垂度≤0.5%，缓冲器液压油应符合要求且在油标范围内，无渗漏。

在安装聚氨酯缓冲器时，其周围应有一定的空间，以免与其他的构件发生碰撞、挤压。应在常温状态下存放聚氨酯缓冲器，在通风、干燥处放置。在发现聚氨酯有干裂、脱落现象时应及时更换。聚氨酯缓冲器的使用规范：定期进行检测；应避免在低温（-40℃以下）或高温（80℃以上）及湿度为85%以上等环境条件下使用；不应在强酸、强碱环境条件下使用。安装和更换缓冲器时应该参照使用说明书。

缓冲器安装后的检测方法是：轿厢在空载状态下，以检修速度下降，将缓冲器完全压缩，若从轿厢开始离开缓冲器一瞬间起，直到缓冲器恢复到原状所需时间不超过120s，则此缓冲器符合标准要求。

（3）缓冲器常见故障与排除方式　在电梯中一般很少发生因缓冲器动作而造成的故障，

项目6 电梯保护装置的结构与选用

多数是因为保养不到位而出现的一些问题，只要在保养过程中不遗漏，一般可以避免故障的发生。

对于液压缓冲器来说，用力向下压一般会使安全开关动作，如果不能正常动作，应做适当调整。动作后，缓冲器应能自动回位，若不能回位，可以查看液压缸是否缺油，安全开关接线是否牢固，整体有无松动。

对于聚氨酯缓冲器来说，主要检查是否存在松动、老化现象，有无裂纹。如果有老化现象，必须予以更换。

6.1.4 电梯旋转和移动部件防护装置

人在操作、维护中可以接近的电梯旋转部件，尤其是传动轴上突出的锁销和螺钉，钢带、链条、传动带，电动机的外伸轴，甩球式限速器等必须有安全网罩或栅栏，以防无意中触及。

1. 旋转部件防护

为避免人身伤害、钢丝绳或链条因松弛而脱离绳槽或链轮、异物进入绳与绳槽或链与链轮之间，在机房（机器设备间）内的曳引轮、滑轮、限速器上，在井道内的曳引轮、反绳轮滑轮、链轮、限速器及张紧轮、补偿绳张紧轮上，以及在轿厢上的滑轮与钢丝绳形成传动的旋转部件上，均应当设置防护装置，如图6-15和图6-16所示。

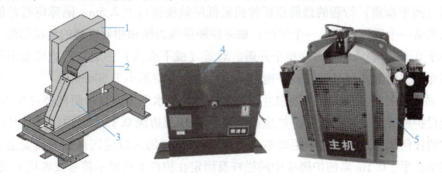

图6-15 电梯旋转部件防护罩
1—曳引轮防护罩 2—曳引机防护罩 3—导向轮防护罩 4—限速器防护罩 5—主机防护罩

所采用的防护装置应当能够看到旋转部件并且不妨碍检查与维护工作。如果防护装置是网孔状（图6-15中5），为不妨碍盘车开关及盘车装置的安装，应在上部盘车部分留有缺口。防护装置只能在更换钢丝绳或链条、更换绳轮或链轮、重新加工绳槽的情况下才能被拆除。

2. 移动部件防护

轿厢和对重是在电梯运行过程中做上下往复运动的移动部件。轿厢及对重运行的空间是井道，因此需要对这些移动部件进行必要的防护。

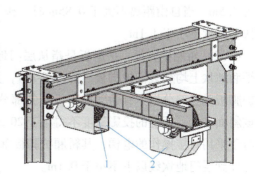

图6-16 反绳轮防护罩
1—反绳轮 2—反绳轮防护罩

如图6-17所示，为了保证维修人员在轿顶的作业安全，在轿厢顶部安装了轿顶防护栏；为避免发生坠落的危险，在轿厢下部厅门侧设置了轿厢护脚板。如图 6-18 所示，为了保证维修人员的安全，需要在对重底部安装对重防护网。如果对重反绳轮在人员容易接触的区域，则需给对重反绳轮加设防护网。

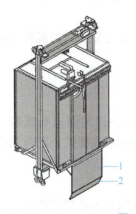 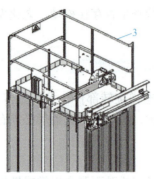

图 6-17　轿厢防护　　　　　　　　　　　图 6-18　对重防护网
1—轿厢护脚板垂直部分　2—轿厢护脚板倾斜部分　3—轿顶防护栏　　　1—对重框　2—对重防护网

在装有多台电梯的井道中，不同电梯的运动部件之间应设置隔障，这种隔障应至少从轿厢、对重（或平衡重）行程的最低点延伸到最低层站楼面以上 2.5m。隔障应有足够的宽度以防止人员从一个底坑通往另一个底坑；如果轿厢顶部边缘和相邻电梯的运动部件之间的水平距离小于 0.5m，隔障应当贯穿整个井道。对重（或平衡重）的运行区域应采用刚性隔障保护。轿厢及关联部件与对重（或平衡重）之间的距离应不小于 50mm。

(1) 轿顶防护栏　国家标准要求井道壁离轿顶外侧水平方向自由距离超过 0.3m 时，轿顶应当装设护栏并固定可靠。防护栏应当装设在距轿顶边缘 0.15m 之内，并且其扶手外缘和井道中的任何部件之间的水平距离不小于 0.1m。护栏的入口应当保证人员安全、出入方便。护栏由扶手、0.1m 高的护脚板中间栏杆及固定在护栏上的警示符号或者相关须知组成；轿顶护栏最高部分在轿厢投影面内且水平距离 0.4m 范围内和护栏外水平距离 0.1m 范围内，应至少为 0.3m；在轿厢投影面内且水平距离超过 0.4m 的区域任何倾斜方向距离，应至少为 0.5m。当自由距离不大于 0.85m 时，扶手高度不小于 0.7m；当自由距离大于 0.85m 时，扶手高度不小于 1.1m。

(2) 轿厢护脚板　护脚板是指从层门地坎或轿厢地坎向下延伸的平滑垂直部分。每一轿厢地坎上均须装设护脚板（见图 6-17），其宽度应等于相应层站入口的整个净宽度。轿厢护脚板垂直部分以下有轿厢护脚板倾斜部分向下延伸，其斜面与水平面的夹角应大于 60°，该斜面在水平面上的投影深度不得小于 20mm。轿厢护脚板垂直部分的高度不应小于 0.75m。对于采用对接操作的电梯，其轿厢护脚板垂直部分的高度应是在轿厢处于最高装卸位置时，延伸到层门地坎线以下不小于 0.1m。

(3) 对重防护网　由于轿厢体积较大，维修人员在底坑中作业时通常会非常小心轿厢的位置，但随着轿厢上行，其与底坑中的工作人员的距离会增加，对重也会相应地向底坑方向运行，维修人员往往会因忽略对重的状态而造成危险。因此，要求对重防护网将对

项目6 电梯保护装置的结构与选用

重（或平衡重）的运行区域与维修人员可以到达的区域隔离开，以保护在底坑中的维修人员不受到伤害。

图6-18所示为对重（或平衡重）防护网，在电梯的运行区域应采用刚性对重防护网防护，该对重防护网从电梯底坑地面上不大于0.3m处向上延伸到至少2.5m的高度，其宽度应至少等于对重（或平衡重）宽度两边各加0.1m。

特殊情况，为了满足底坑安装的电梯部件的位置要求，允许在对重防护网上开尽量小的缺口。如果在设计上使用了带孔的网，而且不是用刚性的网进行制造，网孔的大小应为10mm×10mm，网丝直径应为2mm。若对重防护网安装后强度非常低，很容易被推到对重的运行空间中，则不满足标准要求。

📋 任务工单

任务名称	超速保护装置认识与调整		任务成绩	
学生班级		学生姓名		实践地点	
实践设备	限速器、张紧轮、安全钳、安全钳提拉机构			
任务描述	本实训为验证类实训，首先由教师指导学生学习各部件的动作点，讲解其工作原理及联动关系，使学生对照实物消化理论课上所讲内容			
目标达成	1. 熟悉限速器、张紧轮、安全钳的结构和工作原理；熟悉限速器、张紧轮与安全钳的联动过程 2. 掌握安全钳的结构、调整方法和调整标准，并能够按规范要求完成对安全钳的调整 3. 能够综合分析安全钳动作的原因			
任务实施	任务1	认识超速保护装置		
	自测	1. 观察实验室限速器（见图a） （1）图a中是什么类型的限速器，此类型的限速器应配合使用什么类型的安全钳？ 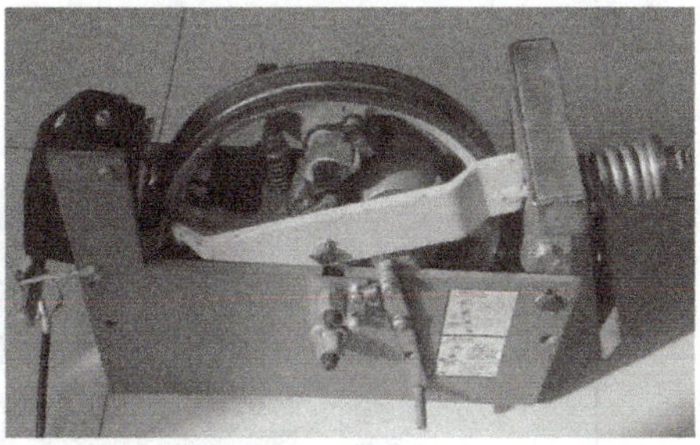 图a　限速器		

	任务1	认识超速保护装置
任务实施	自测	（续） （2）观察限速器的结构，写出限速器各部件的名称 （3）操作演示电梯超速运行时限速器的动作过程（见图 b~图 e） 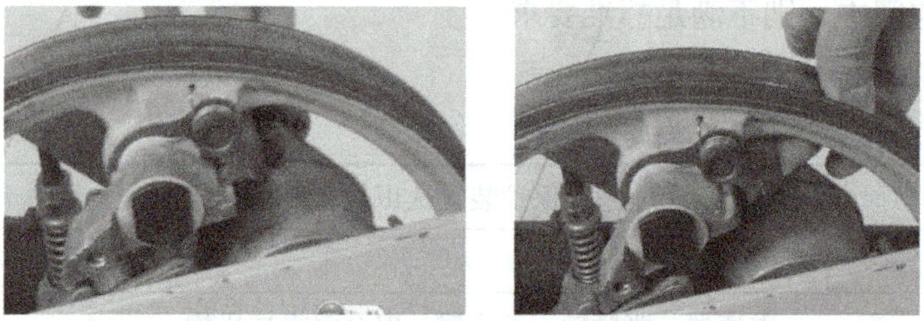 图 b　离心力作用动作示意图 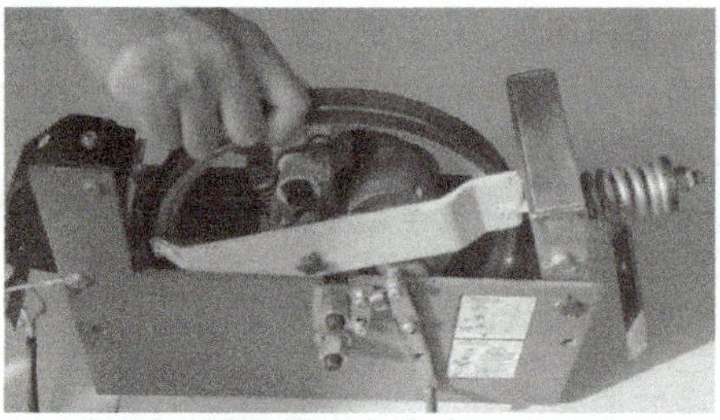 图 c　模拟轿厢继续超速下行 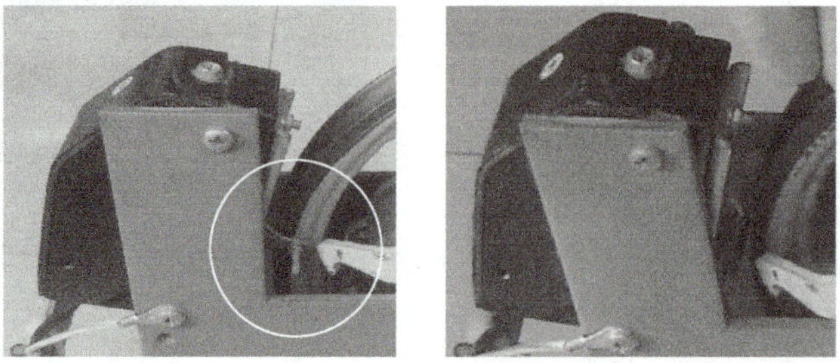 图 d　超速开关动作过程

（续）

任务实施	自测	任务 1	认识超速保护装置

图 e　夹限速器钢丝绳的动作过程

（4）限速器是电梯运行速度检测装置，规定当电梯运行速度超过额定运行速度的多少时动作？这个动作的力可以调节图 f 所示的弹簧压缩量，但限速器出厂后，经过测试调整合格的弹簧压缩量在后续的使用中是不允许调整的

注意：在电梯的动作部件中，若有红色标记或者是有铅封标记的地方是不允许调整的

图 f　离心力的调整

2. 观察实验室张紧轮（见图 g）

（1）张紧轮是张紧限速器钢丝绳的绳轮装置，观察张紧轮的结构，说出各部件的名称

图 g　张紧轮 |

(续)

任务实施	任务1		认识超速保护装置
	自测		（2）说明限速器绳和张紧轮之间闭合回路的连接方式（见图h） 1）将限速器钢丝绳从限速器绳轮一端放入井道，直到底坑 2）将限速器钢丝绳的另一端也放入井道，直到底坑，使钢丝绳的两端在底坑交汇 3）将远离导轨的钢丝绳绕过张紧轮，并与安全钳提拉手下端用绳夹固定 4）把近导轨侧的限速器钢丝绳与安全钳的提拉手上端用绳夹固定 5）截去多余的钢丝绳 6）将固定好的提拉手拉到轿顶处，与轿顶提拉机构相连 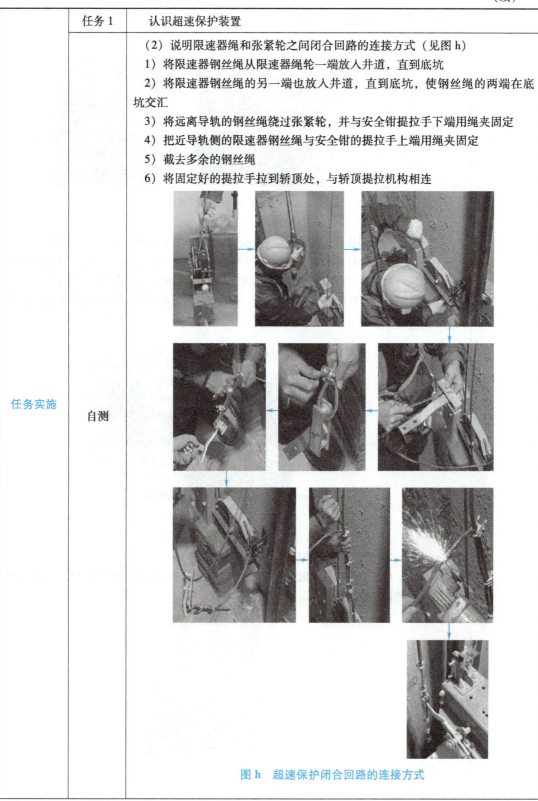 图h 超速保护闭合回路的连接方式

(续)

	任务1	认识超速保护装置
任务实施	自测	（3）模拟演示，当限速器钢丝绳伸长时，断绳开关动作（见图i），将会导致电梯什么事故？ 3. 观察实验室的安全钳（见图j） （1）说明图j所示安全钳的类型及其工作特点 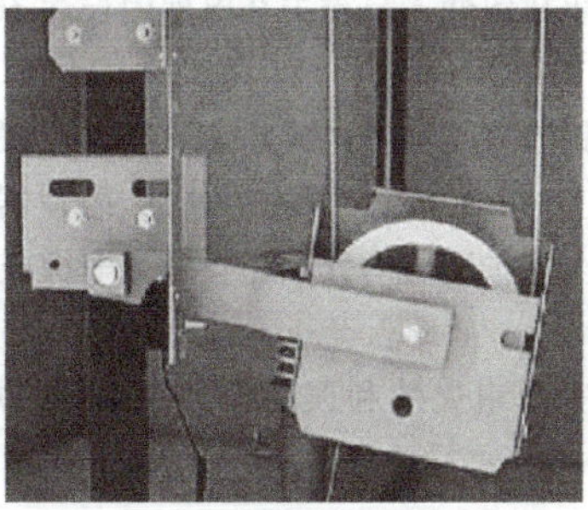 图i 断绳开关动作 　　图j 安全钳 （2）演示说明安全钳的动作过程（见图k） 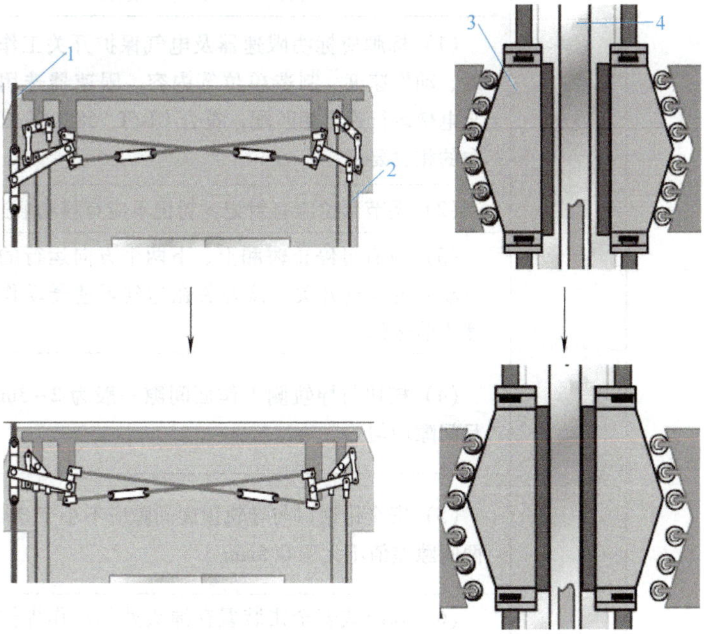 图k 安全钳提拉机构和安全钳动作过程示意图 1—限速器钢丝绳　2—提拉杆　3—楔块　4—导轨

(续)

任务实施	任务2		安全钳调整与保养
	自测	**事故案例：** 前不久某小区发生安全钳事故致使9人被关电梯，电梯公司人员到达现场后展开救援。经现场调查后，电梯的限速器没有动作，安全钳已经钳死在导轨上，因此通过盘车重力下降放人的措施无法执行，上行盘车需要较大的外力也很难使轿厢上移使安全钳复位。在这种情况下，只能用葫芦上拉轿厢的方法使安全钳恢复。事故致使人员被关在电梯内长达3h **事故反思：** 电梯的安全钳装置是针对电梯超速下坠，在限速器的操纵下，使电梯轿厢紧急制停在导轨上的一种安全装置。为什么限速器没有动作，安全钳动作呢？电梯有了这个安全保护装置为什么还会发生电梯极速坠落事故呢？ **任务要求：** 正确的分析安全钳失效和误动作的原因；按规范要求调整安全钳与导轨的间隙 **任务基础：** 安全钳是电梯运行的一道很重要的保护装置，若该装置失效，将会导致电梯超速时制停不了轿厢，产生坠落事故；若该装置误动作，又会产生困人事故。因此，电梯维保人员应当定期对安全钳的各部件进行测试与调整，从而有效减少故障的发生，降低故障率 1. 限速器与安全钳主要部件的测试 限速器与安全钳的主要测试项目及规范要求、测试方法及注意事项如下：	

主要测试项目及规范要求	测试方法及注意事项
（1）标牌应标明限速器及电气保护开关工作速度、动作速度、制造单位等内容。限速器选用应与电梯运行速度相匹配，符合 GB/T 7588.1—2020 中的相关要求	外观检查
（2）调节部位应有封记，封记不应有移动痕迹	外观检查
（3）应有可停止轿厢上、下两个方向运行的非自动复位电气开关。该开关在达到限速器动作速度之前运作	通电试验，按动电气开关，电梯应停止运行
（4）楔块与导轨侧工作面间隙一般为 2~3mm，且间隙均匀	观察检查、塞尺测量
（5）安全钳钳口与导轨顶面间隙应不小于3mm，两间隙差值不大于0.5mm	观察检查、塞尺测量
（6）瞬时式安全钳装置在绳头处的动作提拉力应为 150~300N，渐进式安全钳装置动作应灵活可靠	电子弹簧秤测试、手动测试

(续)

任务实施	自测	任务 2	安全钳调整与保养
			2. 安全钳误动作的分析 导致安全钳不动作或误动作的原因很多，下面从电梯运行中普遍的现象进行分析： （1）与导轨的间隙不当引起的误动作　电梯的安全钳和导靴均安装在轿厢的上下梁处，其中安全钳安装在导靴的上方。按电梯安装规范的要求，上下梁导靴的中心线与安全钳的中心线应对齐，如图 l 所示 为了保证轿厢在导轨上的可靠安全平滑的运行，导靴靴衬与导轨两侧的间隙要小于安全钳楔块与导轨两侧的间隙，这样可以防止由于轿厢倾斜（轿厢里偏载或开关门过程）引起安全钳误动作。安全钳动作后，轿厢将停止运行，会导致困人事故 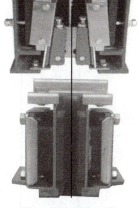 图 l　安全钳和导靴 （2）配套使用的导靴失效引起的误动作　渐近式安全钳配用的是弹性的滑动导靴，该滑动导靴弹性部件的弹力要适度。若弹性部件老化变硬，将会导致超速时安全钳楔块将卡住或不动作，无法制停轿厢。若弹性部件太软，将会导致导轨工作面紧贴安全钳的楔块，从而导致安全钳误动作、电梯制停及困人事故 （3）张紧轮故障导致的误动作　张紧轮与轴缺油，将会引起张紧轮发热咬死，导致限速器钢丝绳提拉安全钳误动作。因此，保养单位应及时对底坑的张紧轮注油，以保证张紧轮转动灵活，并定期进行保养 3. 安全钳的调整 安全钳在出厂后，有铅封的位置，在后期使用时是不允许调整的，如图 m 所示  图 m　安全钳的铅封 4. 安全钳合格证标签 安全钳必须有出厂合格证标签才可使用，如图 n 所示

(续)

	任务2	安全钳调整与保养
任务实施	自测	 图n　安全钳合格证标签 任务过程： 规范渐进式安全钳的调整方法和保养 1. 准备工作 （1）通知用户电梯进行保养 （2）在厅外主层楼和工作层设置防护栏 （3）用安全的程序进入底坑 （4）将轿厢完全压在轿厢缓冲器上，直至电梯不能下行 （5）切断电梯主电源 2. 保养安全钳楔块（见图o） （1）拧松楔块后座托架固定螺钉 （2）拆除托架并擦干净 （3）向下拆下楔块后座并擦干净 （4）轻轻向后挖出楔块，注意不要让拉杆被拉弯。观察拉杆情况，如果弯曲，则应拆下拉杆，拿到平整处校正 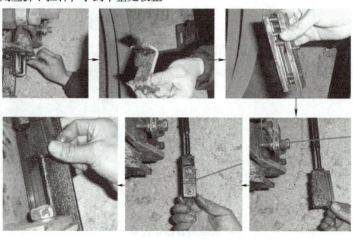 图o　保养安全钳楔块的步骤

（续）

	任务2	安全钳调整与保养
任务实施	自测	（5）检查楔块刹片松动和磨损情况，必要时更换楔块刹片 （6）装回楔块 注意：应把楔块贴紧导轨侧面，检查楔块的上下面与导轨之间的间隙。其上下应紧贴导轨面无间隙，这样装上楔块底座后，楔块上下间隙才会一致 3. 调整安全钳楔块与导轨的间隙（见图p） 测试方法：用塞尺测量楔块间隙的大小 规范要求：电梯运行速度在1.0m/s时，楔块间隙≥2mm； 电梯运行速度在1.5m/s以上时，楔块间隙≥2.5mm 调整方法： （1）调整安全钳两侧的调节螺母，改变楔块与导轨间隙的大小 （2）可用螺钉旋具把楔块顶上，检查有无卡牢现象，每块楔块都应能在拉杆弹簧的反作用力下自行复位 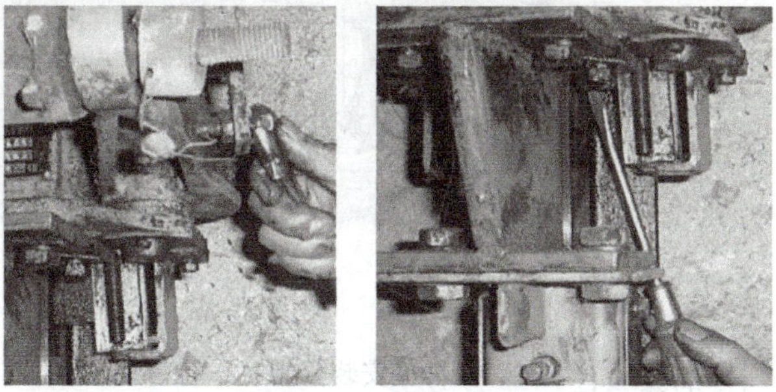 图p 调整安全钳楔块与导轨的间隙 4. 清洗安全钳表面油污（见图q）  图q 清洗安全钳上的油污 5. 调整安全钳传动系统 （1）拉杆弹簧松紧的调节（见图r）。要求当螺母拧至弹簧处，弹簧不松即可。若弹簧拧得过紧，则安全钳制动时可能会拉不起拉手，从而造成安全钳刹不住；若过松，则会使安全钳误动作 （2）调整拉杆长短可调节拉杆上的调节螺母

(续)

	任务 2	安全钳调整与保养	
任务实施	自测	

图 r　拉杆弹簧松紧的调节

（3）安全钳钢丝绳一端的联动拉耳应竖直向下，另一端的拉耳应竖直向上，如图 s 所示

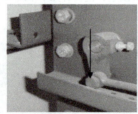 

图 s　联动拉耳的调整

（4）拉杆应安装双螺母，拉杆拉件上下口必须安装 12mm 的平垫片，如图 t 所示
（5）钢丝绳的拉手应在水平状态，钢丝绳上下夹头应不少于 3 只
（6）拉起拉手应能轻松地把安全开关关掉，如图 u 所示。若安全钳动作时不能正常地把开关关掉，则有可能引起曳引轮强制干磨的危险。保养过程中要格外注意验证安全钳开关是否能有效地动作

图 t　安装双螺母与平垫片
1—双螺母　2—平垫片

图 u　拉手的调整规范

6. 各活动部位应加机油，确保部件灵活
7. 检查安全钳的拉杆是否弯曲，必要时拆下进行校正 | |

(续)

任务实施	任务 2		安全钳调整与保养		
	自测	**任务检测：** （1）检测要素 1）调整和测试工具的规范使用 2）调整和测试的方法是否得当以及是否达到标准 3）注意文明施工、纪律安全、设备工具管理等 （2）评价要素			
		序号	考核内容与要求		配分及评分标准
		1	准备工作	（1）警示工作是否执行	5分
				（2）进入底坑的规范操作	10分
				（3）电源的处理	5分
					20分
		2	保养安全钳	（1）安全钳的拆卸	10分
				（2）安全钳的保养	10分
					20分
		3	安全钳楔块与导轨的间隙	（1）间隙的测试方法	10分
				（2）调整规范	10分
				（3）调整方法及正确度	10分
					30分
		4	调整安全钳传动系统	（1）调整方法	10分
				（2）调整规范	10分
					20分
		5	安全文明操作	（1）安全操作，正确使用工具，安全防护	3分
				（2）清理现场，收集工具	3分
				（3）服从指挥	4分
					10分
任务评价	1. 自我评价 2. 任课教师评价				

 项固训练

（一）选择题

1. 下列电梯保护装置中，对电梯的控制动作不仅仅有电气动作的装置是（   ）。
   A. 强迫减速开关　　　　B. 限位开关　　　　C. 安全钳　　　　D. 极限开关
2. 强迫换速开关是防止越程的第一道关，一般设在端站正常换速开关之后。当开关撞动时，轿厢立即强制转为（　　）运行。

  A. 低速　　　　　　B. 高速　　　　　　C. 检修　　　　　　D. 紧急

3. 限位开关是防越程的第二道关，当轿厢在端站没有停层而触动限位开关时，立即切断（　　）使电梯停止运行。

  A. 主电路　　　　　B. 电源电路　　　　C. 高速运行　　　　D. 方向控制电路

4. 弹簧缓冲器仅适用于额定速度不大于（　　）的低速电梯。

  A. 1m/s　　　　　　B. 1.63m/s　　　　　C. 2m/s　　　　　　D. 1.5m/s

5. 弹簧缓冲器的总行程是重要的安全指标，国家标准规定总行程应至少等于相当于115%额定速度的重力制停距离的2倍，在任何情况下，此行程不得小于（　　）。

  A. 60mm　　　　　　B. 65mm　　　　　　C. 70mm　　　　　　D. 75mm

6. 曳引轮、盘车手轮、飞轮等光滑圆形部件可不加防护，但应部分或全部涂（　　）以示提醒。

  A. 黄色　　　　　　B. 红色　　　　　　C. 黑色　　　　　　D. 褐色

7. 电梯不安全状态不包括（　　）。

  A. 电梯超速运行　　B. 电梯非正常停止　C. 电梯检修运行　　D. 电梯蹲底

8. 限速器钢丝绳的公称直径应不小于（　　），限速器钢丝绳轮的节圆直径与钢丝绳的公称直径之比应不小于（　　）。

  A. 4mm，30　　　　　B. 8mm，40　　　　　C. 6mm，30　　　　　D. 10mm，40

9. 关于缓冲器的说法不正确的是（　　）。

  A. 装在行程端部　　　　　　　　　　　B. 用来吸收轿厢动能的一种弹性装置

  C. 缓冲器只设一个，即在轿厢底部　　　D. 有弹簧式和液压式

（二）填空题

1. 防止越程的保护装置一般由设在井道内上、下端站附近的_____、_____和_____组成。

2. 极限开关是防越程的第三道保护，当限位开关动作后电梯仍不能停止运行，则触动极限开关切断电路使_____和_____失电，电梯停止运转。

3. 缓冲器_____和_____。前者主要以_____和聚氨酯材料等为缓冲元件，后者主要是_____缓冲器。

4. 弹簧缓冲器的缺点是缓冲后存在_____和缓冲不平稳。

5. 将动能转化为热能，也就是消耗了能量，使轿厢（对重）以一定的减速度停止，这种缓冲器是_____。

（三）判断题

1. 电梯超载运行，厅门未关闭运行，电动机错、断相运行等，均属于不安全运行状态。（　　）

2. 电梯运行过程中突然停梯，然后下坠到底层开门，可能是电梯的低速自救功能。（　　）

3. 瞬时式安全钳适用于电梯额定速度低于0.63m/s的电梯。（　　）

任务6.2 轿厢意外移动的保护装置选用

工作任务

1. 工作任务类型

学习型任务：掌握轿厢意外移动保护装置的组成以及功能。

2. 学习目标

（1）知识目标：掌握轿厢意外移动装置的工作原理与结构。
（2）能力目标：能分析轿厢意外移动的原因并解决。
（3）素质目标：具有电梯安全意识与维护电梯安全的能力。

知识储备

轿厢意外移动是指电梯在平层区域内且处于开门的状态下，轿厢无指令离开层站的移动（不包含装卸载引起的移动），这样的轿厢非正常的移动称为轿厢的意外移动。

轿厢意外移动保护装置是在电梯层门未被锁住，且轿门未关闭的情况下，由于轿厢安全运行所依赖的驱动主机或驱动控制系统的任何单一元件失效引起轿厢离开层站的意外移动，电梯应具有防止该移动或使移动停止的装置。该装置不但能够检测出轿厢的意外移动，还能够使轿厢制停，并保持停止状态。

6.2.1 轿厢意外移动的原因

1. 电气方面的原因

电梯的起动、加速、运行、减速、停车、开门以及电梯所有指令、信号都是靠电气控制装置来实现的，无论是逻辑线路还是计算机或可编程序控制器，一旦系统中的部件或程序出现问题，电梯都有可能出现误动作。

轿门、层门电气联锁装置失效：如果轿门或层门电气联锁装置失效，就有可能发生轿厢意外移动。特别是轿门、层门电气联锁装置同时失效，电梯到站平层开门后，这时只要电梯收到内召或外呼信号，轿厢就会立即起动前往召呼层，这是轿厢意外移动事故中最严重的一种情况，往往会造成人员剪切、挤压、坠落等严重后果。

2. 制动器方面的原因

制动器的制动轮闸瓦上有油污（制动轮和闸片上有油污）以及制动器缺陷是造成事故的主要原因。当制动力矩下降到不足以制停电梯轿厢时，就会使轿厢意外移动。

3. 曳引机方面的原因

曳引式电梯的上下行是靠曳引轮绳槽与曳引钢丝绳之间的摩擦力来实现的。由曳引条件可以看出，曳引轮和曳引钢丝绳的缺陷将直接影响电梯的曳引能力，而曳引机又是电梯运行的驱动装置，曳引机部件的缺陷将直接影响电梯的正常运行。

（1）曳引轮缺陷　如曳引轮绳槽磨损严重，甚至槽形变形，轮槽上有油污。
（2）曳引绳缺陷　如曳引钢丝绳选型错误、磨损严重、直径变小、有油污。
（3）悬臂式曳引轮轴断裂　曳引轮轴断裂瞬间，无论电梯处于何种状态，轿厢都会下沉。

(4) 蜗轮缺陷　如曳引机蜗轮断齿和连接蜗轮套筒法兰破裂，均会导致传动失效。

4. 人为原因

电梯使用、维保单位的人员违规使用、操作电梯，导致轿厢意外移动情况的发生。

(1) 轿门、层门电气联锁装置开关被人为短接　电梯安装、维保人员为了调试和排查故障的方便，将轿门、层门电气联锁装置开关人为短接，事后忘记取下短接线，电梯恢复正常运行后发生开门走车的严重后果。

(2) 电梯超载使用　如有的老式载货电梯没有超载装置，有的电梯超载装置失效后没有及时修复。电梯超载运行，轿厢平层开门后形成溜车，或曳引钢丝绳在曳引轮槽中打滑。

(3) 平衡系数过小　由于电梯安装人员调试不精确或电梯用户在电梯投入使用后私自装潢轿厢，导致平衡系数过小，在载有同样额定载重量且超载装置失效的情况下，轿厢向下运行时很容易产生"下坠"现象，并在电梯平层开门时发生溜车。

(4) 救援操作不当　电梯关人后，救援人员之间配合不好，在层门、轿门已打开放人时，进入机房的其他人员进行松闸盘车，造成人员剪切、挤压等事故。

6.2.2 轿厢意外移动保护装置的要求

GB/T 7588.1—2020 中规定轿厢意外移动保护装置应在下列距离内制停轿厢（见图6-19）：①与检测到轿厢意外移动的层站的距离不大于1.20m；②层门地坎与轿厢护脚板最低部分之间的垂直距离不大于0.20m；③设置井道围壁时，轿厢地坎与面对轿厢入口的井道壁最低部分之间的距离不大于0.20m；④轿厢地坎与层门门楣之间或层门地坎与轿厢门楣之间的垂直距离不小于1.00m。轿厢载有不超过100%额定载重量的任何载荷，在平层位置从静止开始移动的情况下，均应满足上述值。

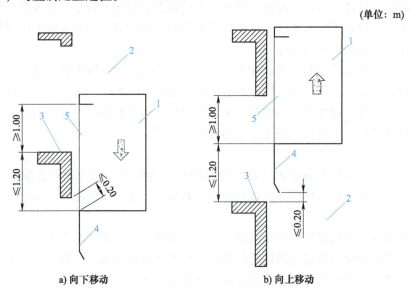

图6-19　轿厢意外移动时的制停距离

a) 向下移动　　b) 向上移动

1—轿厢　2—井道　3—层站　4—轿厢护脚板　5—轿厢入口

在制停过程中，该装置的制停部件不应使轿厢减速度超过：①空载轿厢向上意外移动时为 g_n（标准重力加速度）；②向下意外移动时为自由坠落保护装置动作时允许的减速度。最迟在轿厢离开开锁区域时，应由符合 GB/T 7588.1—2020 中 5.11.2 规定的电气安全装置检测到轿厢的意外移动。

该装置动作时，应使符合 GB/T 7588.1—2020 中 5.11.2 规定的电气安全装置动作。当该装置被触发或当自监测显示该装置的制停部件失效时，应由胜任人员使其释放或使电梯复位。释放该装置应不需要进入井道。释放后，该装置应处于工作状态。如果该装置需要外部能量来驱动，当能量不足时应使电梯停止并保持在停止状态。此要求不适用于带导向的压缩弹簧。轿厢意外移动保护装置是安全部件，应按 GB/T 7588.2—2020 中 5.8 的规定进行验证。

6.2.3 轿厢意外移动监控装置的组成

1. 组成

轿厢意外移动监控装置主要由检测子系统、制停子系统及自监测子系统三部分组成。

(1) 检测子系统　检测子系统是指在电梯门没有关闭的前提下，最迟在轿厢离开开锁区域时，应由符合国家标准要求的电气安全装置检测到轿厢意外移动，并对触发和制停子系统发出制停指令的系统。它通过检测传感器检测轿厢离开层站的位置信号，由安全回路反馈的层门、轿门关闭验证信号判断轿厢意外移动距离是否超过要求，从而发出制停指令。

检测子系统由检测子系统部件（见图 6-20）和安全电路组成。安全电路板可用于安全装置的检测，位置信号的检测可以通过光电开关、电子限速器、绝对值编码器中的一种来实现。

a) 光电开关　　　　b) 安全电路板　　　　c) 电子限速器　　　d) 绝对值编码器

图 6-20　检测子系统部件

(2) 制停子系统　制停子系统是执行厢轿意外移动保护的部件，指作用在轿厢、对重、钢丝绳系统、曳引轮或只有两个支撑的曳引轮轴上的起到厢轿意外移动后制停电梯的部件。常见的制停子系统有作用于轿厢或对重的双向安全钳或夹轨器，作用于钢丝绳系统的夹绳器，以及作用于曳引轮或曳引轮轴的驱动主机制动器、异步电动机制停部件夹轮器。

(3) 自监测子系统　自监测子系统是指当使用驱动主机制动器作为制动元件时，监测驱动主机制动器制动或释放的检测装置，以及监测制动力（制动力矩）的系统或装置。它主要完成制动力验证及制动器功能。

检测制动力的系统监测制动器提起（或释放），要求每 15 天自动监测一次制动力，或定期维护保养时监测制动力，或每24h自动监测一次制动力。

2. 典型应用

1）平层感应器+安全电路板+制动器构成的轿厢意外移动监控装置。由平层感应器+安全电路板组成的检测子系统，由制动器组成的制停子系统，见表6-4。

表6-4 平层感应器+安全电路板+制动器构成的轿厢意外移动监控装置

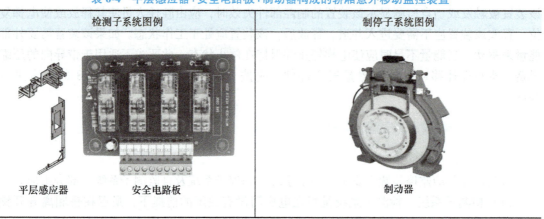

2）平层感应器+安全电路板+夹轨器或夹轮器构成的轿厢意外移动监控装置。由平层感应器+安全电路板组成的检测子系统，由夹轮器或在导轨上加夹轨器构成制停子系统，见表6-5。

表6-5 平层感应器+安全电路板+夹轨器或夹轮器构成的轿厢意外移动监控装置

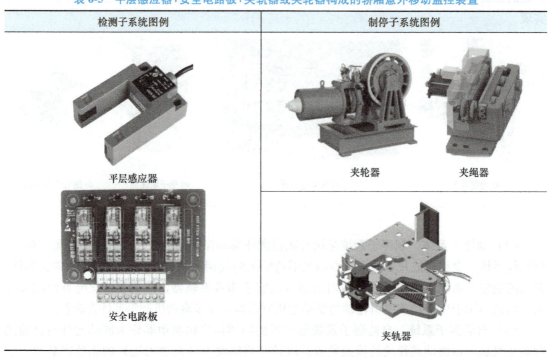

3）电子限速器+双向安全钳或夹绳器构成的轿厢意外移动监控装置。由电子限速器构成检测子系统，由双向安全钳或夹绳器构成制停子系统，见表6-6。

项目 6　电梯保护装置的结构与选用

表 6-6　电子限速器+双向安全钳或夹绳器构成的轿厢意外移动监控装置

检测子系统图例	制停子系统图例
 限速器	 双向安全钳
	 夹绳器

📋 任务工单

任务名称	轿厢意外移动事故案例分析		任务成绩		
学生班级		学生姓名		实践地点	
实践设备	3 层 3 站电梯				
任务描述	电梯作为高层建筑的最有效运输工具,作用不言而喻,但其机电一体化的运作方式也是引起安全事故的源头。电梯在既定的轨道上下运行,若发生机械或电气问题失去控制,最容易引起的就是轿厢意外移动,从而导致的冲顶或者蹲底事故。本任务将对多起事故进行案例分析				
目标达成	能够掌握电梯意外移动保护装置的组成以及功能,并能分析事故原因				
任务实施	任务 1	轿厢意外移动监控装置的组成有哪些?			
	自测				
	任务 2	轿厢意外移动事故原因分析			
	自测	事故案例: 1) 某大厦的 1 号电梯满载 14 名乘客下行至 3 楼,1 名乘客出电梯时,轿厢向下滑动,导致该乘客未及时反应,被电梯轿门和层门夹住,向下拖行受剪切和挤压致死。调查发现,电梯制动器制动力矩不足引发轿厢下滑是发生本次剪切和挤压事故的直接原因,因为制动鼓与制动闸瓦之间的摩擦表面存在润滑油,使摩擦因数减少而降低了制动力矩			

(续)

		任务 2	轿厢意外移动事故原因分析
任务实施	自测		2）某小区内，一名乘客进入电梯轿厢后，电梯突然停电，电梯停电后应急装置投入工作，打开制动器，但因应急装置的主控板存在故障，没有按要求向电动机供电，也没有检测到异常而切断制动器供电，电梯在轻载状态下打开制动器，轿厢在对重作用下冲顶，致使当事人重伤。检测发现，涉事电梯的制动系统与停电平层系统在配合工作上不符合国标设计要求 3）某小区电梯把即将推出电梯厢轿的婴儿车夹住，致使婴儿车严重变形损坏。调查发现，电梯的控制系统元件发生故障，电梯收到平层信号时，制动器没有响应指令做出抱闸刹车动作，导致电梯滑行冲顶 4）某医院护士在走出轿厢厅门时，电梯突然上升，将当事人卡在一楼电梯门框顶上。调查发现，电梯井道底部因被水淹没造成电气回路短路，使得厅门与轿门联锁装置失效，不能接收停梯信号 5）某小区电梯发生故障失灵，事发时当事人刚迈进电梯，电梯突然下落，将其夹在门缝中剪切致死。经调查主要原因是修理工不熟悉该型号电梯，急于恢复电梯，人为短接了门锁回路 6）某花园小区业主被困电梯，保安打开电梯门援救，正当业主从电梯里爬出来时，电梯突然高速上行，业主夹在电梯轿厢底板与电梯门框之间，当场被夹死。事后调查结果显示，电梯门系统运行时出现故障，使电梯失去控制 **案例分析：** 从这六起典型的轿厢意外移动事故案例中可以很清晰地发现，造成事故是因为电梯本身出现了电气或者机械故障，结合检验中类似状况，具体分析可以概括为： 1）抱闸片有油污、闸片磨损严重、电梯超载等物理因素引起制动力矩不足，导致抱闸作用失效 2）主机传动系统因设备长时间运行疲劳破裂，主要机械部件材料强度不符合要求，导致机械损坏 3）控制系统故障，给出错误开关门或者抱闸信号，导致电梯运行不可控 4）电梯安全保护电气回路遭到破坏，如开关被水淹失效、电气线路被老鼠咬断失效、人为短接安全回路等 5）电梯自身设计存在的隐患缺陷 **检验要求与预防：** 轿厢意外移动事故的后果无疑是惨烈的，意外移动会因剪切和挤压作用对当事人造成巨大的人身伤害。因此，各国相关部门为预防此类电梯事故出台了一系列规范和法则。 欧洲标准化委员会在 EN81-1：1998/A3：2009 中要求电梯在层站处必须装轿厢意外移动双向检测装置，对轿厢上下方向可移动的距离也作了明确规定，以保证轿厢意外移动在安全的制停范围之内。美国 ASME A17.1 也有类似的要求。我国 GB/T 7588.1—2020 和 GB/T 7588.2—2020 中规定新装电梯必须有轿厢意外移动保护装置，并增加了对制动器自监测的要求、对制动器制停距离的定量要求、对制停减速度的定量要求，以及对制动器动作可靠性试验的要求

（续）

任务实施	任务2	轿厢意外移动事故原因分析
	自测	检验时，也要重点对新装电梯的轿厢意外移动保护装置进行现场试验。轿厢在空载时，按型式试验要求模拟触发制停部件，看轿厢移动的距离是否在规定范围内；若是冗余制动器，当制动器不能正常工作时，轿门和厅门都应关闭以防止电梯启动。此外，检验中对每一项试验要严格按照规范认真做，要重点检查每个门回路是否有效，特别是控制系统的安全保护回路一定要正常工作，对机房异响要重视以防出现机械损坏。检验完成要除去试验所用短接线，确保电梯正常上下运行后方可离开
任务评价	1. 自我评价 2. 任课教师评价	

 项固训练

（一）填空题

制停子系统是执行轿厢意外移动的保护部件，指作用于_____、_____、_____、_____或只有两个支撑的曳引轮轴的起到轿厢意外移动后制停电梯的部件。

（二）判断题

近来，曳引电梯又有了新发展和新要求。应关注的有 5 年一次 125%制动试验、层轿门旁路装置、开门限制装置、门回路检测功能及轿厢意外移动保护装置。　　（　　）

任务6.3　电梯电气安全保护装置选用

 工作任务

1. 工作任务类型

学习型任务：掌握电梯电气安全保护装置的组成、选用以及测试。

2. 学习目标

（1）知识目标：掌握电梯电气安全保护原理。

（2）能力目标：能分析电梯电气安全保护原理。

（3）素质目标：具备工地安全知识和维护电梯安全的能力。

 知识储备

6.3.1 电梯电气安全装置

1. 主回路

由交流或直流电源直接供电的电动机，必须用两个独立的接触器切断电路，接触器的触点应串联于电源电路中。电梯运行停止时，若其中一个接触器的触点没有打开，最迟到下一次运行方向改变时，应避免电梯再起动运行。因此，在主回路中电梯电动机的运行或停止，必须要通过两个参与电梯运行控制的接触器触点控制，且这两个接触器要由不同的电气装置或电路控制，假如两个接触器是由同一个电气装置控制的，那么就会出现两个接触器触点都打不开的危险情况。

2. 电气制动回路

电气制动回路通过控制电路中的电压或电流，使压降磁场中的电流减小，电磁铁磁力不足，吸不住铁心，导致触点脱开，断开主回路，起到保护电动机的作用，不会因欠电压、失电压而导致电动机烧坏。在 GB/T 7588.1—2020 中明确要求：电气安全装置按 5.11.2.4 的规定切断制动器电流时，满足 5.10.3.1 要求的两个独立的机电装置，不论这些装置与用来切断电梯驱动主机电流的装置是否为一体；当电梯停止时，如果其中一个机电装置没有断开制动回路，应防止电梯再运行。即使该监测功能发生固定故障，也应具有同样结果。

3. 安全回路

为保证电梯能安全地运行，在电梯上装有许多安全部件，只有每个安全部件都正常的情况下，电梯才能运行，否则电梯立即停止运行。所谓安全回路，就是在电梯各安全部件上均安装安全开关，并把所有的安全开关串联，构成电梯安全回路，安全回路信号控制安全继电器或者输入到安全模块。只有在所有安全开关都接通的情况下，安全继电器吸合或者安全模块收到正常信号后，电梯才能得电运行。在控制屏上能观察安全回路的状态。

电梯电气安全检查见表 6-7。这些安全检查功能的实现需要有相应的电气安全动作机构及开关，这些开关构成了电梯的安全回路。

表 6-7　电梯电气安全检查

GB/T 7588.1—2020 条款号	所检查的装置及位置状态
5.2.1.5.1a)	底坑停止装置
5.2.1.5.2c)	滑轮间停止装置
5.2.2.4	底坑梯子的存放位置
5.2.3.3	通道门、安全门及检修门的关闭位置
5.2.5.3.1c)	轿门的锁紧状况
5.2.6.4.3.1b)	机械装置的非工作位置
5.2.6.4.3.3e)	检修门的锁紧位置
5.2.6.4.4.1d)	所有进入底坑的门的打开状态
5.2.6.4.4.1e)	机械装置的非工作位置
5.2.6.4.4.1f)	机械装置的工作位置

（续）

GB/T 7588.1—2020 条款号	所检查的装置及位置状态
5.2.6.4.5.4a)	工作平台的收回位置
5.2.6.4.5.5b)	可移动止停装置的收回位置
5.2.6.4.5.5c)	可移动止停装置的伸展位置
5.3.9.1	层门锁紧装置的锁紧位置
5.3.9.4.1	层门的关闭位置
5.3.11.2	无锁门扇的关闭位置
5.3.13.2	轿门的关闭位置
5.4.6.3.2	轿厢安全窗和轿厢安全门的锁紧状况
5.4.8b)	轿顶停止装置
5.5.3c)2)	轿厢和对重的提升
5.5.5.3a)	钢丝绳或链条的异常相对伸长（使用两根钢丝绳或链条时）
5.5.5.3b)	强制式和液压电梯的钢丝绳或链条的松弛
5.5.6.1c)	防跳装置的动作
5.5.6.2f)	补偿绳的张紧
5.6.2.1.5	轿厢安全钳的动作
5.6.2.2.16a)	超速
5.6.2.2.16b)	限速器的复位
5.6.2.2.16c)	限速器绳的张紧
5.6.2.2.3e)	安全绳的断裂或松弛
5.6.2.2.4.2h)	触发杠杆的收回位置
5.6.5.9	棘爪装置的收回位置
5.6.5.10	缓冲器回复至其正常伸出位置（采用具有耗能型缓冲装置的棘爪装置的电梯）
5.6.6.5	轿厢上行超速保护装置
5.6.7.7	门开启情况下轿厢的意外移动
5.6.7.8	门开启情况下轿厢意外移动保护装置的动作
5.8.2.2.4	缓冲器恢复至其正常伸长位置
5.9.2.3.1a)3)	可拆卸手动机械装置（盘车手轮）的位置
5.10.5.2	采用接触器的主开关的控制
5.12.1.3	减行程缓冲器的减速状况
5.12.1.4a)	平层、再平层和预备操作
5.12.1.5.1.2a)	检修运行开关
5.12.1.5.2.3b)	与检修运行配合使用的按钮
5.12.1.6.1	紧急电动运行开关
5.12.1.8.2	层门和轿门触点旁路装置
5.12.1.11.1d)	检修运行停止装置
5.12.1.11.1e)	电梯驱动主机上的停止装置

（续）

GB/T 7588.1—2020 条款号	所检查的装置及位置状态
5.12.1.11.1f)	测试和紧急操作面板上的停止装置
5.12.2.2.3	轿厢位置传递装置的张紧（极限开关）
5.12.2.2.4	液压缸柱塞位置传递装置的张紧（极限开关）
5.12.2.3.1b)	极限开关

4. 门联锁回路

轿厢运行前应将层门有效地锁紧在闭合位置上，但是层门锁紧前，可以进行轿厢运行前的预备操作，层门锁紧须由一个符合要求的电气安全装置来验证；如果一个层门或多个层门中的任何一扇打开，在正常操作情况下应不能起动电梯或者保持电梯继续运行，但可以进行轿厢运行前的预备操作；如果一个轿门或多扇轿门中的任何一扇打开，在正常情况下应不能起动电梯或保持电梯继续运行，但可以进行轿厢运行前的预备操作。只有关闭所有层门及轿门，接通全部触点，使门联锁继电器动作，电梯才具备充分的运行条件。在平层控制和对接操作的情况下，可以允许在平层及允许范围内开着层门、轿门运行，但不能有电气装置、层门、轿门触点并联。

6.3.2 检修及紧急电动运行装置

在电梯电气系统中，检修控制电路是一个重要的部分。电梯在正常运行状态下，检修控制电路不起作用，但是当维修人员进行电梯维保或故障处理时就需要用检修控制电路来控制电梯轿厢慢速运行。图6-21所示为各种类型电梯轿顶检修盒。

图6-21 各种类型电梯轿顶检修盒

在电梯系统中，检修开关一般都设在电梯机房、轿顶及轿厢操纵箱处，但三者有一定的检修操作优先权，它们的优先顺序为轿顶→轿厢→机房，并且各自互锁，在同一时间内只能在一处位置操作，再进行电梯维修及救援过程。轿顶检修开关处于检修位置时，其他位置的检修开关无效，只能由轿顶检修开关控制电梯。检修运行的行程应不超过正常的行程范围；检修运行上、下端站限位开关，用于保证检修人员在轿顶和底坑检修时的绝对安全。所以必须在所有安全保护装置及其电路均处于可靠有效的状态下，且电梯的轿厢门及各个层站的层门必须全部关闭时方可检修运行。电梯轿顶检修盒及安装位置如图6-22所示。在轿顶检修开关打到检修位时，轿顶检修开关有效，需要检修慢速上行时，按下公共按钮和上行按钮；需要检修慢速下行时，按下公共按钮和下行按钮。

图 6-22 电梯轿顶检修盒及安装位置

1—轿顶急停开关　2—轿顶检修开关　3—上行按钮　4—公共按钮　5—下行按钮　6—行灯支架

1. 轿顶检修运行

只要将电梯切换到轿顶检修运行状态，正常运行、紧急电动运行、对接操作就全部失效。当电梯进入检修状态时，必须切断自动开关门电路和正常快速运行的电路，不再响应正常运行指令，检修状态下的开关门操作和检修运行操作均只能是点动操作，即点动控制慢速上、下运行。电梯检修时的运行速度应小于或等于 0.63m/s，只有同时按下下行按钮和中间公共按钮时，电梯才能向下慢行。在检修运行状态下，工作人员可以放心作业，不用担心厅外有乘客呼梯造成电梯的运行。这是因为检修运行是最高级别的，只有撤销检修运行，才能使电梯转入其他运行状态。

2. 紧急电动运行

电梯因突然停电或发生故障而停止运行，若轿厢停在层距较大的两层之间或蹲底、冲顶时，乘客将被困在轿厢中。为救援乘客，电梯均应设有紧急操作装置使轿厢慢速移动，从而达到救援被困乘客的目的。为实现这种功能，电梯设置了紧急电动运行装置，它一般安装在控制柜内，在解救被困乘客时可以使用该装置。

当进行检修运行时，紧急电动运行应处于断路状态。紧急电动运行时，应使安全钳上的电气安全装置、限速器上的电气安全装置、轿厢上行超速保护装置上的电气安全装置、极限开关和缓冲器上的电气安全装置失效。这样，当电梯发生限速器安全钳联动或者电梯轿厢冲顶或蹲底时，可以通过紧急电动运行装置操控电梯离开故障位置。例如电梯困人时，可以通过紧急电动运行装置快速把人救出，也可以及时把故障电梯恢复正常。

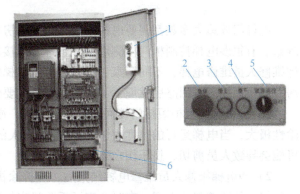

图 6-23 电梯紧急电动运行装置

1—紧急电动运行装置　2—急停按钮
3—慢上按钮　4—慢下按钮
5—紧急运行切换开关　6—控制柜

如图 6-23 所示，紧急电动运行装置设置在控制柜内，进行紧急电动运行时，应禁止无关人员运行电梯。拨动紧急运行切换开关到紧急电动运行状态，就可以通过按钮 3、4 操作电梯慢上、慢下运行。紧急情况下也可以通过急停按钮 2 使电梯停止运行。

6.3.3 电梯急停开关

如图 6-24 所示，电梯在控制柜、轿顶、底坑、轿厢都设置有急停开关，用于在维修过程或紧急情况下使电梯不能运行。有机房电梯的急停开关一般都安装在曳引机附近，以方便在电梯出问题时能以最快的速度按下急停开关，使曳引机迅速断电并抱闸，切断所有电路电源。无机房电梯的急停开关一般都在控制柜中，其原理是一

a) 控制柜急停开关　　b) 轿顶检修盒急停开关　　c) 底坑检修盒急停开关

图 6-24　电梯急停开关

样的，一般都离抱闸扳手不远。轿顶急停开关应安装在距检修或维护人员入口不大于 1m 的易接近位置。该装置也可设在紧邻入口不大于 1m 的检修运行控制装置上。

停止装置的要求：停止装置应由安全触点或安全电路构成。停止装置应为双稳态，误动作不能使电梯恢复运行。停止装置上或其近旁应标出"停止"字样，设置在不会出现误操作危险的地方。

6.3.4 厅门旁路装置

电梯事故多是因为门锁短接而导致的剪切、挤压伤亡事故。例如，电梯因为门锁故障停止运行，电梯维修人员短接门锁回路后上轿顶修理时被电梯快车⊖挤压伤亡。

1. 门锁短接的安全隐患

电梯门故障大多数都需要电梯维修人员在机房控制柜短接门锁回路后才能进入轿顶进行维修。有很多电梯控制柜门内侧用签字笔标有短接门锁回路所需的端子号，以此可以方便电梯维修人员维修电梯，不同厂家、不同型号的电梯短接门锁回路所需的端子号不同，但在机房控制柜短接门锁回路后就埋下了安全隐患，主要包括以下两个方面：

1）在机房控制柜短接门锁回路后，电梯快、慢车均能开门运行，而快车开门运行的危险性极大，当电梯运行的速度大于 1.0m/s 时，人的反应速度往往跟不上电梯的速度，由此可能会导致人员剪切、挤压伤亡事故。

2）当电梯维修人员维修电梯结束后，应拆除机房控制柜的门锁回路短接线，但由于电梯维修人员的疏忽、大意，有时会忘了拆除机房控制柜的门锁回路短接线。

2. 厅门旁路装置

厅门旁路装置一般应处于控制柜内。旁路装置应该用开关或插销来启动。旁路状态下，轿厢运行时，轿顶板控制声光报警装置工作，轿厢下部 1m 处的噪声不小于 55dB。关门到位信号粘连时，系统报故障且电梯不允许运行。厅门旁路装置插件如图 6-25 所示，开关或插

⊖ 快车指电梯正常运行，慢车指电梯检修时的低速运行。

销要被保护起来以防止误操作，且要能满足电气安全装置要求。当电梯处于旁路工作状态时，电梯只能被检修人员操作，并以检修速度运行。旁路装置附近应安放有警告标志，且要详细说明其正确使用方法。当旁路门锁插件插在正常位置（非旁路门锁位置 S2）时，电梯可以正常运行；当该插件插在检修位置（旁路门锁位置厅门旁路 S2 或轿门旁路 S2）时，电梯只能在紧急电动或轿顶检修状态下运行。如果维修人员忘记将旁路门锁

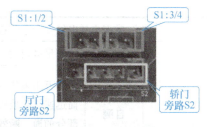

图 6-25　厅门旁路装置插件

插件插回到正常位置，那么只要检修开关转到正常位置，安全信号就会马上被断开，电梯将无法正常运行。

6.3.5　紧急报警装置及对讲装置

当电梯使用过程中发生故障停机、停电困人等意外情况或者维修人员在井道中被困时，为使被困人员能向轿厢外求援，及时与外界取得联系并配合维修人员解救，在电梯轿厢内设置了紧急报警装置及五方对讲系统。

如图 6-26 所示，电梯五方对讲系统分别将轿厢分机、机房分机、轿顶分机、底坑分机及监控室主机安装在电梯轿厢、电梯机房、电梯轿顶、电梯底坑及物业值班室位置。电梯乘客可轻按右边"电话"键向值班室发出呼叫信号。电梯正常保养时，按"警铃"键即可与电梯机房通话，以方便维修时沟通。当接到呼叫电话时，可在监控室主机上显示出发出呼叫电话电梯的位置，以达到及时救援的效果，并具有回拨功能。

如果电梯行程大于 30m，在轿厢和机房之间应设置由紧急电源供电的对讲系统。

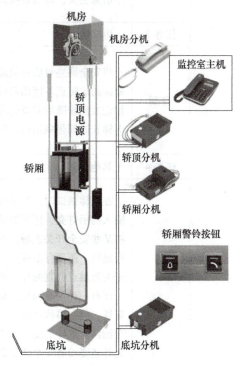

图 6-26　电梯五方通话位置

任务工单

任务名称	电气安全电路检测	任务成绩	
学生班级		学生姓名		实践地点	
实践设备	电梯控制柜		
任务描述	电梯安全电路是电梯控制系统中最简单也是最重要的电路之一。一般的电梯安全电路通常由一个继电器串接一系列安全保护元件（开关或触点等）组成。本次任务的主要内容是学会安全电路的检测。		

(续)

目标达成	掌握电梯电气安全电路检测方法		
任务实施	任务1	测量电阻法	
	自测	用万用表的电阻档测量安全回路各点间的电阻值,可确定故障点的位置,从而迅速排除故障。测量电阻必须断电后再进行。使用讯响器来检查安全回路各部分的通、断效果相同,不过要注意安全回路的首、尾是通过电源和安全继电器的线圈连接起来的,必要时应将其断开	
	任务2	测量电压法	
	自测	安全回路上各点之间不应有明显的电压降,所以测量电压也能迅速找出故障点。不需要停电后再进行测量是该方法的优点之一。因为有时停电会使某些故障信息丢失,增加查找其他故障的困难	
	任务3	短接法	
	自测	将安全回路可能有故障的地方用导线短接,并逐步缩小范围,即可找到安全回路的故障点。使用短接法要考虑到安全回路接通后电梯可能突然开动,还要切记故障排除后要及时将短接线拆除,更不能不排除故障而仅仅使用短接线让电梯长时间带病运行,很多严重的电梯事故都是这样造成的	
	任务4	其他检测法	
	自测	在电梯调试时,如果仅仅看到电压继电器吸合或计算机控制器上安全回路的输入指示灯亮,还不能认为安全回路就完全正常了。因为有可能因接线错误而将某些安全开关或触点漏接或旁路。所以用以上三种方法之一将安全回路检查接通后,还要仔细核查一下所有的安全元件是否全部装齐,并且逐一将各安全开关和触点分别断开,确认安全回路也随之切断。 还有一种可能的情况是,电梯的安全回路连接完全正确,正常情况下也全程贯通,但在事故情况下,有的保护开关或触点却不一定能够可靠动作、分断安全回路。这样的安全回路形同虚设,并不能起到安全保护作用。所以检查线路之外还要检查安全装置和元件,即逐一检查安全回路上各开关、触点是否性能完好,安装正确,调整到位,包括安全装置(如限速器、缓冲器等)本身的技术状况,才能确保在事故状态下可靠动作。鉴于安全回路的重要性,这项工作还要反复定期进行	
任务评价	1. 自我评价 2. 任课教师评价		

项固训练

填空题

1. 紧急电动运行时可以让_____、_____、_____、_____、_____安全开关失效。
2. 电梯安全回路的主要作用为_____。
3. 厅门旁路装置的作用为_____。

项目 7　电梯电气控制系统的结构与测试

任务 7.1　电梯电气控制系统的组成与功能

工作任务

1. 工作任务类型

学习型任务：掌握电梯电气控制系统的组成和运行逻辑。

2. 学习目标

（1）知识目标：掌握电梯的运行控制过程；掌握电梯运行控制的典型控制环节；理解电梯的各种控制方式；掌握集选控制电梯的控制原则以及功能特点。

（2）能力目标：能够明确阐述电梯各种功能的特点；能够正确解释电梯的运行过程。

（3）素质目标：具备团队协作能力；具有安全生产，明责守规的意识。

电梯电气控制系统

知识储备

电梯控制系统主要根据电梯主控制器、层站召唤、楼层显示、控制按钮和信号进行分析判断，控制电梯的起动、稳速运行、减速、准确平层、平滑停车、及时开门、信号显示等功能，并且具有故障自诊断、冗余预警、遥控监测等功能，以确保电梯安全节能、快捷地运行。

7.1.1　电气控制系统的组成

电梯主要的控制对象有两个，一个是控制电梯上下运行的曳引机，另一个是控制电梯门开关运行的门电动机。电梯的电气控制系统对电梯上下运行与开关门运行逻辑进行控制，同时完成运行状态显示、照明及报警等功能。实现电梯复杂运行的逻辑控制的系统称为电梯的逻辑控制系统。

图 7-1 所示为电梯主要控制部件。由驱动部件曳引机 10 及门电动机完成电梯运行操作，各种外呼信号由厅外呼梯板 1 输入，轿内指令由轿内操纵箱 3 输入，将轿顶各种开关控制信号及门电动机控制运行反馈信号送给轿顶板 4，所有指令及开关状态信号都输入到一体机 2，由一体机完成各种逻辑判断后输出显示及控制曳引机及门电动机的运行。由此可知，一体机是整个系统的核心逻辑控制器件。

7.1.2　电气控制系统的基本功能

1. 电梯自动开、关门控制功能

为了实现自动开、关门，电梯对自动开、关门机构（或称自动门机系统）的功能有明

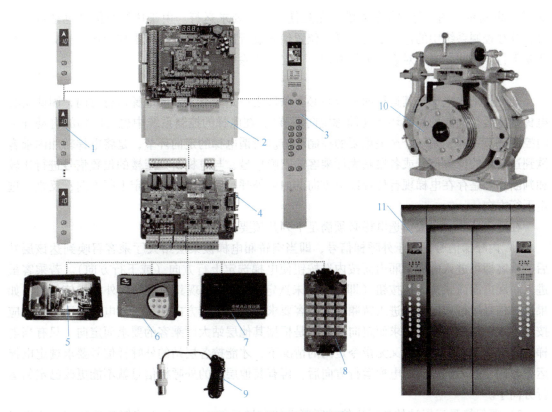

图 7-1 电梯主要控制部件

1—厅外呼梯板 2—一体机 3—轿内操纵箱 4—轿顶板 5—轿内液晶显示 6—门机变频器
7—语音报站器 8—轿内指令板 9—井道位置检测开关 10—曳引机 11—门机系统

确的要求。同时,为了减少开、关门的噪声和时间,往往要求门机系统进行速度调节。自动门机构安装于轿顶上,除了能带动轿厢门启闭外,还应能通过机械的方法,使电梯轿厢在各个层楼平面(或层楼平面上、下 20mm 的安全门区域内)时,能方便地使各个楼层的层门也随着电梯轿厢门的启闭而同步启闭。

当轿厢门和某层楼的层门闭合后,应由电气机械设备的机械钩子和电气触头予以反映和确认。开、关门动作应平稳,不得有剧烈的抖动和异常声响,开关门系统在开、关门过程中其运行噪声不得大于 65dB。关门时间一般为 3~5s,而开门时间一般为 2.5~4s。

2. 电梯的呼梯控制功能

电梯的运行目的是把乘客运送至目的层站,它是通过按轿内操纵箱上的选层按钮来实现的,通常称这样的选层按钮信号为轿内呼梯信号或轿内指令信号,简称内呼梯信号,如图 7-2a 所示。同样,各个层站的乘客为使电梯能到达所呼叫的层站,必须通过该层站电梯厅门旁的呼梯按钮盒(厅外呼梯板)上的上、下两个按钮而发出该层站呼叫电梯的信号,通常称为大厅召唤信号,简称外呼梯信号,

a) 轿内操纵箱　　b) 厅外呼梯板

图 7-2 电梯呼梯显示

如图 7-2b 所示。内、外呼梯信号的作用是使电梯按要求运行。由于这两个信号也是位置信号，其在控制系统中的作用是与电梯的位置信号进行比较，从而决定电梯的运行方向是上行还是下行。因此，必须对它们进行登记、记忆和消除。

3. 电梯的运行方向控制功能

任何类别的电梯，其运行的充分与必要条件之一是要有确定的电梯运行方向，因此所有电梯确定运行方向的控制环节（简称定向环节），在电梯的控制系统中也与电梯的自动开关门控制环节一样，是一个至关重要的控制环节。所谓电梯的定向环节，是将电梯轿厢内乘客欲到达层站的位置信号或各层站大厅乘客的召唤信号，与电梯所处层楼的位置信号进行比较和判断，凡是存在电梯现行位置以上方向的内或外呼梯信号，电梯选定上行方向；反之，选定下行方向。

在定向环节，一般集选电梯必须满足下列几项要求：

1）内呼梯信号优先于外呼梯信号，即当空轿厢电梯被某层站大厅乘客召唤到达该层站后，乘客即可进入电梯轿厢内而按内选按钮使电梯选定上行方向（或下行方向）。若乘客虽进入轿厢内而尚未按内选按钮（即电梯尚未选定方向），出现其他层站的外呼梯信号时，如果这一信号运行方向与已进入轿厢内的乘客要求的电梯运行方向相反，则电梯的运行方向应按已进入轿厢内的乘客要求而定向；而不是根据其他层站大厅乘客的要求而定向。只有当电梯门延时关闭后，而轿内又无指令定向的情况下，才能按各层站的外呼梯信号要求选定电梯运行方向，但一旦确定出电梯运行方向后，再有其他层站的外呼梯信号就不能更改已定的运行方向了。

2）要保持最远层站的外呼梯信号所要求的电梯运行方向，而不能轻易地改变，这样以保证最高层站（或最低层站）的乘客乘用电梯；而只有在电梯完成最远层站乘客的要求后，方能改变电梯运行方向。

3）在有司机操纵电梯时，在电梯尚未起动运行的情况下，应让司机有强行改变电梯运行方向的操作权限。因此，在以有司机操纵为主的使用情况下，有强行换向的功能。

4）在电梯处于检修状况下，电梯的方向应由检修人员直接按轿厢内操纵箱上或轿厢顶的检修箱上的方向按钮进行控制，使电梯向上（或向下）运行；而当松开方向按钮应立即使电梯运行方向消失并立即停车。

4. 电梯的制动减速控制功能

在电梯将到达目的层站前方的一定距离位置时，必须让电梯制动减速，并使电梯的运行速度尽可能降低，直至为零，才能保证电梯的平层准确度。所以在电梯控制系统中，电梯的制动减速控制信号是一个非常重要的控制信号。

电梯制动减速控制信号的产生与电梯的额定运行速度有关，也与电梯拖动系统的控制特性有关。概括地说，电梯的制动减速控制信号也是一个位置信号。对于一个已确定的拖动系统，其制动减速距离的大小也已确定。制动减速控制信号的发出还要根据内、外呼梯信号的要求，即如果在该层站没有内、外呼梯信号，则电梯即使已运行至减速信号的位置，电梯控制系统也不允许发出减速信号。

只有满足下列任一条件才能发出减速信号：

1）已有明确的停车命令，即有内呼梯信号或有与电梯运行方向一致的顺向外呼梯信号并且到达该层站减速位置时，转入减速制动，即顺向截车控制。

2) 电梯应答最远层站且与电梯运行方向相反的外呼梯信号时，当电梯到达该层站减速位置时转入制动减速，即"最远反向截车"控制。

3) 电梯满载或专用直驶时，虽然有外呼梯信号也不予应答，电梯通过该层站时不会减速，而是直达内呼梯信号所决定的层站减速位置时才转入制动减速，即专用直驶控制。

4) 电梯控制系统出现故障，未能在目的层站减速而一直向底层端站或顶层端站行驶，当到达端站强迫换速开关位置时，电梯才转入制动减速，即端站强迫减速控制。

5) 曳引电动机有过热保护装置，当电梯长时间运行或因制动减速控制失灵而以低速驶向邻近层站或端站时，过热保护装置动作使电梯制动减速，即电动机过热保护控制。

5. 平层停车控制功能

电气控制系统完成了电梯拖动系统的制动减速过程以后，就进入了自动平层停车的阶段，适时而准确地发出平层停车信号，从而使电梯准确地停在目的层站平面上。常见的上、下平层信号由磁感应器及双稳态开关或者光电开关产生。

上、下平层停车磁感应器一般安装在轿顶上，当电梯以尽可能低的速度接近目的层站平面，磁感应器进入对应该层站准确停车位置的隔磁板时，向上和向下平层停车磁感应器先后发出允许停车信号。两个磁感应器先后依次均被隔磁板插入，说明电梯轿厢地坎与层楼厅门地坎已齐平，两个磁感应器发出停车信号。

为使平层停车信号准确而及时，必须保证在准确平层停车时，两个磁感应器均正好被隔磁板插入。若因某种意外而使其中一个磁感应器在隔磁板外（如电梯上行时，向上停车磁感应器在隔磁板外），而另一个磁感应器仍被隔磁板插入时，控制系统应能自动反向低速运行，直至在隔磁板外的磁感应器重新进入隔磁板为止，即完成再平层控制。

6. 电梯检修运行控制功能

为排除故障或做定期维修保养，电梯的检修运行控制功能是必不可少的。对于一般信号控制、集选控制的电梯，其检修状态的运行操纵可以在轿厢内操纵，也可以在轿顶或控制柜操纵。在轿顶操纵时，轿内及控制柜的检修操纵不起作用，以确保轿顶操纵人员的人身安全和设备安全。

电梯的检修运行仍应在各项安全保护（电气保护和机械保护）起作用的情况下进行。当检修状态继电器吸合时，必须切断自动开关门电路和正常快速运行电路，检修状态下的开关门操作和检修运行操作均只能是点动操作。检修运行操作也必须在所有安全保护装置及其电路均处于可靠有效的状态下进行。检修运行时，电梯的轿厢门及各个层站的层门必须全部关闭。检修运行的行程应不超过正常的行程范围。检修运行时还应设有一个停止开关。

7. 电梯消防控制功能

对于一幢高层建筑大楼，按照国家消防规范的规定，大楼内应有一台或若干台可以供大楼起火时消防人员专用的电梯。当大楼发生火情时，底层大厅的值班人员或电梯管理人员打开值班室的消防控制开关或装于底层电梯层门旁侧的消防控制开关（见图7-3），则不论电梯处于何种运动状态，均会立即自动返回基站开门放客。

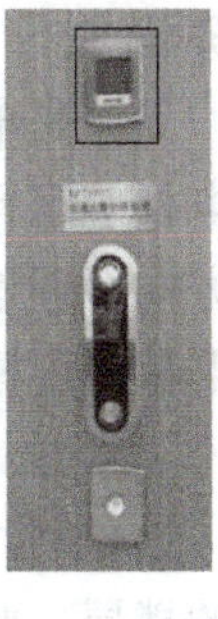

图7-3 电梯厅消防控制开关

进入消防运行的电梯简称消防梯，不管消防梯当时处于何种运行状态均应立即返回基站，不应答轿内呼梯信号和外呼梯信号。正在上行的电梯紧急停车，但当电梯速度>2m/s时，应先强行减速，后停车。在上述情况下，电梯停车不开门，直至底层（或基站）后再开门。正在下行的电梯直达至底层（或基站）大厅，而不应答任何内、外呼梯信号。

当电梯回底层（或基站）时，消防人员通过钥匙开关，可使电梯处于消防人员专用的紧急运行状态，即此时电梯只可由消防人员操纵使用。消防人员在接通消防紧急运行钥匙开关后可进入轿厢，按下要抵达楼层的指令按钮，待该指令按钮内的灯发亮后，说明指令已被登记。电梯自动处于专用状态，只应答内呼梯信号，而仍不应答外呼梯信号。同时内呼梯信号的运行，只能逐次地进行，运行一次后将全部消除内呼梯信号。若要再次运行，要再次按下消防人员要去楼层的选层按钮。在消防运行情况下，电梯是通过按操纵箱上的开关门按钮点动运行的，并且关门速度约是正常时的1/2。如果在门全部闭合前松开关门按钮，电梯立即开门，不再关门，因此电梯门的安全触板、光电保护等不起作用。当电梯到达某一楼层停车后，电梯也不自动开门，必须连续按开门按钮电梯方能开门，松开开门按钮电梯不再开门。消防紧急运行应在各类保护仍起作用且有效的情况下进行。当火警解除后，消防人员专用的电梯及大楼内的其他各台电梯均应能很快地转入正常运行。

7.1.3 电梯群控功能

在一幢大楼内电梯的配置数量（见图7-4）是根据大楼内人员的流量及其在某一短时间内疏散乘客的要求和缩短乘客等候电梯的时间等方面因素所决定的，即所谓的交通分析。这样在电梯的电气控制系统中就必须考虑到如何提高电梯群的运行效率，若多台电梯均各自独立运行，则不能提高电梯群的运行效率。

从电气控制角度看，这种合理调配按其调配功能强弱可以分为并联控制和梯群管理控制两大

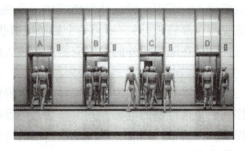

图7-4 电梯的配置数量

类，简称并联和群控。并联就是两台电梯共同享受一个外呼梯信号，并按预先设定的调配原则自动地调配某台电梯去应答外呼梯信号。群控就是几台电梯除了共享一个外呼梯信号外，还能根据外呼梯信号数的多少和电梯每次负载的情况，自动合理地调配各台电梯处于最佳的服务状态。

无论是电梯的并联控制还是梯群管理控制，其最终目的是把对应于某一楼层外呼梯信号的电梯应运行的方向信号分配给最有利的一台电梯，也就是说自动调配的目的是把电梯的运行方向合理地分配给梯群中的某一台电梯。群控系统组成如图7-5所示，每台电梯都需要配置群控调度模块，进行电梯应答分配。

1. 两台电梯并联控制的调度原则

1）正常情况下，一台电梯在基站待命，此梯常称为基站梯；另一台电梯停留在最后停靠的楼层，此梯常称自由梯或称忙梯。若某层有召唤信号，则自由梯立即定向运行去接客。

2）若两台电梯因内呼梯信号而到达基站后关门待命时，则应执行先到先行的原则。例如，A电梯先到基站，而B电梯后到，则A电梯应立即起动运行至事先指定的中间楼层待

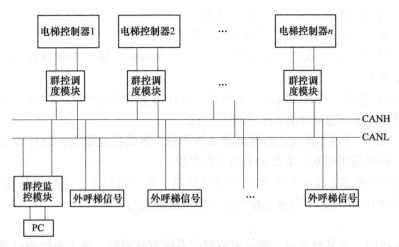

图 7-5　群控系统组成

命，并成为自由梯，而 B 电梯则成为基站梯。

3）当 A 电梯正在向上运行时，如果其上方出现任何方向的召唤信号，或是其下方出现向下的召唤信号，则均由 A 电梯的一周行程中去完成，而 B 电梯留在基站不予应答运行。但如果在 A 电梯的下方出现向上召唤信号，则在基站的 B 电梯应答该信号而发车上行接客，此时 B 电梯也成为自由梯。

4）当 A 电梯正在向下运行时，如果其上方出现任何向上或向下的召唤信号，则在基站的 B 电梯应答该信号而发车上行接客。但如果在 A 电梯的下方出现任何方向的召唤信号，则 B 电梯不应答，而由 A 电梯去完成。

5）当 A 电梯正在运行，其他各楼层的外呼梯信号又很多，但在基站的 B 电梯又不具备发车条件，且在 30~60s 后，召唤信号仍存在时，则通过延误时间继电器而令 B 电梯发车运行。同理，如果本应 A 电梯应答外呼梯信号而运行的，但由于如电梯门锁等故障而不能运行时，则也经 30~60s 的延误时间后而令 B 电梯（基站梯）发车运行。

2. 多台电梯群控的调度原则

根据客流量大小、楼层高度及其停站数等因素计算判断，为了缩短乘客的候梯时间，电梯群控系统按当今的技术水平可以有四个程序、六个程序和无程序（即随机程序）的工作状态。过去，通过硬件逻辑的方式进行控制，因此可以说是无程序的，如迅达电梯公司的 Miconic10 系统、奥的斯电梯公司的 Elevonic411、三菱电机公司的 OS2100 系统等。不论是用硬件逻辑的方法，还是用软件逻辑的方法，群控的调度原则应该是相似的。现就六个程序的工作状态进行介绍。

六个程序的工作状态包括：上行客流量顶峰工作状态、客流量平衡工作状态、上行客流量大工作状态、下行客流量大工作状态、下行客流量顶峰工作状态和空闲时间客流工作状态。六个程序的客流交通特征如下：

1）上行客流量顶峰工作状态的客流交通特征是，从下端基站向上去的乘客特别拥挤，通过电梯将大量乘客运送至大楼内各层，这时楼层之间的相互交通很少，并且向下外出的乘客也很少。

2）客流量平衡工作状态的客流交通特征是，客流强度为中等或较繁忙程度，一部分的乘客从下端基站到大楼内各层，另一部分乘客从大楼中各层到下端基站外出，同时还有相当数量的乘客在楼层之间上下往返，所以上、下客流几乎相等。

3) 上行客流量大工作状态的客流交通特征是，客流强度属于中等或较繁忙程度，其中大部分是向上客流。

4) 下行客流量大工作状态的客流交通特征正好与上行客流量大工作状态相反，只是将前述的向上换成向下，也属于客流非顶峰范畴内。

5) 下行客流量顶峰工作状态的客流交通特征是，客流强度很大，由各楼层向下端基站的乘客很多，而楼层间相互往来及向上的乘客很少。

6) 空闲时间客流工作状态的客流交通特征是，客流量极少，而且是间歇性的（如假日、深夜、黎明）。轿厢在下端基站按到达先后被选为先行。

3. 群控系统中紧急状态的处理和注意事项

在群控系统中，若某台电梯出现故障或群控系统有故障时，整个系统的应变能力远超非群控系统，故障电梯自动转入独立运行状态，不影响整个系统工作。但若电梯管理人员不及时进行故障处理，也会影响电梯系统的整体调度能力。

在有故障情况下，一方面，通过对讲机（或电话机）与电梯轿厢内的乘客取得联系，宽慰乘客不要惊慌，不要自行扒门，以等待电梯急修人员前来抢修和解救；另一方面，电梯管理和值班人员应立即通知电梯急修人员和本单位内的电梯日常维护保养人员，通过其他电梯来解救被困在故障电梯轿厢内的乘客。

对于微机控制的电梯群控系统，值班人员一方面通知电梯急修人员或本单位内的电梯日常维护保养人员前去解救，另一方面通过人机对话系统和本身的故障自动记录系统，查询故障原因，以利于电梯急修人员到来后能正确、迅速地排除故障。

由于是两台以上电梯组成的群控系统，因此在处理紧急事故时要密切注意邻近电梯的运行情况，以免再次产生危险和故障。

7.1.4 目的选层控制

目的选层控制（Destination Selection Control, DSC）是一种全新的电梯群控系统，传统的电梯群控系统靠外呼和内选实现电梯的运输，运力不能够很好地发挥，尤其在高峰时刻会出现严重的拥堵。而 DSC 通过候梯厅选层，以及计算机精确计算以图解的形式告知乘客哪一台电梯能最快将其送达指定楼层，减少电梯中间停站，大大提高运力。实践表明，DSC 系统将运力提高了 20%~30%。DSC 系统能够实现门禁功能，为大厦的管理提供诸多方便，能够实现刷卡和密码双重管理，VIP、残疾人等多种服务。

使用 DSC 系统，乘客便可以在进入厅站之前选择各自的目的楼层，系统会直接引导乘客前往所分配的电梯。如图 7-6 所示，DSC 系统会将人数适当的乘客及某个特定楼层停靠区域分配给同一台电梯，因此乘客可井然有序地登梯，同时最大程度缩短了到达目的地的乘梯时间。

使用 DSC 系统的每个电梯厅外呼梯盒无上、下运行选择按钮，一个电梯厅只有一个数字输入式呼梯盒或刷卡式呼梯盒，如图 7-7 所示。乘客进入电梯后直接通过该呼梯盒输入需要到达的目的楼层。

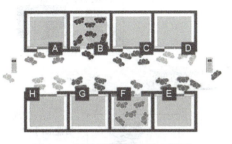

图 7-6 目的选层控制调度原则

a) 数字输入式呼梯盒　　b) 刷卡式呼梯盒

图 7-7 目的选层厅外选层装置

每台电梯厅门侧的电梯服务楼层指示器上显示本台电梯将要服务的楼层，如图 7-8b 所示。呼梯盒直接输入乘客需要到达的楼层数字或者通过刷卡识别到达楼层位置，DSC 系统将分配乘客乘坐电梯并给予提示。乘客根据呼梯盒面板提示前往 DSC 系统分配的电梯，进入电梯后不需要再按下楼层按钮，只需要注意观看轿内运行方向及服务楼层指示器（见图 7-8c），其上方提示电梯现在位置及运行方向，下方提示该电梯所要前往的楼层。

a) 厅外呼梯盒　　b) 服务楼层指示器(厅站)　　c) 轿内运行方向及服务楼层指示器

图 7-8 目的选层系统

7.1.5　电梯物联网系统

电梯物联网是为解决目前电梯安全问题而提出的概念，利用先进的物联网技术，将电梯与电梯相连并接入互联网，从而使电梯、质监部门、房产企业、整梯企业、维保企业、配件企业、物业公司和业主之间可以进行有效的信息和数据交换，从而实现对电梯的智能化监管，以提升电梯使用的安全性，保障乘客的生命安全。

数据采集部分、数据传输部分、中心处理部分以及应用软件共同构成了完整的电梯物联网系统，如图 7-9 所示。安装在远端各个电梯上的电梯监控终端的数据采集系统主要负责采集电梯的相关运行数据，通过微处理器进行非常态数据分析，经由 3G、GPRS、以太网络或 RS485 等方式进行数据传输，由服务器进行综合处理，实现电梯故障报警、困人救援、日常管理、质量评估、隐患防范、多媒体传输等功能。

电梯整个生命周期的各个节点都在电梯物联网平台中进行，如电梯的采购、出厂、建档、安装、验收、维保、故障报警以及年检等信息都可在电梯物联网平台中查到。政府质监部门、房产企业、整梯企业、维保企业、销售企业、配件企业、物业公司、业主等可根据自身的用户权限访问不同的信息；各种应用都可在电梯物联网平台中展开，电梯物联网真正做到了有权限的信息共享。

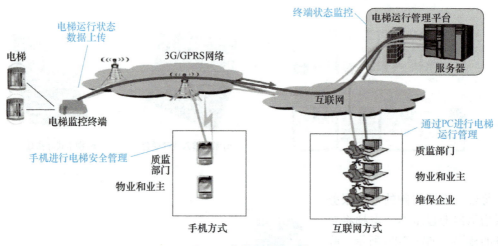

图 7-9 电梯物联网系统

7.1.6 电梯运行条件

任何类型的电梯或控制形式,要使电梯在输送乘客或货物向上或向下运行时,电梯能安全可靠地运行,就必须满足以下条件。

1) 必须把电梯的轿厢门和各个层站的电梯层门全部关闭好。这是电梯安全运行的关键,是保证乘客或司机等人员避免坠落和剪切危险的基本条件。电梯控制系统需要通过轿门和厅门门联锁信号来判断各层门及轿门的关闭状态。

2) 必须要有确定的电梯运行方向(上行或下行)。这是电梯运行的最基本任务,即通过内、外呼梯登记后确定将乘客送上(或送下)至需要停靠的层站。

3) 电梯系统的所有机械及电气安全保护系统有效且可靠。这是电梯设备和乘客人身安全的基本保证。电梯控制系统需要通过安全回路信号判断电梯机械与电气安全保护系统是否有效,必须在确定安全回路正常情况下才能发出起动运行的指令。

7.1.7 电梯运行过程

电梯除经常使用的正常运行状态外,还存在其他运行状态。例如,方便维修人员检修和维护电梯的检修运行状态、用于安全回路局部发生故障时移动轿厢的紧急电动运行状态,以及用于发生火灾事故时的消防运行状态等。

对于正常运行控制,即普通乘客使用电梯时对电梯的操作,这种操作通常是借助触摸按钮、磁卡控制等输入乘客要求到达层站的信号,要求信号系统功能有效、指示正确,将乘客高效、快捷、安全地运送到目的楼层。

1. 电梯正常运行

(1) 运行登记　运行登记信号包括内呼梯信号登记及外呼梯信号登记。

1) 内呼梯信号登记。乘客进入轿厢,根据各自欲前往的楼层,逐一按下相应楼层的选层按钮,完成了电梯运行指令的预行登记,电梯便自动决定运行方向。

2) 外呼梯信号登记。其原则是"同向响应、反向保留"。先同向运行:只要申请乘梯方向符合此时电梯运行方向，电梯就能被顺向截停。后反向运行：当同向登记指令都已被执行以后，乘客只要按下起动按钮，电梯便自动换向运行，执行另一方向的登记指令。

在运行过程中，可逐一根据各楼层外呼梯信号对符合运行方向的召唤逐一应答，自动停靠，自动开门。在完成全部同向的登记后，若有反向外呼梯信号，则电梯自动换向运行，应答反向厅外召唤。如果没有召唤，电梯便自动关门停机，或自动驶回基站关门待命。如果某一楼层又有召唤，电梯便自动起动前往应召。

（2）起动运行　按起动按钮，电梯自动关门，当门完全关闭后，门锁微动开关闭合，使门联锁信号接通，电梯开始起动、加速，直至稳速运行。

（3）自动运行　当乘客进入轿厢时，只需按下欲前往的层站按钮。电梯在到达规定的停站延迟时间后，便自动关门起动、加速，直至稳速运行。

（4）减速运行　当电梯到达欲停靠的目的楼层前方某一位置时，由井道传感器向电梯控制系统发出转换信号，电梯便自动减速准备停靠。

（5）自动平层　当轿厢进入到平层区（即停靠楼层上方或下方的一段有限距离）时，井道平层传感器动作，发出平层信号控制轿厢准确平层，并自动开门。如果平层准确度低于标准要求，则电梯进行校正运行，电梯以最低的速度慢行到准确平层位。平层是指停车时，轿厢的地坎与厅门地坎相平齐的过程。标准规定平层时，两平面相差不得超过5mm。

（6）继续运行　如果电梯继续同向运行，乘客只需按下起动按钮，电梯便按预先登记的楼层，按序逐一自动停靠，自动开门。

2. 电梯特殊情况运行

（1）障碍开门　如果电梯在某一楼层关门时，有人或物碰触了门安全触板，或被非接触式的光电式、电子式装置检测到关门障碍时，电梯便停止关门并立即转为开门。

（2）本层开门　如果欲乘电梯的乘客正逢电梯关门时，可按下厅外上、下召唤按钮中与电梯欲运行方向相同的按钮，电梯便立即开门。

（3）电梯超载　如果由于载物过多而超载，则电梯超载检测装置发出超载信号，在声光提示的同时，阻止电梯起动并开门，直到满足限载要求，电梯方能恢复正常运行。

3. 电梯检修运行

电梯可以进行检修操作的位置有控制柜、轿顶检修盒、轿厢操纵箱，这些都是供维修人员进行维修保养作业使用的。

轿顶应装设一个检修运行装置，如轿内、机房也设有检修运行装置，应确保轿顶优先。对于机器设备安装在井道内的无机房电梯，在满足相应条件下可以在轿厢内、底坑内或平台上设置一个副检修控制装置。一般情况下，不提倡在一台电梯上设置两个或两个以上检修控制装置，如果设置两个检修控制装置，则应该保证两者之间符合国家标准规定的条件。

4. 紧急电动运行

电梯主机机房里应安装有紧急电动运行开关，进行紧急电动运行时，应排除该部分控制以外的其他任何电力运行。当进行检修运行时，紧急电动运行应处于断路状态。当电梯发生限速器、安全钳联动或者电梯轿厢冲顶、蹲底时，可以通过紧急电动运行操控电梯离开故障位置，如轿厢内关人，可以快速把人放出来，也可以及时把故障电梯恢复正常。因此，紧急电动运行开关可以使限速器、安全钳、电梯上行超速保护设备、缓冲器、极限开关失效。

5. 消防运行

首先，要分清普通电梯的消防功能与可在火灾中使用的消防员电梯的区别。普通电梯因电梯用材、设计结构的局限性，在发生火灾时，有可能因为发生断电、高温、潮湿等情况停梯困人，不能起到火灾时疏散人员和消防支持的作用。一般电梯的消防功能是指紧急情况返回基站的功能，也就是一旦发生火灾将马上操作位于基站的消防开关。该功能一经开启，电梯便会直接回到系统设定楼层开门待命，而不会响应外呼或者内选信号了。一般的电梯在发生火灾时无法运行，但是消防员电梯是指在火灾情况下能正常使用的一种特殊电梯，也可以作为客梯或工作电梯使用，但应符合消防员电梯的要求。

6. 电梯运行状态相互间的逻辑关系

（1）正常运行与其他运行状态的逻辑关系　只要电梯切换为检修运行、紧急电动运行、消防运行中任意一种，正常运行功能将失效，电梯不能接收外呼和内选信号，只能执行相应操作。

（2）检修运行与紧急电动运行　一旦进入检修运行，应取消一切对电梯的操作（包括正常运行、紧急电动运行），只能执行检修操作。检修运行电气安全装置仍然有效，而紧急电动运行应使部分电气安全装置失效，如限速器、安全钳、极限开关、上行超速保护装置、缓冲器上的电气安全装置。检修运行一旦实施，则紧急电动运行应失效。在触发了检修运行开关后再触发紧急电动运行开关，则紧急电动运行无效，检修运行仍然有效。在触发了紧急电动运行开关后再触发检修运行开关，则紧急电动运行失效，检修运行有效。

（3）紧急电动运行与消防运行　触发紧急电动运行开关后，除由该开关控制的运行以外，应防止轿厢的一切运行。所以，紧急电动运行优先于消防运行。

任务工单

任务名称	电梯的运行及各项功能的测试		任务成绩	
学生班级		学生姓名		实践地点	
实践设备	3层3站电梯				
任务描述	电梯电气控制系统的首要任务是确保电梯运行过程中人员和设备的安全。根据电梯安全可靠运行的条件，控制电梯的运行过程。电梯的控制是一个极其复杂的逻辑判断及执行过程，它需要精确判断电梯当前状态并比较各类运行、控制指令，并进行电梯运行逻辑运算，以达到精确、安全地控制电梯运行，从而实现安全快捷地完成大楼乘客运输的任务。本任务将电梯的工作过程分解，组织学生分组进行观察，在验证中了解和掌握电梯的功能				
目标达成	掌握电梯的运行控制过程、控制原则；掌握电梯的基本功能和可选功能				
任务实施	任务1	电梯的运行工作过程的分解			
	自测	（1）电梯起动运行的前提条件是_____回路和_____回路是通的 （2）电梯电气控制系统的基本线路有_____、_____、指层线路、_____、起动与制动运行线路、平层控制电路、_____、检修电路、消防电路和_____			

(续)

	任务2	全集选电梯的运行原则	
任务实施	自测	（1）全集选电梯具有_____定向功能、_____、自动开关门功能和本层呼梯自动开门功能 （2）集选电梯的运行原则 　1）轿厢在三层，先按下一层外呼上行按钮，然后按下五层下呼按钮，则电梯的运行方向是什么？满足什么原则？ 　2）当电梯在一层时，分别呼梯：二层呼下、三层呼上、四层呼下，则电梯的运行过程是？满足什么原则？ 　3）当电梯在一层时，分别呼梯：二层呼下、三层呼下、四层呼下，则电梯的运行过程是？满足什么原则？ 　4）当电梯在一层时，一层呼梯，则电梯的运行过程是？满足什么原则？	
	任务3	电梯各项功能的测试	
	自测	（1）锁梯功能测试。当电梯在三层时，将钥匙开关转到锁梯位置，说明电梯的运行过程 （2）司机功能测试。将电梯转入司机运行操作状态，点动关门，如果门未关到位就松开关门按钮，则电梯的运行情况如何？	

(续)

	任务3	电梯各项功能的测试
任务实施	自测	（3）检修功能测试。将电梯转入检修运行状态，说明电梯检修运行的特点 （4）消防功能测试。将电梯转入消防运行状态，电梯在下行的过程中，按下二层下呼按钮，则电梯的运行情况如何？ （5）安全触板和光眼保护功能测试。电梯在关门过程中，碰触安全触板，或者将胳膊深入门区，则电梯的运行情况如何？ （6）超载报警功能测试。将电梯超载开关接通，则电梯的运行情况如何？
任务评价		1. 自我评价 2. 任课教师评价

项固训练

（一）判断题

1. 在电梯处于检修状况下，电梯的方向控制应由检修人员控制，需要电梯上行时，检修人员直接按下轿厢顶检修箱上的上行方向按钮即可。（　　）

2. 电梯处于检修状态下，轿厢内按钮能控制电梯上下运行。（　　）

3. 乘坐目的选层控制的电梯，进入指定电梯后无须按下需要到达楼层的按钮。（　　）

（二）填空题

1. 电梯正常运行时的方向判断是通过_____信号与_____信号相比较来确定的。

2. 轿顶应装设一个检修运行装置,如轿内机房设有检修运行装置,应确保_____优先。

(三)选择题

1. 下面哪个操作的优先级最高(　　)
   A. 轿顶检修运行　　B. 正常运行　　C. 消防运行　　D. 紧急电动运行
2. 关于电梯正常运行的安全运行条件,下列说法错误的是(　　)
   A. 电梯的轿厢门和各个层站的电梯层门必须全部关闭好
   B. 电梯安全回路要有效且可靠
   C. 电梯需要有多个呼梯信号
   D. 必须要有确定的电梯运行方向(上行或下行)

(四)简答题

1. 电梯运行方向的选择有哪些原则?

2. 电梯目的选层系统与传统的群控系统有什么不同?

任务7.2　电梯机房电气部件功能与测试

工作任务

1. 工作任务类型

学习型任务:掌握电梯机房电气部件的功能和测试方法。

2. 学习目标

(1)知识目标:掌握电梯电源箱的动力电源和照明电源的用电要求;掌握电梯控制柜电器信号装置及其信号的功能。掌握电梯控制柜各电器信号之间的关系。

(2)能力目标:能够根据电梯控制柜电器设备的工作情况来判断电梯的运行状态;熟悉控制板及其变频器各类指示灯、开关、按钮的功能。

(3)素质目标:具备团队协作能力;具有安全生产,明责守规的意识。

知识储备

电梯的电气设备主要由控制柜、电源装置、井道布线、信号系统、保护系统、平层系统、照明及排气装置等组成。电气部件主要由曳引电动机、制动器线圈、开关门电动机、调速控制装置、限速器开关、张紧轮开关、安全开关、缓冲器开关以及各种安全防护按钮和开关构成。这些电器设备和电气部件构成了电梯的整个电气控制系统,其结构框图如图7-10所示。

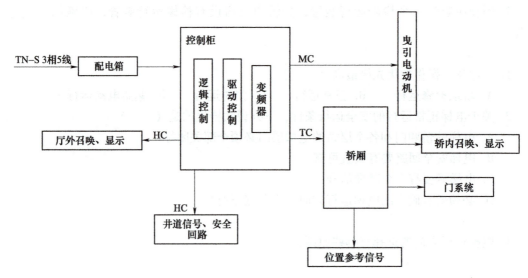

图 7-10　电梯的电气控制系统框图

为了便于电梯的制造、安装、调试和维修，电梯制造厂的设计人员以方便制造、安装、维修保养、操作作为出发点，将构成电梯电气控制系统的众多电器元件分别组装到控制柜、操纵箱、轿顶检修盒等十多个部件中。但有些电器元件若集中组装成电器部件，反而会给制造、安装、维护保养工作带来麻烦或困难，故将这部分电器元件分散安装到各相关电梯部位中。电梯电气控制系统中的主要专用器件见表 7-1。

表 7-1　电梯电气控制系统中的主要专用器件

序号	名称	功　能
1	换速平层装置（又称井道信号装置）	当电梯要达到预定站时，为乘坐舒适，应从高速转换成低速，此时的换速平层装置起发送换速指令的作用；而当电梯到站时，为确保电梯准确就位，应由换速平层装置发出平层停车信号
2	选层器	模拟电梯运行状态，向电气控制系统发出相应电信号的装置
3	操纵箱	控制电梯上、下运行的操作中心，安装在轿厢内
4	指层灯箱	给司机及轿内、外乘用人员提供电梯运行方向和所在位置指示灯信号
5	召唤按钮箱	供乘用人员召唤电梯用
6	轿顶检修箱	对电梯进行安全、可靠、方便的检修，安装在轿厢顶上
7	控制柜	电梯电气控制系统完成各种主要任务及实现各种性能的控制中心

7.2.1　电梯的电源箱

电梯应从产权单位制定专用的电源箱，电源箱应能上锁。电源箱内的开关、保险、电气设备的电缆等应与所带负荷相匹配。严禁使用其他材料代替熔丝。

1. 动力电源

电梯的动力电源是指电梯曳引电动机及其控制系统所用的电源，一般是三相交流电。

(1) 电压范围　三相交流电源线电压为 380V，电压波动应在额定电压值的 ±7% 范围内。

(2) 接入方式　电源进入机房后，先通过各熔断器或总电源开关，再分接到各台电梯的主电源开关上。

(3) 主电源开关的要求

1) 安装在机房入口处，易识别，容量适当，高度符合要求。

2) 具有稳定的断开和闭合位置，能切断电梯正常使用情况下的最大电流。

3) 在断开位置应能挂锁或用其他等效装置锁住，以防误操作。

4) 在断开位置不应切断照明、通风、插座及报警电路。

2. 照明电源

对照明电源的要求如下：

1) 机房、轿顶、轿厢、滑轮间和井道照明电源应与动力电源分开。

2) 机房照明可由配电室直接提供。

3) 轿厢照明电源可由相应的主开关进线侧获得，并应设开关进行控制。

4) 轿顶照明可采用直接供电或安全电压供电。

5) 井道照明应设置永久性电气照明装置，在机房和底坑设置井道灯控制开关。在井道最高和最低处 0.5m 内各设一照明灯，中间照明灯的设置间隔不超过 7m。

6) 井道作业照明线路应使用 36V 以下的安全电压。

7.2.2　电梯机房电气控制信号装置和信号功能

机房内电气装置有主电源开关、控制柜、线槽、电动机和制动器电源、限速器电源等。

1. 控制柜

(1) 作用　控制柜是集中装配电梯控制系统中用于过程管理和中间逻辑控制的电工、电子器件及相关器件的装置，是电梯控制系统的控制中心，也是管理控制电梯和分析判断电梯故障的平台。常见的电梯控制柜结构示意图如图 7-11 所示。

(2) 组成　控制柜上有急停和检修操作按钮，主要用于在机房维修时对电梯进行操作运行控制。控制柜里有用于对电梯电气信号进行逻辑控制的控制核心，它经历了三个发展阶段：第一阶段，由接触器继电器元件构成逻辑控制系统；第二阶段，由 PLC 控制；第三阶段，由各个厂家自主开发的微机板控制。

变频器可以对曳引机进行缓慢加减速

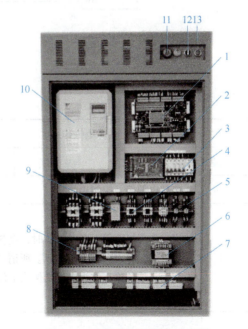

图 7-11　电梯控制柜结构示意图

1—微机板　2—开关电源　3—断路器　4—接触器
5—继电器　6—变压器　7—信号接线端子　8—动力电源
接线端子　9—相序继电器　10—变频器　11—急停按钮
12—检修操作按钮　13—柜体

度,提高了电梯运行的舒适度,通过变频的方式来进行速度的控制也大大节约了电能。

控制柜中还有用于电压变换的变压器,控制柜下方的端子排用于接收井道以及轿顶的安全和控制信号,经过微机板处理输出的控制信号传递到动作执行设备。

控制柜中还有用于曳引机工作电源错相或断相保护的相序继电器、查看制动器是否抱闸及电梯的安全装置是否动作的抱闸继电器和安全继电器,以及用于接通变频器输出电源的输出接触器等。

2. 制动器的线圈

电梯的制动器是很重要的安全装置,制动器是由制动线圈、制动闸瓦、制动弹簧等部件构成,当电梯运行,发出制动信号,控制柜的制动继电器得电吸合,相应地制动线圈也应同时在工作电源的驱动下得电,产生松闸力,释放制动器。图 7-12 所示为制动线圈的工作原理图,BY、SW 两个接触器控制制动回路,一旦两个接触器的线圈在得电吸合后出现任一触点不通,都将导致电梯关人事故。

图 7-12 制动线圈的工作原理图

任务工单

任务名称	挂牌上锁规范操作	任务成绩	
学生班级		学生姓名		实践地点	
实践设备	电梯电源箱、控制柜		
任务描述	当工作现场不需要开动设备时,设备必须处于"零能量"状态(包括电能、液压能或气动压力等),并将其锁闭/警示。所谓"零能量"状态是指消除或控制了危险能量,使之不再成为一种危险。作为电梯维保或工作人员必须能够正确进行"锁闭/警示"操作		
目标达成	1. 明确电梯电能锁闭/警示程序 2. 清楚电梯的动力电源及其动力电源的测试方法 3. 规范实施电梯的挂牌上锁步骤		

(续)

	任务1	了解 JHA（工作危险分析）表单	
任务实施	自测	□保养　　　　　　　□招修 员工：　　　　　　　日期： 电梯编号（合同号）： 简单工作表述 作业区域 □机房　　　　□轿顶井道　　　　□底坑 可能出现下列危险： □1. 挤、夹　　□2. 危险能量　　□3. 打、撞击 □4. 拌/滑/落　□5. 扭/扭伤　　　□6. 化学品 可能出现下列 FPA（致命事故预防审核）项目： □1. 坠落　　　□2a. 进出轿顶　□2b. 进出底坑　□3a. 电能 □3b. 机械能　□4a. 端接线　　□4b. 索具 其他： 控制方法： □进出轿顶　　□进出底坑　　□爬梯安全　　□护栏 □锁闭/警示　　□轮护罩　　　□手套　　　　□安全帽 □清洁/清理　　□用电安全　　□电气防护　　□照明 □油/废物处理　□端接线　　　□坠落保护　　□轿厢支撑 其他：	
	任务2	学习锁闭/警示程序的流程，规范实施挂牌上锁	
	自测	（1）必须通知所有相关工作人员使用"锁闭/警示"系统及原因 （2）在机房填写 JHA（工作危险分析）表单（见图 a） JHA 是通过分析工作的每一步来识别危险，以便采取必要措施，避免事故发生的一种方法 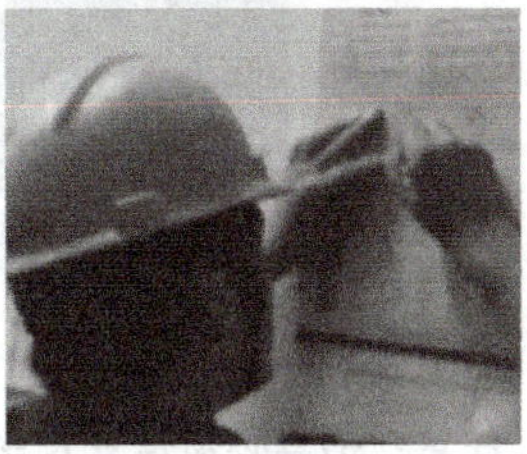 图 a　JHA 分析	

（续）

任务实施	任务2	学习锁闭/警示程序的流程，规范实施挂牌上锁
	自测	（3）在基站、轿厢内、工作层设置防护栏（见图b） （4）在机房通过对讲机通知或询问，确认电梯内无人，用电梯检修操作按钮控制电梯（见图c）。   图b　放置护栏　　图c　确认轿厢无人 （5）使用电源箱切断电梯的工作电源 注意：①一定要侧身拉闸，防止电弧对人体的伤害（见图d）；②在进行挂牌上锁前，要确定身上无外露的金属件，如项链、手链、腰带上的金属钥匙圈等  图d　侧身拉闸 （6）验电。分别检测电源箱中的电源（见图e）以及380V主断路器电源下端三相线（相间测试），并需对地进行测试（见图f），观察控制柜确认主板上的灯是否熄灭 注意：在用万用表进行验电时，需将万用表接在220V民用插座上或在其他没有电击风险的等同地方检验万用表交流档是否工作正常   图e　电源箱验电　　图f　电源对地测试 （7）进行上锁挂牌 注意：锁具必须是专人专锁，并且需要在禁止合闸的牌子上写明姓名、工作地点和日期（见图g）。若是多人参加工作，每人都要上自己的锁（见图h）

(续)

任务实施	任务2	学习锁闭/警示程序的流程，规范实施挂牌上锁				
	自测	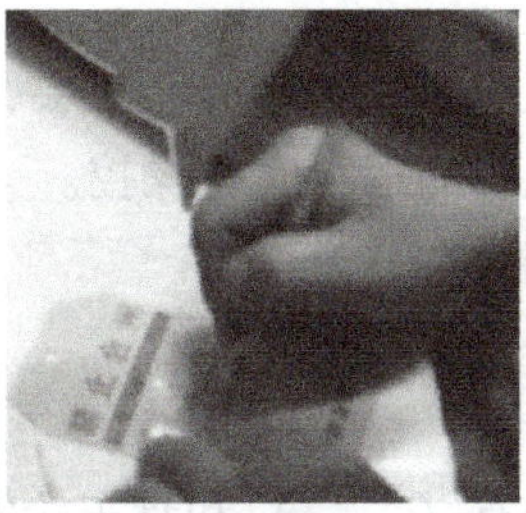 图g 填空信息 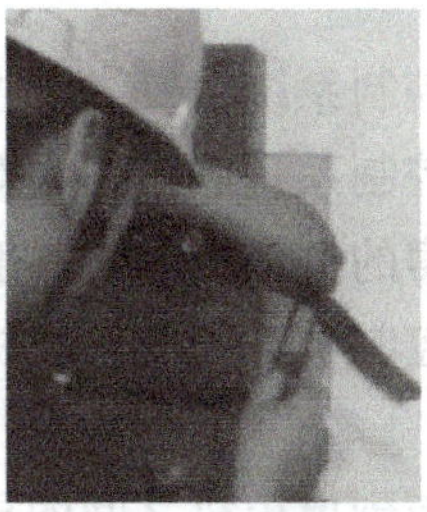　　　　图h 上锁 （8）工作完成后，本人开启自己的锁具 （9）清理现场检修试运行，恢复正常				
任务评价	1. 自我评价 （1）检测要素 1）安全装备和安全操作是否到位 2）对于进出挂牌上锁操作的步骤是否熟练 3）文明施工、纪律安全、设备工具管理等 （2）评价要素					

序号	考核内容与要求			配分及评分标准
1	进行挂牌上锁前的安全警示和安全分析	（1）说明挂牌上锁操作的原因	5分	30分
		（2）JHA分析及JHA分析的内容	15分	
		（3）放置护栏	10分	
2	切断电源	切断电源的正确姿势及注意事项说明	10分	
3	验电	（1）万用表的测试	10分	30分
		（2）电源相间测试	10分	
		（3）电源的对地测试	10分	
4	挂牌上锁	（1）禁止合闸牌信息的填写	10分	20分
		（2）挂牌上锁的操作	10分	
5	安全文明操作	（1）安全操作，正确使用工具，安全防护	3分	10分
		（2）清理现场，收集工具	3分	
		（3）服从指挥	4分	

2. 任课教师评价

项固训练

(一) 判断题

1. 电梯控制系统由操纵、位置显示、控制屏、平层、选层等装置组成。　　　　( )
2. 电梯控制系统的作用是对电梯的运行实行操控。　　　　　　　　　　　　( )
3. 无机房的电梯控制柜一般安装在井道一侧。　　　　　　　　　　　　　　( )
4. 电梯控制柜一般安装在机房内。　　　　　　　　　　　　　　　　　　　( )

(二) 多选题

1. 控制柜到曳引机之间的导线有 ( ) 和盘车轮安全开关线。
   A. 电机电源线　　　　　　　　B. 抱闸电源线
   C. 开闸检测开关线　　　　　　D. 旋转编码器线
2. 电气控制柜是控制电梯运行的核心设备，平时保养的主要内容是 ( )。
   A. 电气器件除灰　　　　　　　B. 元件和端子标志检查
   C. 开关、按钮、接触器检查　　D. 熔断器检查

任务 7.3　电梯轿厢与层站电气部件功能与测试

工作任务

1. 工作任务类型

学习型任务：掌握电梯轿厢与层站电气部件的功能和测试方法。

2. 学习目标

(1) 知识目标：掌握电梯轿顶电气部件构成；掌握轿厢内操纵箱的电气信号构成以及作用；掌握层站召唤盒的电气信号构成以及作用。

(2) 能力目标：熟悉各类指示、开关、按钮的意义。

(3) 素质目标：具备团队协作能力；具有安全生产，明责守规的意识。

知识储备

7.3.1　电梯的轿顶接线盒

电梯的轿顶有门机设备、轿顶检修盒、平层光电、警铃、对讲机、到站钟以及轿顶风机等电气部件，轿厢及轿顶的电气控制信号由安全触板信号、光幕信号、称重传感器信号、安全开关、安全窗开关、称重开关等构成。这些电器部件及电气控制信号的电缆线都引到轿顶接线盒，与随行电缆连接。连接时，各插头的编号与插座的编号对应。

1. 轿顶检修盒

轿顶检修盒位于轿顶，一般安装在轿厢上梁或门机左右侧，方便在轿顶出入操作。轿顶检修盒是为维护修理人员设置的电梯电气控制装置，以便维护修理人员点动控制电梯上、下运行，安全可靠地进行电梯维护修理作业。轿顶检修盒上装设的电器元件包括急停（红色

按钮、正常和检修运行转换开关、点动上和下慢速运行按钮、电源插座、照明灯及控制开关。有些轿顶检修盒还装有开门和关门按钮、到站钟等。有的制造厂家将上述器件与轿顶接线盒合并为一体，有的则独立设置，独立设置的轿顶检修盒如图 7-13 所示。

轿顶检修盒上的急停按钮是电梯安全回路的一个控制信号，当按下急停按钮时，电梯会立即抱闸制停。

轿顶检修盒上的点动上、下慢速运行按钮是用于检修时操作电梯上、下运动的，由于轿顶操作是相对比较危险的，OE 电梯公司为了避免在轿顶误操作点动上、下慢速运行按钮，造成轿厢的移动，引起相关的安全隐患，该公司轿顶检修盒上的点动运行轿厢是由两个按键控制的，即"上行"+"公共"点动上行，"下行"+"公共"点动下行，如图 7-14 所示。

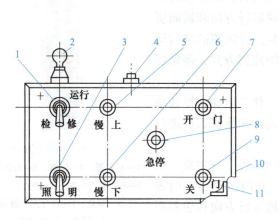

图 7-13 独立设置的轿顶检修盒

图 7-14 检修盒

1—运行检修转换开关　2—检修照明灯　3—检修照明灯开关
4—电源插座　5—慢上按钮　6—慢下按钮　7—开门按钮
8—急停按钮　9—关门按钮　10—面板　11—底盒

2. 对讲机

完善的电梯对讲系统是保障电梯安全运行的一个重要组成部分。一旦电梯出现了故障，被困在电梯中的人员可以通过电梯对讲系统，与中控值班室（物业中心）或相关负责人在第一时间取得联系，以便及时解救被困人员，确保每一个电梯乘客的生命安全。

电梯专用对讲系统将在电梯应急或检修时使用，内置副机安装在每一个轿厢内，外置副机安装于轿顶、轿底，主机安装在机房、监控室，可实现五方通话。五方通话对讲示意图如图 7-15 所示。

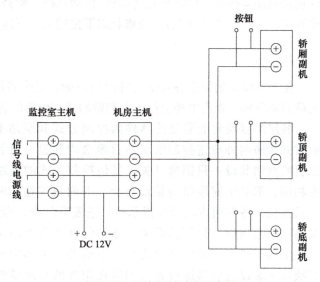

图 7-15 五方通话对讲示意图

从轿厢副机呼叫主机时，按轿厢操作面板上紧急呼叫按钮，主机响铃，拿起话筒即可与轿厢通话；对讲主机要与轿厢副机对讲时，拿起话筒即可与轿厢副机通话。此时对讲状态指示灯亮；主机之间呼叫时，拿起听筒按主机呼叫键，其他主机响铃并亮指示灯，拿起听筒即可通话。

7.3.2 电梯的操纵箱

一般电梯的操纵箱安装于轿厢靠近门位置的轿壁板上，外部仅露出操纵箱面板，底盒藏在壁板后。操纵箱有手柄开关式和按钮操作式，现在以按钮操作式的居多，常见的电梯操纵箱如图7-16所示。

操纵箱是集中安装供电梯司机、乘用人员、维护修理人员操作控制电梯用的器件，以及查看电梯运行方向和轿厢所在位置的装置，也是电梯的操作控制平台。操纵箱的结构形式及所包括的电气元件种类数量与电梯的控制方式、停站层数等有关。

操纵箱的电器元件包括两种形式：一种是电梯司机和乘用人员正常操作的器件，另一种是电梯司机和维修人员进行非正常操作的器件。

（1）电梯司机和乘用人员正常操作的器件　它主要包括对应各电梯停靠层站的轿内指令按钮、开门按钮、关门按钮、警铃按钮和对讲按钮，以及查看电梯运行方向和轿厢所在位置的显示器件、对讲装置、蜂鸣器等。

图7-16　电梯操纵箱
1—显示器　2—铭牌　3—对讲按钮
4—轿内指令按钮　5—开、关门按钮
6—暗盒　7—运行方向指示
8—警铃　9—暗盒锁

（2）电梯司机和维修人员进行非正常操作的器件　为了确保乘员和电梯设备的安全，操纵箱在设计时将一些存在安全隐患的器件置于操纵箱下方设置的暗盒内。暗盒内装设的器件包括电梯运行状态控制开关（司机/自动选择、检修/正常选择）、轿内照明开关、轿内风扇开关、急停开关（红色）、检修状态下慢速上、下运行按钮、直驶按钮、专用开关等。

7.3.3 电梯的层站召唤盒

层站召唤盒装设在各层站电梯层门口旁，是供各层站电梯乘用人员召唤电梯、查看电梯运行方向和轿厢所在位置的装置。

各层站召唤盒上装设的器件因控制方式和层站不同而异。控制方式为轿内外按钮控制的层站召唤盒均装设一只召唤按钮，基站召唤盒增装设一只钥匙开关。其他控制方式的层站召唤盒则基本相同，都是中间层站均装设有上、下两只按钮，两端站均装设一只按钮，各按钮内均装有指示灯，或发有红光、蓝光的发光管，基站召唤盒增设一只钥匙开关。基站的召唤盒上增设的钥匙开关是供电梯司机上班开门开放电梯、下班关门关闭电梯用的。层站召唤盒上装设的电梯运行方向和所在位置的显示器件与操纵箱相同，常见的层站召唤盒如图7-17所示。

图7-17　层站召唤盒

任务工单

任务名称	电梯轿厢与层站电气部件 信号功能测试		任务成绩	
学生班级		学生姓名		实践地点	
实践设备	3 层 3 站电梯			
任务描述	轿厢及轿顶的电器设备及电气控制信号的电缆线都是引到轿顶接线盒，与随行电缆连接，只有信号采集正常才能保障电梯运行。本次任务内容是进行电梯轿厢与层站电气部件信号功能测试			
目标达成	掌握电梯轿厢与层站电气部件信号功能测试			

<table>
<tr><td rowspan="5">任务实施</td><td colspan="2">任务 1</td><td colspan="4">电梯轿厢电气部件信号功能测试</td></tr>
<tr><td rowspan="4">自测</td><td colspan="5">1. 观察轿厢内操纵箱的操作面板，说明操纵箱各操作按键的名称、功能以及操作特点</td></tr>
<tr><td colspan="5">2. 在表中记录测试过程</td></tr>
<tr><td>部件名称</td><td>设备实物图</td><td>安装位置</td><td>测试过程记录</td></tr>
<tr><td></td><td>

</td><td></td><td></td></tr>
</table>

(续)

	任务 2	电梯层站电气部件信号功能测试			
任务实施	自测	1. 观察层站召唤盒的按键,说明各按键的功能以及操作特点 2. 在表中记录测试过程			
		部件名称	设备实物图	安装位置	测试过程记录
任务评价	1. 自我评价 2. 任课教师评价				

巩固训练

（一）选择题

1. 轿顶检修盒上的（　　）是电梯安全电路的一个控制信号。
   A. 检修开关　　　　B. 点动运行按钮　　　　C. 急停按钮　　　　D. 照明灯
2. 电梯专用对讲系统将在电梯应急或检修时使用，可以实现（　　）对话。
   A. 二方　　　　B. 三方　　　　C. 四方　　　　D. 五方
3. 下列电梯操纵箱上的器件不是供乘用人员正常操作是（　　）。

A. 直驶按钮　　　　B. 开、关门按钮　　　C. 警铃按钮　　　D. 对讲按钮

4. 基站的召唤盒上增设了（　　）。

A. 上行按钮　　　　B. 下行按钮　　　　C. 钥匙开关　　　D. 消防开关

（二）填空题

1. 轿顶检修盒上装设的电器元件包括_____、_____、点动上和下慢速运行按钮、电源插座、照明灯及控制开关。

2. 一般电梯的操纵箱安装于_____靠近门位置的轿壁板上。

3. 操纵箱的电器元件包括两种形式：一种是_____正常操作的器件，另一种是_____进行非正常操作的器件。

4. 层站召唤盒装设在各层站电梯_____旁，是供各层站电梯乘用人员召唤电梯、查看电梯运行方向和轿厢所在位置的装置。

任务 7.4 电梯井道电气控制信号装置功能与测试

工作任务

1. 工作任务类型

学习型任务：掌握电梯井道电气部件的功能和测试方法。

2. 学习目标

（1）知识目标：掌握电梯各种轿厢位置信号获取装置及其工作原理；掌握电梯底坑的电气信号构成及其作用。

（2）能力目标：能够清楚井道电气控制装置的安装位置及作用；能够正确识别光电编码器的各信号端子及其接线方式。

（3）素质目标：具备团队协作能力；具有安全生产，明责守规的意识。

知识储备

电梯轿厢位置是电梯运行的基准数据，电梯的定向、换速都是以轿厢位置为基础的，缺乏电梯轿厢位置或轿厢位置确定存在偏差，会造成电梯运行的不正常。

电梯的定向是指控制系统根据当前轿厢的位置以及轿内和层站呼梯信号所指定的楼层，自动选择电梯运行方向。若操纵箱上选定的层楼信号和层站呼梯信号所指定的层楼信号在轿厢位置的上方，电梯的运行方向就定为上行，若操纵箱上选定的层楼信号和层站呼梯信号所指定的层楼信号在轿厢位置的下方，电梯的运行方向就定为下行。

7.4.1　轿厢位置信号获取

1. 干簧管传感器获取井道信息装置

（1）干簧管传感器获取电梯轿厢位置　部分电梯利用固定在轿厢上的隔磁板与装在井道上的干簧管配合来确认电梯轿厢位置。当电梯轿厢经过每层时，固定在轿厢上的隔磁板使每层干簧管动作，使相应的层楼继电器吸合，发出电梯轿厢位置信号，但是这种方法不能产

生连续指层信号,必须附加继电器才能获取连续的指层信号。采用干簧管确认电梯轿厢位置的电梯通常应用在低层站电梯中。

(2) 干簧管换速平层装置

1) 构成。干簧管换速平层装置由安装在轿架立梁上的换速隔磁板,上、下平层传感器,安装在轿厢导轨上的对应各层站的换速传感器,以及对应各层站的平层隔磁板构成,其结构如图 7-18 所示。

2) 工作原理。干簧管换速平层装置中的换速传感器和平层传感器的结构是相同。每只传感器由一只永久磁钢和一只干簧管构成,它们分别安装在一个用工程塑料制成的塑料盒内。干簧管传感器工作原理如图 7-19 所示。

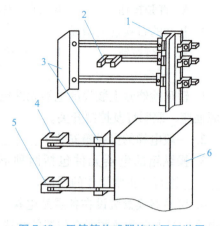

图 7-18 干簧管传感器换速平层装置
1—导轨 2—换速干簧管 3—隔磁板
4—上平层干簧管 5—下平层干簧管 6—轿厢

这种传感器相当于电磁式继电器。如图 7-19a 所示,未放入永久磁钢时,由于干簧管没有受到磁场力的作用,干簧管内的转换触点中常开触点①和②是断开的,常闭触点②和③是闭合的,这情况相当于电磁继电器处于失电复位状态。如图 7-19b 所示,永久磁钢产生磁场对干簧管感应器产生作用,使干簧管内的触点动作,即动合(常开)触点①和②闭合,动断(常闭)触点②和③断开。如图 7-19c 所示,当隔磁板插入永久磁钢与干簧管中间空隙时,永久磁钢磁路被隔磁板断路,使干簧管失磁,其触点恢复原来的状态,即动合(常开)触点①和②断开,动断(常闭)触点②和③闭合。当隔磁板离开感应器后,磁场又重新形成,干簧管内的触点又动作,达到控制继电器发出指令的目的。

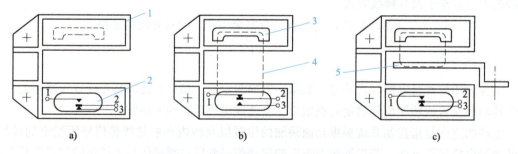

图 7-19 干簧管传感器工作原理示意图
1—塑料盒 2—干簧管 3—永久磁钢 4—磁力线 5—隔磁板

3) 技术参数。干簧管换速平层装置中的上平层传感器和下平层传感器之间的距离为 600~1000mm 不等,平层隔磁板的数量与停靠层站相同,长度与两只平层传感器之间的距离相同。若换速传感器的数量与停靠层站相同,且在每台电梯只设置 1 个换速隔磁板的情况下,换速隔磁板的长度应等于换速距离的 2 倍。根据现场调试结果,交流双速梯的换速距离与额定运行速度的关系,见表 7-2。

表 7-2 换速距离与额定运行速度的关系

额定运行速度/(m/s)	换速距离/mm	额定运行速度/(m/s)	换速距离/mm
$v \leq 0.25$	$400 \leq s \leq 500$	$0.5 \leq v \leq 1.0$	$750 \leq s \leq 1800$
$0.25 \leq v \leq 0.5$	$500 \leq s \leq 750$	$1.0 \leq v \leq 2.0$	$1800 \leq s \leq 3500$

从表 7-2 可以看出：$v \leq 0.25$m/s 的电梯，换速距离为 400~500mm，换速隔磁板的长度为 800~1000mm。由此可见，只装设一个换速隔磁板和每层站装设一个换速传感器的干簧管换速平层装置，只适用于速度 $v \leq 0.5$m/s 的电梯。对于速度 $v \geq 0.5$m/s 的电梯，由于换速隔磁板太长，安装困难，须做适当改进。改进的办法是在中间层站处增装换速传感器，将上行换速和下行换速分开。

4）换速平层的工作过程。

①只具有平层功能的平层装置。当电梯轿厢上行，接近预平层的层站时，电梯运行速度由快速（额定速度）减速变为慢速后继续运行，装在轿厢顶上的上平层传感器先进入隔磁板，此时电梯仍继续慢速上行。当下平层传感器进入隔磁板后，这时下平层传感器内干簧管触点位置转换，证明电梯已平层，使电梯上行接触器线圈失电，制动器抱闸停车。

②具有提前开门功能的平层装置。它与只具有平层功能的平层装置相比，增加了提前开门功能。当轿厢慢速向上运行时，上平层传感器先进入隔磁板，轿厢继续慢速向上运行；接着开门区传感器进入隔磁板，使干簧管触点位置转换，提前控制继电器吸合，轿门、厅门提前打开；轿厢继续慢速向上运行，当下平层传感器进入隔磁板后，这时下平层传感器内干簧管触点位置转换，证明电梯已平层，使电梯上行接触器线圈失电，制动器抱闸停车。

2. 光电开关井道信号采集装置

近年来，随着电子控制、制造技术的进步，国内开始采用固定在轿顶上的光电开关和固定在井道轿厢导轨上由遮光板构成的光电开关装置，作为电梯换速、平层停靠、开门的控制装置。该装置利用遮光板路过光电开关的预定通道时，由遮光板隔断光电发射管与光电接收管之间的联系，由接收管实现对电梯的换速、平层停靠、开门控制功能。这种装置具有结构简单、反应速度快、安全可靠等优点。

3. 旋转编码器脉冲数据采集装置

现在生产的电梯大都采用旋转编码器来确定轿厢位置。在实际安装时，旋转编码器与电动机转子同轴安装，当电动机主轴旋转时，旋转编码器相应旋转，主轴转动一圈，旋转编码器产生若干个脉冲，这样电动机的旋转速度就可以利用旋转编码器输出脉冲的速度来计算了；也可以利用旋转编码器输出的脉冲数相应地计算出电梯曳引机上钢丝绳移动的距离，进而计算出电梯轿厢的位移。

按输出信号形式不同，旋转编码器可以分为增量式和绝对式两种类型；按码盘的读取方法不同，旋转编码器又可分为光电式、接触式和电磁式三种。下面重点介绍增量式旋转编码器。

（1）结构　增量式旋转编码器如图 7-20 所示。它主要由发光管、光栅板、光栅盘、光敏元件及信号处理电路板组成，如图 7-21 所示。

图 7-20　增量式旋转编码器

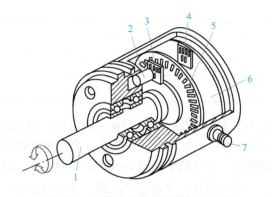

图 7-21　增量式旋转编码器解剖结构

1—转轴　2—发光管　3—光栅板　4—光敏元件
5—光栅盘　6—印制电路板　7—电源及信号线插板

（2）工作原理　图 7-22 所示为增量式旋转编码器的工作原理示意图。当光栅盘随转轴一起转动时，每转过一个刻线（狭缝）就发生一次光线的明暗变化，经过光敏元件变成一次电信号的强弱变化，对它进行放大、整形处理后得到脉冲信号输出，脉冲数就等于转过的刻线数。将该脉冲信号送到计数器中计数，则计数值就反映了圆盘转过的角度。

为了判断光栅盘的旋转方向，采用两个光敏元件，其输出信号经放大整形后，得到图 7-23 所示的两列相位差为 90° 的矩形脉冲 P_1 和 P_2，通过比较两脉冲 P_1 和 P_2 到来的先后顺序，可以判断出电动机旋转的方向，进而确定电梯轿厢运行的方向。

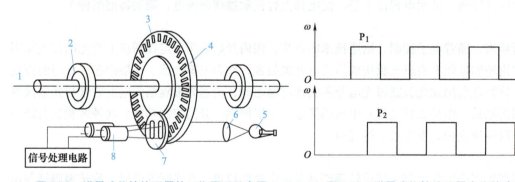

图 7-22　增量式旋转编码器的工作原理示意图

1—转轴　2—轴承　3—透光狭缝　4—光栅盘　5—光源
6—聚光镜　7—光栅板　8—光敏元件

图 7-23　增量式旋转编码器产生的脉冲

7.4.2　底坑信号获取

底坑检修盒位于井道底坑，一般安装在井道底坑侧壁易于接近的地方。底坑检修盒是为保护修理人员下井道底坑维护修理电梯时的安全而设置的电梯电气控制装置。

底坑检修盒分为上检修盒和下检修盒，如图 7-24 所示。底坑检修盒上装设有器件按钮、检修照明灯、接通/断开照明灯电路的控制开关、井道照明开关、插座等。常见的底坑检修盒结构组成如图 7-25 所示。

项目 7　电梯电气控制系统的结构与测试

a) 上检修盒

b) 下检修盒

图 7-24　底坑检修盒实物图

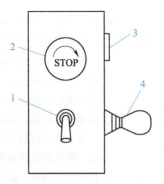

图 7-25　底坑检修盒结构组成
1—检修开关　2—急停按钮
3—电源插座　4—照明灯

📋 任务工单

任务名称	电梯外围电气设备与电气信号认知		任务成绩	
学生班级		学生姓名	实践地点	
实践设备	电源箱、控制柜、轿顶、检修盒、操纵箱、层站召唤盒等电气设备和电气信号获取装置			
任务描述	准确采集现场信号能保障电控系统的正常运行。本次任务的内容：熟悉电梯整个外围电气设备及控制信号，了解各类信号的流向，如轿厢信号、井道信号、召唤、指令、层楼显示等，掌握哪些信号的控制板的输入，哪些信号时控制板的输出；熟悉控制板、变频器上的各类指示灯、开关、操作按钮的作用和状态含义			
目标达成	1. 熟悉电梯控制柜的电压测试、各接触器及工作指示等状态测试 2. 熟悉电梯整个外围控制信号，了解各类信号的获取方式			
任务实施	任务 1	控制柜的电压测试		
	自测	断开电源箱中主电源、轿厢和井道照明电源开关以及控制柜内所有空气开关，并将变频器上的所有插件拔下，再将紧急电动运行盒上的运行方式旋钮旋到 EROR 模式。用电表确认电源箱中每相电压为（380±5%）V，合上电源箱的主电源开关 　　用电表确认照明电源开关的初始边电压为（220±5%）V，合上开关 　　合上主电源开关，观察变频器指示灯是否点亮。观察相序继电器是否正常。确认各空气开关初始边电压，如果正常，则合上该开关		
	任务 2	控制柜各接触器及工作指示灯状态测试		
	自测	总结电梯在各种工作情况下，各继电器和接触器以及指示灯的工作状态，从中找出规律		

(续)

	任务3	安全运行信号的认知
任务实施	自测	为了防止电梯的剪切、挤压、坠落和撞击事故的发生，电梯通常设置一整套的安全保护措施。这些安全保护装置大多数都是由机械和电气安全装置相互配合而成的，其主要作用是当某一安全开关动作时，电梯可以切断电源或控制回路部分的电路，使电梯停止运行 安全信号包括人为动作的开关、安全运行开关以及电气驱动系统相关保护触点。常见的电梯的安全信号以及符号见下表分组找出实验室的所有安全信号所在的电气设备，说明各安全信号的位置、动作点以及作用。 | 安全信号	功能分类 | |---|---| | 轿顶急停 | 人为动作的开关 | | 轿厢急停 | | | 底坑急停 | | | 限速器开关 | 安全运行开关 | | 安全钳开关 | | | 张紧轮开关 | | | 下极限开关 | | | 上极限开关 | | | 安全窗开关 | | | 盘车开关 | | | 轿厢缓冲器开关 | | | 对重缓冲器开关 | | | 相序继电器 | 电力驱动系统保护触点 |
	任务4	轿顶检修盒及底坑检修盒信号认知
	自测	观察实验室轿顶检修盒及底坑检修盒，说明各电气信号的作用以及特点
	任务5	电梯井道外围控制设备的认知
	自测	（1）在实验室找到电梯的位置检测传感器，说明其类型及工作原理，指出其他类型的平层传感器 （2）找出电梯的上、下强迫减速开关，说明其安装位置以及功能

(续)

	任务6	电梯开关门信号的认知
	自测	在实验室找到所有开关门信号，包括正常开门、关门信号及保护开门信号，说明这些信号什么时候动作
	任务7	电梯安全回路信号的认知
任务实施	自测	（1）什么是电梯的安全回路，安全回路所有信号之间的连接关系如何？ （2）找出机房的所有安全回路的电气信号并说明其作用 （3）找出电梯轿顶的所有安全回路的电气信号并说明其作用 （4）找出电梯底坑的所有安全回路的电气信号并说明其作用 （5）找出井道的所有安全回路的电气信号并说明其作用
	任务8	电梯的位置参考系统装置的认知
	自测	（1）观察实验室的位置参考系统的设备，说明电梯的位置参考系统的构成及各自的作用

(续)

任务实施	任务 8	电梯的位置参考系统装置的认知
	自测	（2）轿厢位置信号获取装置有哪些类型，实验室的是哪种类型？说明其构成及工作原理
任务评价	1. 自我评价 2. 任课教师评价	

 巩固训练

（一）判断题

1. 端站强迫减速开关装在井道的两端。它的作用是能将越过端站仍没减速的电梯进行强制减速。（   ）
2. 井道两端的极限开关、限位开关、强迫减速开关，可以防止电梯越过端站。（   ）
3. 变频调速电梯中的旋转编码器，一般用于电梯速度反馈和轿厢实际运行距离检测。
（   ）

（二）选择题

1. 轿厢墩底时，最后一道保护的安全部件是（   ）。
   A. 轿底减振器　　　B. 强迫减速开关　　　C. 极限开关　　　D. 缓冲器
2. 极限开关的作用是（   ）。
   A. 减速　　　B. 强迫减速　　　C. 切断安全保护回路　　　D. 缓冲

任务 7.5　电梯整体功能测试

 工作任务

1. 工作任务类型

学习型任务：掌握电梯整体功能测试方法。

2. 学习目标

（1）知识目标：掌握垂直电梯整机性能要求。

（2）能力目标：能够判断垂直电梯各部分配置是否达到要求；能够检测垂直电梯主要参数是否达到规范要求。

（3）素质目标：具备团队协作能力；具有安全生产，明责守规的意识。

 知识储备

垂直电梯在日常生活中使用的几率非常高，一台电梯在正常运行的同时还必须能保护乘客安全，这需要很多相关配件与系统的支持，同时也需要经常检查，才能保证电梯的安全性。为此，应熟知垂直电梯的整体性能要求。

7.5.1 垂直电梯整体性能要求

根据 GB/T 10058—2023《电梯技术条件》，对额定速度不大于 6.0m/s 的曳引式电梯和额定速度不大于 0.63m/s 的强制式电梯，进行性能和安全装置或保护功能的介绍。

1. 电梯的整机性能要求

1）当电源为额定频率，电动机施以额定电压时，电梯轿厢在半载，向上和向下运行至行程中段（除去加速度和减速度）时的速度，不应大于额定速度的 105%，且不应小于额定速度的 92%。

2）乘客电梯起动加速度和制动减速度最大绝对值均不应大于 1.5m/s^2。

3）对于 A95 加速度和减速度值，当乘客电梯额定速度为 $1.0 \text{m/s} < v \leq 2.0 \text{m/s}$ 时不应小于 0.5m/s^2，当乘客电梯额定速度为 $2.0 \text{m/s} < v \leq 6.0 \text{m/s}$ 时不应小于 0.70m/s^2。

4）乘客电梯的中分自动门和旁开自动门的开门和关门时间应不大于表 7-3 规定的值。

表 7-3　乘客电梯的开门和关门时间

开门方式	开门宽度 B/mm			
	$B \leq 800$	$800 < B \leq 1000$	$1000 < B \leq 1100$	$1100 < B \leq 1300$
中分自动门	3.2	4.0	4.3	4.9
旁开自动门	3.7	4.3	4.9	5.9

注：1. 开门宽度超过 1300mm 时，其开门和关门时间由制造单位与买方协商确定。
　　2. 开门时间是指从开门启动至达到开门宽度的时间；关门时间是指关门启动至证实层门锁紧装置、轿门锁紧装置（如果有）以及层门、轿门关闭状态的电气安全装置触点全部接通的时间。

5）乘客电梯轿厢运行在恒加速度区域内的垂直（Z 轴）振动的最大振动峰峰值不应大于 0.30m/s^2，A95 振动峰峰值不应大于 0.20m/s^2。乘客电梯轿厢运行期间水平（X 轴和 Y 轴）振动的最大峰峰值不应大于 0.20m/s^2，A95 峰峰值不应大于 0.15m/s^2。

6）电梯的机械部件和电气设备在工作时不应有异常振动或撞击声响。乘客电梯不同测量位置处噪声的 A 频率计权声级应符合表 7-4 规定。

表 7-4　乘客电梯噪声的 A 频率计权声级　　　　　　（单位为 dB）

额定速度 v	额定速度运行时机房内各测量位置最大声级的平均值	额定速度运行时轿厢内最大声级	开关门过程最大声级	额定速度运行时无机房电梯距离驱动主机安装位置最近层门处最大声级
$v \leq 2.5 \text{m/s}$	≤80	≤55	≤65	≤65
$2.5 \text{m/s} < v \leq 6.0 \text{m/s}$	≤85	≤60	≤65	由制造单位与买方协商确定

7）电梯轿厢的平层准确度应在 ±10mm 范围内，平层保持精确度在 ±20mm 范围内。如果平层保持精度超过 ±20mm 范围，则应校正至 ±10mm 范围内。

8）曳引式电梯的平衡系数在 0.4~0.5 范围内。

9）电梯应具有安全装置或保护功能，并且这些安全装置工作正常或保护功能有效。

2. 电梯安全装置和保护功能

1）供电系统断相、错相保护装置或保护功能。电梯运行与相序无关时，可不设置错相保护装置或功能。

2）限速器-安全钳系统联动超速保护装置。监测轿厢侧限速器和安全钳动作的电气安全装置以及监测限速器绳断裂或松弛的电气安全装置。

3）终端缓冲装置。对于耗能型缓冲器，应具有检查复位的电气安全装置。若采用减行程缓冲器，还应具有对行程末端的减速度进行监控的功能。

4）超越上极限和下极限工作位置时的保护装置。

5）层门门锁装置及电气连锁装置：①电梯正常运行时，不能打开层门，如果一个层门开着，电梯应不能起动或继续运行（在开锁区域的平层、再平层和预备操作除外）；②证实层门锁紧的电气安全装置；证实层门关闭的电气安全装置；紧急开锁与层门的自动关闭装置。

6）动力驱动自动门在关闭过程中，当人员通过入口时，自动使门重新开启的保护装置。

7）曳引式电梯轿厢上行超速保护装置。

8）紧急操作装置，包括打开驱动主机制动器的装置和将轿厢移动到附件层站的装置。紧急操作装置分为手动操作装置及电动操作装置。对于可拆卸盘车手轮，应设有电气安全装置，此装置最迟在盘车手轮装上电梯驱动主机时动作。对于紧急电动运行，新检规要求更加明确，指出一旦进入检修运行，紧急电动运行装置控制轿厢运行的功能将由检修控制装置所代替，也就是说，检修具有最高优先权。

9）双稳态的红色停止装置。设置在滑轮间（如果有）内、轿顶上、底坑内、检修运行控制装置上、驱动主机旁以及紧急和测试操作屏上。如果距驱动主机 1m 以内或距紧急和测试操作屏 1m 以内设有主开关或其他停止装置，则可不在驱动主机旁或紧急和测试操作屏上设置停止装置。

10）设置两个或两个以上检修运行控制装置时，保证它们之间具有互锁性。如果仅其中一个检修运行控制装置切换到"检修"状态，通过按压该检修运行控制装置上的按钮能使电梯运行。如果两个或两个以上检修运行控制装置切换到"检修"状态，操作任一检修运行控制装置，均不能使轿厢运行，除非同时操作所有切换到"检修"状态的检修运行控制装置上的相同功能按钮。

11）紧急报警装置和对讲系统。轿厢内以及在井道中工作的人员存在被困危险处应设置紧急报警装置或双向对讲系统。

12）超载保护装置。

13）曳引式电梯的其他制动装置（功能）。当驱动主机制动器作为曳引式电梯的轿厢上行超速保护装置的减速部件或轿厢意外移动保护装置的制停部件时。

14）驱动主机制动器监测功能。

15）轿厢意外移动保护装置。

16）层门和轿门旁路装置。

17）门触点电路监测功能。

18）轿门开门限制装置或轿门门锁装置。

19）电梯轿厢内语音播报系统。至少在电梯因停电和故障困人、轿厢位置校正（再平层除外）、电梯自动救援操作装置（如果有）启动和接收火灾信号退出正常服务时应进行语音播报，提示并安抚轿厢内乘客。

20）悬挂装置异常伸长检查装置。当悬挂装置使用包覆绳（带）、两根钢丝绳或者两根链条时。

21）承载体监测装置、使用寿命监测装置和防止异常横移装置（如果有）。当悬挂装置使用包覆绳（带）时。

22）机械装置、可移动止停装置和电气安全装置。机器在井道内，当工作区域设置在轿顶上，轿厢内或底坑内时，在工作区域内进行机器的维护和检查，如果因维护和检查导致的任何轿厢失控或意外移动可能给维护或检查人员带来危险，设置机械装置防止轿厢任何危险移动和电气安装装置防止轿厢的任何危险的移动。当工作区域设置在进入轿厢或对重（或平衡重）的运行路径的平台上时，设置机械装置锁定轿厢或设置可移动止停装置限制轿厢的运行范围，并设置电气安全装置。

7.5.2 控制功能检验

电梯的功能随控制方式而不同，而且不同品牌相同控制方式的电梯，功能也不尽相同。因此在功能检验时，应根据基本的控制要求和该电梯合同中规定的功能逐一进行检验。

1. 正常运行基本控制功能检验

1）厅外召唤、轿厢内选层以及司机发出的操作指令应正确地传递、登记和执行，电梯应按指令要求准确起动、运行和停站。

2）轿厢运行的位置、方向应在层站和轿厢内正确显示。

3）门的自动操作和手动开关门操作正确。

4）开门或门未关时不能运行，电气安全装置动作时轿厢不能运行或停止运行。

5）集选电梯在运行中应能"顺向截车"，并能响应最远端的反向运行指令。

检验方法：逐项试验。

2. 检修运行功能检验

1）检修运行应取消轿厢自动运行和门的自动操作，但各安全装置仍有效。

检验方法：首先在轿顶上，再在其他的检修装置上使轿厢处于检修运行状态。检修运行时电梯不响应外呼、内选信号，有司机运行功能的电梯，进行司机操作时，应不能进行司机运行方式，须持续按压检修装置的上下行按钮。门的开关也须持续按压开关按钮。机房检修装置的上下行若是用拨杆开关控制的，则该开关不能是双稳的，必须用人力才能保持在上下行位置，手一放应立即自动回到中间空档。同时逐个断开各电气安全装置和门的电气触点，检修运行中的电梯应立即停止，停止的电梯应不能起动。

2）多个检修运行装置中应保证轿顶优先。

检验方法：在轿顶使检修装置处于检修状态下，令其他检修装置以检修状态运行应无效。在令其他检修装置控制电梯运行时，将轿顶检修装置拨到检修位置，电梯应立即停止运行。

3. 消防功能检验

消防功能应包括火灾自动返基站功能和消防员操作功能两部分。

（1）火灾自动返基站功能　在发生火灾时，由监控中心或基站的开关发出指令，电梯应立即停止应答各种操作指令，直接返回设定的疏散站（一般为基站）开门将人员放出。

检验方法：模拟试验。在有若干召唤和选层信号的情况下运行，突然进入火灾管制状态，此时电梯的所有召唤信号应消失，运行状态应符合上述的要求。

（2）消防员操作功能

1）消防开关应当设在基站或者撤离层，防护玻璃应当完好并且标有"消防"字样。

2）消防功能启动后，电梯不响应外呼和内选信号，轿厢直接返回指定撤离层，开门待命。

检验方法：电梯在停止或者运行过程中，选择一些楼层呼梯，使用消防开关，检查电梯运行和开门状况。

3）有消防员操作功能的电梯应符合消防电梯的关于设置位置、井道、速度和停站等要求。在接到火灾指令时，电梯首先要求返回基站，同时处于待命状态。在不应答层站召唤的同时，轿内选层一次只能选一个（或停靠第一层站时将其余信号消除），电梯门的控制由手动持续按压开关门按钮来控制。而在电梯运行时，各电气安全装置应有效。

检验方法：模拟试验。验证层站召唤应失效，内选一次只能选一层，门的手动持续操作符合要求，检查电梯全程运行能否在60s内完成，是否为单独井道，层门位置是否符合防火和疏散要求。

4. 紧急操作功能检验

（1）手动紧急操作

1）手动紧急操作能在轿厢满载情况下向上移动轿厢。

检验方法：手动盘车试验。在额定载荷的情况下，电梯停在底层站，切断电源。一人手动释放制动器，另由1~2人用盘车手轮将轿厢向上移动。

2）液压电梯紧急操作。在液压站应设有紧急情况时能使轿厢下降的手动操作装置，操作时最大速度不超过0.3m/s，轿厢的移动由人力持续操作保持。

检验方法：模拟操作试验，并测量速度和验证必须持续操作才能使轿厢移动。

（2）电动紧急操作

1）若使用其他电源，当停电或故障时，应自动接入切断电梯电源，门被开启或未关好应发出指示。遇停电或其他故障时，应启动主机，将轿厢慢速移动至就近层站，平层并开门，然后停止工作。

2）若使用自身电源，则只能在故障停梯时（冲顶、蹲底、安全钳动作和其他非门的故障）进行紧急运行，此时应在机房可直接观察主机运转情况的地方进行操作，并在紧急操作装置投入运行后应能防止电梯的其他操作运行。此时电梯运行应由持续按压可防止误动作的按钮操纵，轿厢速度不大于0.63m/s。

检验方法：模拟试验。第一类装置可人为切断电源或造成故障，检查是否能自动切入其他操作和门的开关应无效，并慢速移动轿厢至平层并开门。也可布置门的故障，则装置只能发出信号，不能自行移动轿厢。第二类装置可人为布置障碍后将装置接入，此时检查各种自动运行或检修运行应不起作用，轿内开门按钮也不起作用，再按压装置的上下行按钮、能使轿厢慢速移动。

7.5.3 基本性能检验

1. 电梯运行速度检验

（1）曳引电梯运行速度检验　当电源为额定频率、额定电压时，轿厢半载直驶下行至行程中段时的运行速度不大于额定速度的105%，不小于额定速度的92%。

检验方法：凡是运行速度与电源电压有关的，在检验时应监控电压（电源频率一般不会有大的偏差），用非接触式（光电）转速表在上述工况和运行到中段（一般轿厢与对重相遇时）时，测出曳引轮的转速，再换算成曳引轮节圆的线速度即可。也可用电梯加、减速度测试仪，按照仪器操作说明进行分别操作。

（2）试验方法　使轿厢承载有50%额定载重量下行至行程中段，记录电动机转速并计算轿厢运行速度 v_1，即

$$v_1 = \frac{\pi D n}{1000 \times 60 i_1 i_2}$$

式中，v_1 为电梯（轿厢）运行速度（m/s）；D 为曳引轮节圆直径（mm）；n 为实测电动机转速（r/min）；i_1 为曳引机减速比；i_2 为曳引比。

与额定速度的偏差 Δv 的计算公式为

$$\Delta v = \frac{v_1 - v}{v} \times 100\%$$

式中，v 为额定速度（m/s）。

（3）液压电梯运行速度检验　空载上行和满载下行时，液压电梯运行速度与额定速度的偏差不大于8%。

检验方法：在井道中段标出一个不小于2m的测量距离，轿厢在上述工况下运行，在轿顶实测运行时间，测试三次取平均值再换算成速度。

（4）乘客电梯起动加速度和制动减速度检验　乘客电梯起动加速度和制动减速度最大值均不应大于 1.5m/s^2。当乘客电梯额定速度为 $1.0 \text{m/s} < v \leqslant 2.0 \text{m/s}$ 时，其平均加、减速度不应小于 0.50m/s^2；当乘客电梯额定速度为 $2.0 \text{m/s} < v \leqslant 6.0 \text{m/s}$ 时，其平均加、减速度不应小于 0.70m/s^2。

试验方法：试验开始前，按相关要求做好实验前的准备工作；使用电梯加、减速度测试仪，加速度传感器定位在轿厢地板中央半径为100mm的圆形范围内，在整个试验过程中传感器与轿厢地板始终保持稳定的接触，传感器的敏感方向与轿厢地板垂直；分别在轻载（不超过额定载重量的25%）和额定载重量工况下进行检测。

单层选中间层站，上行、下行各一次；多层选底部与顶部两端两个层站以上，上行、下行各一次；全程上行、下行各一次。电梯加、减速度取其在该过程中的最大值；电梯加、减速度的平均值是对其加、减速度过程求积后再除以该过程的时间；轿厢运行的振动加速度取轿厢在额定速度运行过程中的最大值，以其单峰值作为计算与评定的依据。

现以中国科学院合肥智能所的DT型电梯加速度测试仪为例介绍检验方法：

1）从轿顶将220V单相交流电源引到轿厢内，揭除轿厢地板上铺垫的地毯等物，露出坚实的轿底板。同时轿厢内工作人员应尽量少，一般为一名检验员和一名司机即可。

2）在测试前，传感器最好先通电 30min 后再工作，传感器的摆放、调整、翻转等必须轻缓，切勿使其受到撞击。

3）将传感器转在水平位置（A 状态位），将传感器平台置于轿底中心位置，并调整水平。

4）打开系统电源开关，显示屏应显示"DDD0"，调节垂直零位调整电位器，使显示达到"000±5H"即表示系统情况正常。

5）进行静态校准：按一次"零校"键，显示"－DDD1"；将传感器翻转成直立位置（B 状态位）后按一次"满校"键，显示应为"980±5H"；传感器转回 A 状态位，显示为"000±5H"校准完成。

6）将各功能键分别置于"启制动""打印""绘图""编辑"等位置。

7）关上电梯门，轿厢内人员的位置状态应保持不变，然后按说明书中的具体要求操作。

8）电梯停止后，输出并打印测试结果。

(5) 电梯振动加速度检测　电梯运行中垂直振动加速度（峰值）应不大于 $0.30 m/s^2$；水平振动加速度（峰值）应不大于 $0.20 m/s^2$。

检验方法：与起、制动加速度测量相似，只是预置功能键时应与测试特性相一致。

2. 曳引条件检验

1）当对重完全压在缓冲器上时，轿厢不可再继续提升。

检验方法：轿厢空载，短接上限位、上极限开关。在检修状态以点动使轿厢缓缓上行，当对重接触缓冲器后，短接对重缓冲器电气安全开关再继续上行，约上行一个压缩行程后曳引绳应在曳引轮上打滑。此检验可在检验越程保护的上极限试验时一并进行。在检验中应注意轿顶上不要有人，要在机房操作，电压要正常，并应计算轿顶的最高物件是否会与井道顶相碰。在操作过程中要注意电梯上升情况，在对重与缓冲器接触后，再上升一个缓冲器最大压缩行程后，若曳引绳还不打滑，则应停止试验，以防轿顶物件撞到井道顶或轿厢突然下落。

2）空载轿厢上行，在电梯行程上部范围内以额定速度运行时，切断驱动主机供电，测量电梯停止过程的减速度。轿厢载有额定载重量下行，在电梯行程下部范围内以额定速度运行时，切断驱动主机供电，测量电梯停止过程的减速度。

检验方法：用加速度测试仪器对相关加减速度进行测量，并且观察轿厢制停和变形损坏情况。

3）电梯平衡系数试验。电梯的平衡系数应为 0.4~0.5。

检验方法：轿厢分别承载 30%、40%、45%、50%、60%的额定载荷进行沿全程直驶运行试验，分别记录轿厢上下行至与对重同一水平面时的电流、电压或速度值。对于交流电动机，通过电流测量并结合速度测量，做电流-载荷曲线或速度-载荷曲线，以上、下运行曲线交点确定平衡系数。电流应用钳型电流表从交流电动机输入端测量。对于直流电动机，通过电流测量并结合电压测量做电流-载荷曲线或电压-载荷曲线，确定平衡系数。

4）静态曳引试验。在最低层平层位置，轿厢装载至 125%额定载重量后，观察轿厢是否保持静止。

对于轿厢面积超出 GB/T 7588.1—2020 中表 7 规定的载货电梯，以轿厢实际面积所对应的 1.25 倍额定载重量进行静态曳引试验，观察轿厢是否保持静止。

5）液压电梯在交付前应做静载试验。

检验方法：轿厢在底层站平层，均匀加入 150%的额定载荷，保持 10min，各构件应无损坏和永久变形，液压装置无渗漏，轿厢无不正常沉降。

3. 平层准确度检验

轿厢内分别为轻载和额定载时，单层、多层和全程上、下各运行一次。在开门宽度的中部测量层门地坎上面与轿门地坎上面的垂直高度差。电梯轿厢的平层准确度宜在±10mm 范围内，平层保持精度宜在±20mm 范围内。

检验方法：在空载工况和额定载重量工况下进行试验。

1）当电梯的额定速度不大于 1m/s 时，平层精度的测量方法为轿厢自底层端站向上逐层运行和自顶层端站向下逐层运行；当电梯的额定速度大于 1m/s 时，平层精度的测量方法为以达到额定速度的最小间隔层站为间距向上、向下运行，测量全部层站。

2）轿厢在两个端站之间直驶。

3）按上述两种工况测量，当电梯停靠层站后，轿厢地坎上平面与层门地坎上平面在开门宽度 1/2 处垂直方向的差值。

4. 液压电梯沉降检验

载有额定载重量的轿厢停靠在最高层站时，10min 内沉降应不大于 10mm。

检验方法：模拟试验。在正常运行情况（不关闭总截止球阀），有额定载荷的轿厢在顶层平层，10min 后用直尺或深度游标尺测量其下降量。

5. 运行检验

轿厢分别以空载和额定载荷两种工况，并在通电持续率为 40%的情况下，到达全行程范围，按 120 次/h，每天不少于 8h，各起、制动运行 1000 次，电梯应运行平稳、制动可靠、连续运行无故障。制动器温升不应超过 60K，曳引机减速器油温温升不应超过 60K，其温度不应超过 85℃。电动机温升不应超过 GB/T 12974 的规定。曳引机减速器，除蜗杆轴伸出端允许有轻微的渗漏油，其余各处均不得有渗漏油。

6. 垂直方向和水平方向的振动加速度检验

乘客电梯轿厢在运行时，垂直方向和水平方向的振动加速度分别不应大于 $25cm/s^2$ 和 $15cm/s^2$。

7. 噪声检验

电梯的各机构和电气设备在工作时不得有异常振动或撞击声响。

检验方法：

（1）机房噪声测试　电梯以额定速度运行，取 5 个测试点，即驱动主机前、后、左、右最外侧各 1m 处的 (H+1)/2 高度上 4 个点（H 为驱动主机的顶面高度，单位为 m），以及正上方 1m 处 1 个点。受建筑物结构或者布置的限制可以减少测点。取每个测点后测得的声压修正值的平均值。

（2）运行中轿厢内噪声测试　风扇、空调等轿厢内的附属设备以及可在轿厢内听到的警报、广播等层站附属设备宜处于关闭状态。如果有任何一种设备不能关闭，应在结果中说明。传声器放置在轿厢地板中央直径为 0.1m 的圆形范围上方 1.5±0.1m 处，沿着水平方向直对着轿厢门。取电梯全程上行和全程下行运行过程中以额定速度运行时的最大值。

(3) 开、关门噪声测试 测试时，传声器分别从轿内和层站门中央水平对着轿门和层门，传声器距门 0.24m，距地面 1.5±0.1m 处测量，取每个测点测得的声压修正值的平均值。

如果测得声源噪声与背景噪声相差不大于 10dB(A)，按表 7-5 修正。

表 7-5 噪声修正值　　　　　　　　　　　　　　　　　（单位：dB）

声源工作时测得 A 声级与背景噪声 A 声级之差	应减去的修正值
3	3.0
4	2.0
5	2.0
6	1.0
7	1.0
8	1.0
9	0.5
10	0.5
>10	0

注：背景噪声是指被测量声源不存在时，周围环境的噪声。

7.5.4 安全性能检验

1. 停止装置检验

电梯在正常运行和检修运行时，任何一个停止装置动作，轿厢应立即停止运行，若轿厢当时未运行，则不能再起动。同时，停止装置动作应消除所有的召唤和选层指令和登记，在停止装置释放后，必须重新给予指令，电梯才能起动（有自动慢速平层功能除外）。

检验方法：分别在正常运行和检修运行时，试动每个停止装置，并观察电梯登记的信号和层站召唤信号是否消失。在释放后，观察电梯的起动情况。

2. 端站越程保护检验

(1) 端站强迫换速 正常运行时，在达到端站前，电气安全装置应强制使电梯由正常速度转变为慢速。

检验方法：运行试验。若用软件控制，则很难试验。具体方法参见制造商调试说明书。

(2) 限位开关 在电梯限位开关动作后，应切断危险方向运行，但可以反向运行。

检验方法：在空载检修状态下点动向上（下）运行，直到轿厢不能动为止，此时应能反向运行。

(3) 极限开关

1) 极限开关应在对重或轿厢接触缓冲器前动作，并在缓冲器压缩期间保持有效。极限开关动作后应防止电梯两个方向的运行。

检验方法：短接限位开关，轿厢在空载检修状态下点动上（下）行，直至不能继续运行，此时也应不能反方向运行；测量端站轿厢地坎与层门地坎的垂直高差，应小于缓冲器的缓冲距。

2) 液压电梯油缸在全伸时应有自身限位。

检验方法：短接上部电气极限开关，以检修速度上行，柱塞应在各机构（如柱塞顶的滑轮架）到达极限位置前停止提升的动作。

3. 门与电气安全触点联锁

层门或轿门中任何一门扇开着或未关到位，电梯应不能起动；在电梯运行中，任何一门扇被打开，电梯应立即停止运行。

检验方法：每个层门和轿门逐一检查。

4. 轿厢上行超速保护装置检验

当轿厢上行速度失控时，轿厢上行超速保护装置应当动作，使轿厢制停或者至少使其速度降低至对重缓冲器的设计范围；该装置动作时，应当使一个电气安全装置动作。

检验方法：电梯整机制造单位应当在控制屏或者紧急操作屏上标注轿厢上行超速保护装置的动作检验方法。若进行本项规定的检验，应当按照该标注方法进行。

短接限速器和上行超速保护装置的电气安全装置，轿厢空载以不低于额定速度上行，人为触发减速元件动作，同时切断电动机供电，仅用轿厢上行超速保护装置使轿厢减速。观察上行超速保护装置动作情况。

5. 轿厢限速器-安全钳联动检验

（1）监督检验 轿厢装有下述载荷，以检修速度下行，进行限速器-安全钳联动试验，限速器-安全钳动作应当可靠。

检验方法：

1）瞬时式安全钳，轿厢装载额定载重量，对于轿厢面积超出规定的载货电梯，以轿厢实际面积按规定所对应的额定载重量作为试验载荷。

2）渐进式安全钳，轿厢装载 1.25 倍额定载荷，对于轿厢面积超出规定的载货电梯，取 1.25 倍额定载重量与轿厢实际面积按规定所对应的额定载重量两者中的较大值作为试验载荷。

3）对于轿厢面积超过相应规定的非商用汽车电梯，轿厢装载 150%额定载重量。

（2）定期检验 轿厢空载，以检修速度下行，进行限速器-安全钳联动检验，限速器-安全钳动作应当可靠。

检验方法：轿厢均匀布置相应载荷，短接限速器和安全钳电气联动开关，轿内无人，在机房操纵电梯以检修速度向下运行，人为让限速器动作，使轿厢可靠制停。在载荷检验后，相对于原正常位置轿厢底倾斜度不超过 5%。检查安全钳在导轨上的制动痕迹是否一致。此检验应在曳引检验之后进行。

6. 对重（或平衡重）限速器-安全钳联动检验

轿厢空载，以检修速度下行，进行限速器-安全钳联动检验，限速器-安全钳动作应可靠。

检验方法：短接限速器电气安全装置，对重（或平衡重）以检修速度向下运行，人为动作限速器，此时限速器应能提拉安全钳并使安全钳动作，夹紧导轨，使对重（或平衡重）制停，电梯驱动电动机继续运转，当钢丝绳打滑或松弛时，切断主电源。

7. 缓冲器

（1）线性蓄能型缓冲器 应以载有额定载重量的轿厢压在缓冲器（或各缓冲器）上，悬挂绳松弛。轿厢离开缓冲器后，缓冲器应恢复正常位置。

(2) 非线性缓冲器　应以载有额定载重量的轿厢和对重以额定速度撞击缓冲器。轿厢和对重离开缓冲器后，缓冲器应恢复正常位置。

(3) 耗能型缓冲器　应以额定载重量的轿厢和对重以额定速度（或者应以减行程设计速度）撞击缓冲器，或者以检修速度将缓冲器完全压缩。检验后，缓冲器应无永久变形，完全复位时间应不大于120s。

(4) 载货电梯　上述检验的额定载重量应用轿厢实际载重量达到了轿厢面积按 GB/T 7588.1—2020 中表 7 规定对应的额定载重量替代。

检验方法：

1）将限位开关（如果有）、极限开关短接，以检修速度下降空载轿厢，将缓冲器压缩，观察电气安全装置动作情况。

2）将限位开关（如果有）、极限开关和相关的电气安全装置短接，以检修速度下降空载轿厢，将缓冲器完全压缩，缓冲器应保持完全压缩状态 5min，然后放松缓冲器，测量从轿厢开始提起到缓冲器回复原状的时间，观察并用秒表计时。

3）对于蓄能型缓冲器，轿厢载以额定载重量，在短接下限位和极限开关电路后，以检修状态点动下行，将全部重量压在缓冲器上（曳引绳松弛）。5min 后提起轿厢，缓冲器应完全复位。

4）检验耗能型缓冲器复位的电器安全装置动作时，电梯应不能运行。

5）检验后，检查确认未出现对电梯正常使用不利影响的损坏。

8. 上行制动检验

轿厢空载以正常运行速度上行时，切断电动机与制动器供电，轿厢应当被可靠制停，并且无明显变形和损坏。

检验方法：电梯在行程上部范围内空载上行分别停层 3 次以上，轿厢应被可靠制停，检查无异常后，轿厢空载以正常运行速度上行至行程上部时，切断电动机与制动器供电，轿厢应被可靠制停且无明显变形和损坏。

9. 下行制动检验

轿厢装载 1.25 倍额定载重量，以正常运行速度下行至行程下部，切断电动机与制动器供电，曳引机应当停止运转，轿厢应当完全停止。

检验方法：电梯在行程下部范围以 125% 额定载荷下行，分别停层 3 次以上，轿厢应被可靠制停；检查无异常后，轿厢装载 125% 额定载荷以正常运行速度下行时，切断电动机与制动器供电，轿厢应被可靠制动。

10. 超载运行检验

电梯在 110% 额定载荷，通电持续率 40% 的情况下，到达全行程范围。起、制动运行 30 次，电梯应可靠地起动、运行和停止（平层不计），曳引机工作正常。

检验方法：断开超载控制电路，进行运行检验。

11. 超载保护装置检验

电梯应当设置轿厢超载保护装置，在轿厢内的载荷超过 110% 额定载重量（超载量不少于 75kg）时，能够防止电梯正常起动及再平层，并且轿内有声响或者发光信号提示，动力驱动的自动门完全打开，手动门保持在未锁状态。

检验方法：进行加载检验，验证超载保护装置的功能。

7.5.5 垂直电梯测试

检验电梯的各种功能和安全装置的可靠性，应在各部件和机构检验合格的基础上进行。由于电梯测试很多是带载荷和超载荷的试验，电梯各结构将受到较大的静载，本试验方法适用于额定速度不大于6.0m/s的电力驱动曳引式和额定速度不大于0.63m/s的电力驱动强制式的乘客电梯和载货电梯。对于额定速度大于6.0m/s的电力驱动曳引式乘客电梯和载货电梯可参照本试验方法执行，不适用部分由制造商与客户协商确定。

电梯的性能测试需用到很多测试工具，电梯性能测试常用工具见表7-6。

表7-6 电梯性能测试常用工具

名称	型号	功能说明	图片
温湿度计	TES-1360A	检测电梯机房温度和湿度	
数字温度计	TM837	测定被测物的表面温度	
电梯导轨共面性激光检测仪	JS-302	检测电梯导轨同侧工作面的安装偏差	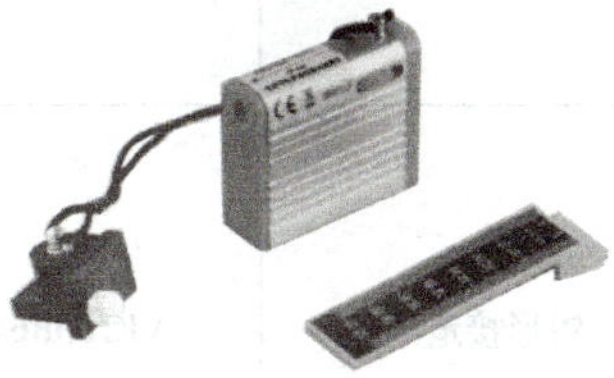
激光自动安平垂准仪	JZC-E10	测电梯导轨安装垂直度、平行性和直线性的偏差和设备安装时的水平基准线	
电子经纬仪	DJD2-J	检测被测物水平或垂直方向的角度偏差	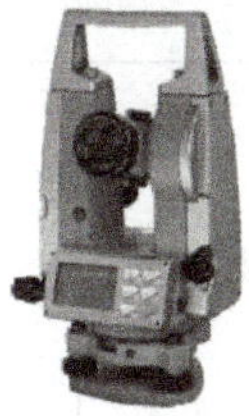

(续)

名称	型号	功能说明	图片
电梯加速度测试仪	DT-4	测量电梯运行的加速度和振动	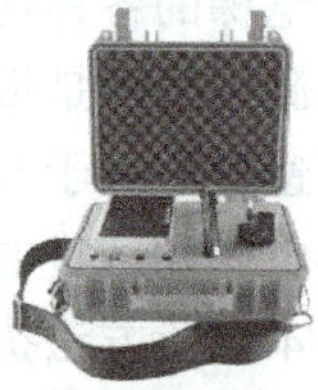
数字式超声波探伤仪	KUT-900	对工件进行内部多种缺陷的检测、定位和评估	
锤击式布氏硬度计	HB-2	测量电梯部件材料的硬度	
钢丝绳探伤仪	GNDT	检测电梯钢丝绳的缺陷	
钳形接地电阻	VICTOR6412	直接测量电气系统接地装置的接地电阻	
接地电阻测试仪	AR4105B	测量电气系统接地装置的接地电阻（带接地辅助电极）	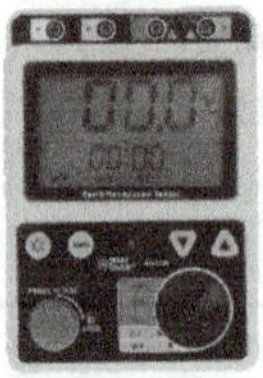
数字绝缘电阻测试仪	MS5203	测量电气设备装置的绝缘电阻（五档位）	

(续)

名称	型号	功能说明	图片
数字兆欧表	AR907	测量电气设备装置的绝缘电阻（五档位）	
数字多用钳形表	DM6266	测量交流电流、交直流电压、电阻等	
数字多用表	VC890D	测量交直流电压、直流电流、电阻等	
数显程式噪声计	AR824	测量噪声量	
柜式水平仪	SK-100-0.05TB	测定被测物的水平度	
手持数字转速表	SZG-20B	测量转速和线性物体的线速度	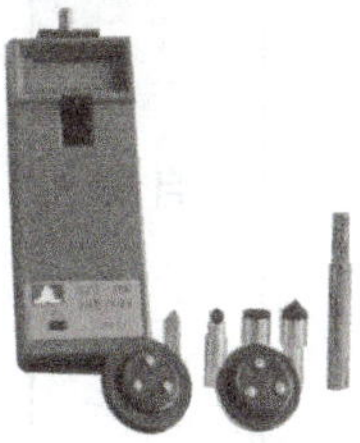

（续）

名称	型号	功能说明	图片
接触式数字转速表	AR925	测量转速和线性物体的线速度	
非接触光电式转速表	DT2234A	测量转速	
管型测力计	KL-50	测量电梯钢丝绳的张力	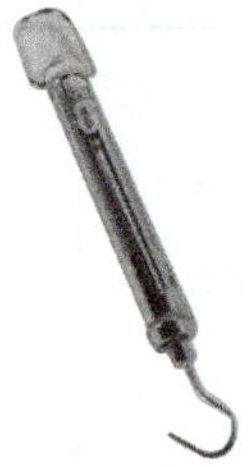

静载荷和动载荷试验：在试验前应对各结构的连接和紧固进行检查，确保处于完好状态。在载荷试验中，载荷要准确，应使用标准砝码或经过精确称量的重物来实现。

任务工单

任务名称	电梯测试仪器使用		任务成绩	
学生班级		学生姓名		实践地点	
实践设备	电梯测试仪器			
任务描述	模拟使用电梯测试仪器，了解如何使用并填表			
目标达成	学会使用电梯测试仪器			
任务实施	任务	模拟使用电梯测试仪器并填写下表		
		图片	名称	使用方法及功能
	自测			

（续）

任务实施	任务	模拟使用电梯测试仪器并填写下表		
	自测	（续）		
		图片	名称	使用方法及功能

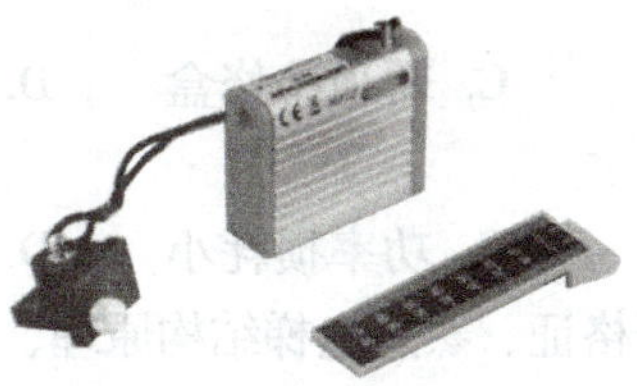

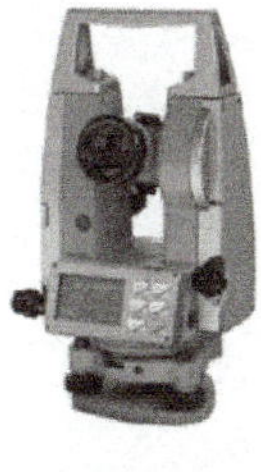

任务评价	1. 自我评价 2. 任课教师评价

项固训练

(一) 判断题

1. 电子温度计显示读数很快,不像玻璃管温度计需要等待汞柱爬升。（ ）
2. 温度计可以显示环境温度,也可以用来测量机械设备的温度。（ ）
3. 电梯打开消防开关后,向上运行的电梯会就近减速停车,但不会开门,然后向下直驶至基站。（ ）
4. 电梯可以边载客边调试。（ ）

(二) 选择题

1. 现代电梯轿厢称重系统的功能包括：超载不走、（ ）和幼童保护。
   A. 重载加力   B. 满载直驶   C. 防止捣乱   D. 偏载报警
2. （ ）能提供一个特定的信号,使正常运行的电梯回到基层,供消防员或其他特定的人员使用。
   A. 轿厢操纵盘   B. 厅外按钮   C. 轿顶检修盒   D. 消防开关
3. 钳形电流表的优点有（ ）。
   A. 准确度高   B. 灵敏度高   C. 功率损耗小   D. 可不断电测量电流
4. 电梯调试人员应具备的条件是有资格证、熟悉电梯结构原理、熟悉调试要求（ ）。
   A. 熟悉调试步骤   B. 熟悉调试方法
   C. 掌握调试装备性能   D. 掌握调试装备操作方法
5. 王某、张某调试电梯。王某穿短裤凉鞋查线,不小心腿贴电阻板触电。张某立即断电送医,王某抢救无效死亡。该事故的原因是（ ）。
   A. 未穿工装和绝缘鞋   B. 带电作业无监护
   C. 未现场抢救   D. 未立即断电

项目 8　自动扶梯与自动人行道的结构认知

任务 8.1　自动扶梯的结构与测试

 工作任务

1. 工作任务类型

学习型任务：掌握自动扶梯的概念、结构及安全装置。

2. 学习目标

（1）知识目标：掌握自动扶梯的定义；了解自动扶梯的发展史；掌握自动扶梯的分类及整体结构；掌握自动扶梯驱动装置的组成、原理及各部分的作用；掌握自动扶梯运载系统的组成、原理及各部分的作用；了解自动扶梯扶手系统的组成、原理及各部分的作用。

（2）能力目标：能够清楚自动扶梯各部件的空间位置；能够说明不同类型自动扶梯的应用场合。

（3）素质目标：具备团队协作能力；具有安全生产，明责守规的意识。

自动扶梯

 知识储备

在人流量密集的公共场所，如商场、车站、机场、码头、大厦及地铁车站等，都需要在较短时间内输送大量人流，同样需要一种提升装置能帮助人们快速在垂直空间移动，这种装置应具有以下功能：①输送能力大，能在短时间内连续输送大量人员，使乘客不会原地停留；②能向上或向下单方向运行，自然规划人流行进的方向；③结构紧凑，占用空间小，外形美观，有装饰建筑物的作用。自动扶梯很好地满足了上述要求。

8.1.1　自动扶梯基本知识

1. 自动扶梯发展史

1859 年，美国人 Nathan Ames 发明了一种"旋转式楼梯"并获得专利。它以电动机为动力驱动带有台阶的闭环输送带，让乘客从三角状装置的一边进入，到达顶部后从另一边下来，它被认为是现在自动扶梯的最早构思。

1892 年，美国人 George Weller 设计出带有活动扶手的扶梯，活动扶手可以与梯级同步运行，这是一个里程碑式的发明，它实现了"电动楼梯"的实际使用。同年，美国人杰西·雷诺发明了倾斜输送机并取得专利。在专利中，传送带表面被制成凹槽形状，安装在上下端的梳齿恰好与凹槽相啮合，使乘客可以安全进入和离开输送机。这是安全理念在自动扶梯的一个重要体现。直到今天，梯级链驱动的水平移动梯级、与梯级同步运行的扶手带、与梯级啮合的梳齿板仍是扶梯的主要结构。

1898年，美国设计者西伯格买下了一项扶梯专利，并与奥的斯公司携手改进制作。1899年7月9日，第1台奥的斯-西伯格阶梯式（梯级是水平的，踏板用硬木制成，有活动扶手和梳齿板）扶梯试制成功，这是世界第一台扶梯。其在1900年举行的巴黎博览会上以"自动扶梯"为名展出并大获成功。从此，自动扶梯开始蓬勃发展。

目前，国际上较为著名的自动扶梯厂商有美国奥的斯、瑞士迅达、德国蒂森克虏伯、法国CNIM、芬兰通力、日本日立、日本三菱等。

20世纪80年代，我国也不断引进国外先进技术，成立了多家合资电梯制造公司并开始生产自动扶梯，如中国迅达、上海三菱、日立（中国）、中国奥的斯等。在20世纪90年代，出现了众多民族品牌的自动扶梯厂商，如远大博林特、宁波宏大、上海永大、广州广日、江苏康立。如今，自动扶梯已是购物中心、超市、机场、火车站、地铁等公共场所使用的重要运输设备。它们精致的装饰和平稳的运行状态成为建筑物内一道亮丽的风景线。在为我们生活提供便利的同时也美化着我们的生活空间，更为建筑物增光添彩。

2. 自动扶梯的定义

自动扶梯是带有循环运行的梯级，用于向上或向下倾斜运输乘客的固定电力驱动设备（GB 16899—2011《自动扶梯和自动人行道的制造与安装安全规范》）。注意，自动扶梯是机器，即使在非运行状态下，也不能当作固定楼梯使用。

自动扶梯的特点是能连续运送乘客，比电梯具有更大的运输能力，同时由于和建筑物紧密结合，也有一定的装饰作用。通常，自动扶梯的倾斜角不应大于30°，当提升高度不大于6m且名义速度不大于0.5m/s时，倾斜角允许增大至35°。一般自动扶梯的倾斜角有27.3°、30°、35°三种。自动扶梯的倾斜角度越大，安装时占用的空间就越小，相反，自动扶梯的倾斜角度越小，安装时占用的空间就越大，但乘梯的安全感会更好。自动扶梯如图8-1所示。

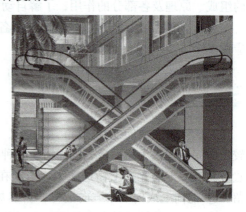

图8-1 自动扶梯

3. 自动扶梯的特点和分类

自动扶梯是一种"以梯代步"的工具，主要用于购物中心超市、机场、火车站、地铁以及办公大楼等的两个层面间连续运送乘客，隶属于机电类的特种设备。

（1）特点

1）优点：输送能力强，运送客流量均匀，能连续运送乘客；可向上或向下双向使用；外观优雅华丽，乘坐舒适、平稳安静，可在运动中观赏景色，视野开阔；安全可靠、能耗低；节省空间、立体感强；易于安装和维修。

2）与电梯相比存在的缺点：自动扶梯结构有水平区段，有附加的能量损失；大提升高度的自动扶梯和名义长度长的自动人行道，人员在其上停留时间更长；造价更高。

（2）分类 自动扶梯一般按照用途、提升高度、驱动方式、有效宽度、机房位置和护栏类型等进行分类。

1）按用途可分为一般型自动扶梯、公共交通型自动扶梯和室外用自动扶梯。

①一般型自动扶梯也称为标准型自动扶梯，用于公共场所，如商场、书店等。

②公共交通型自动扶梯是指自动扶梯本身是公共交通系统，包括出口和入口处的组成部分，应满足高强度的使用要求，如火车站等。这类扶梯会针对乘客的安全性和自动扶梯强度进行对应开发，使乘客安全快速到达目的楼层。

③室外用自动扶梯主要用于人行天桥等，会针对室外的降雨、阳光直射等影响采取对策，各个部件的防锈、主机及安全装置等防护等级更高。

2）按提升高度可分为小高度自动扶梯（提升高度为3~6m）、中高度自动扶梯（提升高度为6~20m）和大高度自动扶梯（提升高度大于20m）。

3）按驱动方式可分为链条式（端部驱动）和齿轮齿条式（中间驱动）。

4）按梯级有效宽度可分为600mm、800mm和1000mm，如图8-2所示。

5）按机房位置可分为机房内置式（机房设置在扶梯桁架上端水平段内）、机房外置式（驱动装置设置在自动扶梯桁架之外的建筑空间内）和中间驱动式（驱动装置设置在自动扶梯桁架倾斜段内）三种。

图8-2 自动扶梯级有效宽度设置

6）按护栏类型可分为玻璃护栏和金属护栏两类。

4. 自动扶梯的主要参数及专业技术标准

（1）主要参数 自动扶梯的主要参数有名义速度、倾斜角、提升高度、名义宽度、理论输送能力等。

1）名义速度 v：由制造商设计确定，自动扶梯梯级在空载情况下的运行速度。额定速度是自动扶梯在额定载荷时的运行速度，通常有0.5m/s、0.65m/s、0.75m/s三种，最常用的为0.5m/s。当倾斜角为35°时，其额定速度为0.5m/s。

2）倾斜角 α：梯级运行方向与水平面构成的最大角度。一般自动扶梯的倾斜角有27.3°、30°、35°三种，其中30°和35°最为常用。若提升高度超过6m时，则倾斜角度大于30°。

3）提升高度 H：自动扶梯进出口两楼层板之间的垂直距离，一般分为小、中、大三种高度。

4）名义宽度 Z_1：对于自动扶梯设定的一个理论上的宽度值。一般指自动扶梯梯级安装后横向测量的踏面长度。自动扶梯的名义宽度有400°、600°、800°、900°、1000°、1200°等。

5）理论输送能力 C_1：自动扶梯在每小时内理论上能够输送的人数。为了确定理论输送能力，设在一个平均深度为0.4m的梯级或每0.4m可见长度的踏板或胶带上承载。当名义宽度 $Z_1=0.6m$ 时为1人；当名义宽度 $Z_1=0.8m$ 时为1.5人；当名义宽度 $Z_1=1.0m$ 时为2人。理论输送能力的计算公式为

$$C_1 = v/0.4 \times 3600k$$

式中，C_1 为理论输送能力（人/h）；v 为额定运行速度（m/s）；k 为系数，常用宽度的 k 值为：当 $Z_1=0.6\text{m}$ 时，$k=1.0$；当 $Z_1=0.8\text{m}$ 时，$k=1.5$；当 $Z_1=1.0\text{m}$ 时，$k=0.2$。

按上述公式计算的理论输送能力见表 8-1。

表 8-1　理论输送能力

名义宽度 Z_1/m	名义速度 v/(m/s)		
	0.5	0.65	0.75
0.6	3600 人/h	4400 人/h	4900 人/h
0.8	4800 人/h	5900 人/h	6600 人/h
1.0	6000 人/h	7300 人/h	8200 人/h

（2）自动扶梯执行的技术标准　自动扶梯和电梯一样，都有必须要遵循的专业技术标准。即 GB 16899—2011《自动扶梯及自动人行道的制造与安装安全规范》。该标准对自动扶梯的名词术语、参数尺寸、机械构件、电气控制及照明、安装检验、使用管理、维修保养等方面都做了规定。

8.1.2　自动扶梯结构

1. 自动扶梯的整体结构

自动扶梯的机械系统是一个非常紧凑且复杂的整体，架设在两个相邻楼层面之间，依靠梯路和两旁的扶手组成的传输机械来输送人员。常见的自动扶梯整体结构如图 8-3 所示，其一般由桁架、梯级、扶手带和扶手装置、楼层盖板和梳齿板、驱动装置、梯级链、梯级导轨以及各种安全保护装置和润滑系统等组成。

2. 自动扶梯的传动原理

自动扶梯由两组传动系统组成：一组是梯级链传动系统，由梯级链驱动轮带动梯级链运转，梯级链拖动一串梯级形成梯级运行的闭环；另一组是扶手带传动系统，由扶手带驱动轮通过摩擦方式驱动扶手带形成扶手带运行的闭环，如图 8-4 所示。

主机运行带动"驱动主轴"运转。主机与驱动主轴之间的传动有

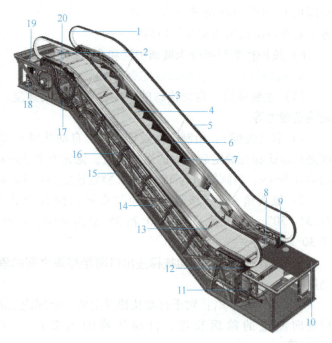

图 8-3　自动扶梯整体结构

1—扶手中心　2—控制柜　3—玻璃护栏板　4—梯级　5—扶手带
6—围裙板照明灯　7—围裙板　8—梳齿板　9—急停按钮
10—楼层盖板　11—张紧装置　12—扶手带入口　13—梯级运行保护
14—梯级导轨　15—桁架　16—梯级链　17—扶手带驱动
18—主驱动装置　19—速度检测装置　20—内盖板

两种：一种是通过传动链传动，称为"非摩擦传动"（双排链或两根以上单链）；另一种是通过 V 带传动，称为"摩擦传动"（V 带不得少于三根，不得用平带）。

在驱动主轴上装有左右两个梯级驱动链轮和一个扶手带驱动链轮，梯级和扶手都由同一个驱动主轴拖动，使两个传送带的线速度保持一致。左右两个梯级驱动链轮分别带动左右两条梯级链（也称驱动链或牵引链），左右两条梯级链的长度一致，一个个梯级就安装在梯级链上。

驱动主轴上的扶手带驱动链轮带动扶手带摩擦轮，通过摩擦轮与扶手带的摩擦，使扶手带以与梯级同步的速度运行。

梯级沿着梯级导轨运行，扶手带沿着扶手导轨运行，各自形成自己的闭环。具体路线为：

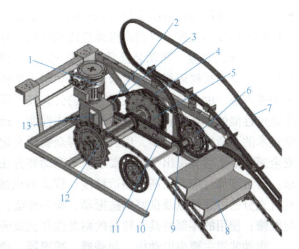

图 8-4 自动扶梯传动原理

1—电动机 2—驱动链轮 3—驱动链 4—双排链轮
5—梯级链轮 6—扶手带摩擦驱动轮 7—扶手带
8—梯级 9—扶手带驱动链轮 10—梯级链
11—扶手传动链 12—主传动轴 13—减速器

1）电动机—减速器—驱动链轮—驱动链—双排链轮—主传动轴—梯级链轮—梯级链—梯级运转。

2）电动机—减速器—驱动链轮—驱动链—双排链轮—主传动轴—小链轮—扶手传动链—扶手链轮—扶手传动轴—扶手带摩擦驱动轮—扶手带运转。

3. 自动扶梯的主要部件

（1）桁架 GB 16899—2011 中规定，除使用者可踏上的梯级、踏板或胶带及可接触的扶手带部分外，自动扶梯和自动人行道的所有机械运动部分均应完全封闭在无孔的围板或墙内（用于通风的孔是允许的）。因此，自动扶梯的桁架支撑着自动扶梯自重、外装及乘客载荷，提供驱动机组、栏杆、导轨等固定的位置，并保持其相互的位置关系。

自动扶梯的桁架由角钢、型钢（或方钢）与矩形钢管焊接而成，具备足够大的刚度和强度。桁架整体结构如图 8-5 所示。它的整体或局部性能的好坏对扶梯的运行速度有很大的影响。自动扶梯支撑结构设计所依据的载荷是：自动扶梯或自动人行道的自重加上 5000N/m² 的载荷。对于普通型自动扶梯和自动人行道，根据 5000N/m² 的载荷计算或实测的最大挠度不应大于支撑距离的 1/750。对于公共交通型自动扶梯和自动人行道，根据 5000N/m² 的载荷计算或实测的最大挠度不应大于支撑距离的 1/1000。

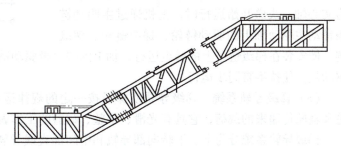

图 8-5 桁架整体结构

自动扶梯的桁架一般由上水平段、下水平段和直线段组成，有整体结构和分体结构两种。当自动扶梯的提升高度超过 6m 时，一般在上、下两水平段之间设置中间支撑构件来增加桁架的刚度和强度，以提高振动性能和整机运行质量。

（2）驱动装置　驱动装置是自动扶梯的动力源，相当于电梯的曳引机。它的主要功能和作用是驱动扶梯运行，同时限制超速和阻止逆转运行，是扶梯的重要部件，也是主要振动源和噪声源。由于扶梯是在人流繁忙的公共场所运送乘客，且运行时间一般都较长，因此驱动装置性能的好坏将直接影响整梯的工作性能、运行状态、运载能力和使用寿命等。随着科学技术的不断发展和进步，以及人民群众物质文化生活水平的不断提高，人们对扶梯的乘用安全感、舒适感等提出了更高要求。对驱动装置在设计、制造和维护方面也提出了较高的要求：所有零部件应有较高的制造精度、较高的机械强度和刚度，确保在短期过载的情况下，具有充分的可靠性以及良好的抗振动、噪声性能；结构紧凑、体积小、重量较轻，便于装拆与维修；使用的零部件具有较高的耐磨性和抗疲劳强度等。

驱动装置主要由电动机、制动器、减速器、梯级链驱动轴、扶手带驱动轴、梯级链驱动轮和扶手带驱动轮等组成，如图 8-6 所示。根据自动扶梯的使用情况，驱动装置可以布置在端部，也可以布置在中间，中间驱动可以实现多级驱动，增加扶梯的提升高度。

电动机主要采用连续工作制的三相交流感应式异步电动机，它具有噪声低、起动转矩大等特点。由于机修工作位置空间和安全要求，目前自动扶梯的减速器有行星齿轮减速器（见图 8-6）和蜗杆变速减速器等。这些类型减速器具有结构紧凑、减速比较大、运行平稳、噪声及体积小等特点。制动器是自动扶梯的重要安全部件之一，依靠摩擦实现自动扶梯制动减速直至停车，并保持其静止，安装在驱动主机的高速轴上。主驱动轴是链条式自动扶梯端部驱动装置的重要部件，主轴上装有驱动链轮、梯级链轮、扶手带链轮和附加制动器等。为提高输出转矩，主驱动轴必须为实心轴。扶梯开始运行时，主机通过主驱动链条带动主驱动轴上的驱动链轮、梯级链轮、梯级

图 8-6　自动扶梯的驱动装置
1—电动机　2—制动器　3—行星齿轮减速器
4—梯级链驱动轮　5—扶手带驱动轮
6—梯级链驱动轴　7—扶手带驱动轴

链，使安装在梯级链条上的梯级运行，轴上的扶手带驱动链也以相同的驱动方式驱动扶手带驱动轮，使扶手带同步运行。

（3）梯级导轨系统　梯级导轨使梯级按一定的规律运动，以防止梯级跑偏，并承受主轮和辅轮传递来的载荷，它具有光滑、平整、耐磨的工作表面，且具有一定的尺寸精度。

梯级导轨系统分为上、下转向部导轨和中间部直线导轨系统。梯级导轨示意图如图 8-7 所示。返导轨位于导轨系统上分支的主轮导轨上面，其作用是防止梯级链断裂时梯路下滑。上下主轮导轨和辅轮导轨都是承力部分，通过螺钉装配在自动扶梯桁架的导轨支架上。

（4）梯级链　自动扶梯的牵引构件是传递牵引力的主要机件，常见的牵引构件有牵引链条和牵引齿条两种。一台自动扶梯一般有两根构成闭合环路的牵引链条或牵引齿条。牵引链条也称梯级链。

梯级链主要由主轮、内/外链片、销轴等组成。在梯级两侧各装设一条，两侧梯级链通

过梯级轴连接起来,一起牵引梯级运行,如图 8-8 所示。梯级的主链轮作为链条销子连接在链条上,随链条一起运动。

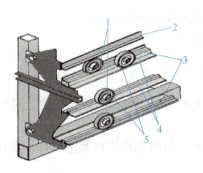

图 8-7　梯级导轨示意图
1—主轮（链轮）　2—主轮返导轨
3—主轮导轨　4—辅轮导轨
5—辅轮（梯级轮）

图 8-8　梯级链示意图
1—主轮　2—辅轮
3—外链片　4—梯级安装连接件
5—销轴　6—内链片　7—梯级轴

使用场合不同,对梯级链的结构、材料和要求也不同。国外许多扶梯标准规定,牵引构件的安全系数不小于 5,一般小提升高度自动扶梯牵引构件的安全系数为 7,大提升高度自动扶梯牵引构件的安全系数为 10。

梯级链在下转向部导轨系统的转向壁处通过张紧装置张紧,以吸收其他链条因运行磨耗等原因产生的链条伸长。

（5）梯级　梯级是自动扶梯的载人部件,多个梯级用特定的方法组合在一起,沿着导轨按照一定的轨迹运行,形成梯路,梯路是一个连续的整体,在自动扶梯上周而复始地运行,完成对人员的输送。

如图 8-9 所示,梯级是自动扶梯中很重要的部件,也是数量最多的运动部件。梯级上有 4 个轮子,2 个直接装在梯级上,称为梯级轮,也称辅轮,另两个装在梯级链上,使梯级与梯级链铰接在一起,称为梯级链轮,也称主轮。为了使梯级能在梯路导轨上运行,且在扶梯上分支保持水平,而在下分支可以自由地倒挂翻转,梯级的主轮轮轴应与牵引链条铰接在一起,并因辅轮不与牵引链条连接而保持浮动状态。

梯级主轮与梯级链铰接在一起,辅轮固定在梯级上,全部的梯级通过按一定规律布置的导轨运行,在自动扶梯上分支的梯级保持水平,而在下分支的梯级可以倒挂,整体式梯级与梯级链连接图如图 8-10 所示。

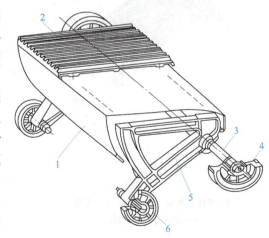

图 8-9　梯级示意图
1—踢板　2—踏板　3—轴
4—主轮　5—支架　6—辅轮

梯级固定在梯级轴上,无须拆除梯级轴及栏杆即可从扶梯下部机舱中轻松拆除梯级,有很好的互换性,方便维修保养,且扶梯即使不装设梯级也可进行保养运转。

由于梯级的结构和质量直接影响扶梯的运行性能、舒适感和安全感,因此要求其具有以下性能:

1) 制造精度高(包括分体结构和整体结构的机械制造压铸精度)。
2) 刚性好,运行安全可靠,有较高的抗疲劳强度。
3) 重量轻,结构合理,工艺性好,便于安装、维修。
4) 有较好的外观和有一定的耐磨性和防腐蚀性。

在自动扶梯和自动人行道的制造与安装安全规范(GB 16899—2011)中,对梯级的几何尺寸规定如下:

1) 梯级高度不超过 0.24m(若自动扶梯在停止运行时允许用作紧急出口,则梯级高度不应超过 0.21m)。
2) 梯级深度应至少为 0.38m。
3) 梯级宽度应不小于 0.58m 且不大于 1.1m。
4) 踏板表面齿槽宽度为 5.7mm,齿槽深度不小于 10mm。
5) 齿槽顶宽为 2.5~5mm。

(6) 梳齿前沿板　梳齿前沿板设置在自动扶梯的出入口处,是确保乘客安全上下扶梯的机械构件。它由梳齿、梳齿板和前沿板三部分组成,如图 8-11 所示。梳齿板的一边作为梳齿的固定面,另一边支撑在前沿板上。梳齿板的结构可调,以保证梳齿的啮合深度大于等于 6mm。梳齿板是电梯的安全保护装置,其后面有微动开关,如果有异物或夹人可以使电梯停止运行。梳齿前沿板一般采用铝合金型材制作,也可用较厚碳钢板制作。

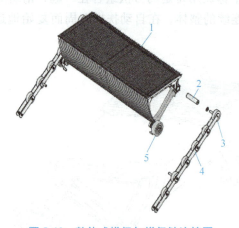

图 8-10　整体式梯级与梯级链连接图
1—整体式梯级　2—销轴　3—主轮
4—梯级链　5—辅轮

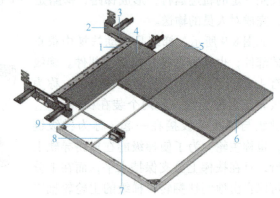

图 8-11　梳齿前沿板
1—梳齿　2—梳齿板支架　3—梯级导向　4—梳齿板
5—前沿板　6—盖板　7—压缩弹簧
8—安全开关　9—推杆

梳齿的齿与梯级的齿槽相啮合,齿的宽度不小于 2.5mm,端部修成圆角,圆角半径不应大于 2mm,其形状能够保证和梯级之间造成挤压的风险尽可能低,即使乘客的鞋或物品在梯级上相对静止,也会平滑地过渡到前沿板上。梳齿可采用铝合金压铸制作,也可采用工程塑料制作。

（7）扶手装置　扶手装置在自动扶梯和自动人行道两侧，对乘客起安全防护作用，也便于乘客站立扶握，如图 8-12 所示。扶手的地位如同电梯中的安全钳，是重要的安全部件，主要由扶手护栏、扶手带、扶手驱动系统等组成。

扶手护栏在整台自动扶梯上最能起到建筑物内装饰作用，如图 8-13 所示。其中，围裙板是与梯级（踏板或胶带）两侧相邻的围板部分，它一般用 1~2mm 的不锈钢板材料制成，既是装饰部件又是安全部件。内盖板是连接围裙板和护壁的盖板；外盖板是扶手带下方的外装饰板上的盖板。内盖板与围裙板之间用斜盖板连接，有时也用圆弧状板连接。内、外盖板和斜盖板一般用铝合金型材或不锈钢板制成，起到安全、防尘和美观的作用。

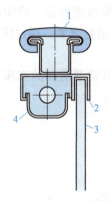

图 8-12　扶手装置示意图
1—扶手带　2—玻璃夹
3—玻璃护栏　4—照明装置

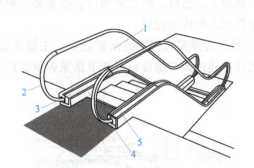

图 8-13　扶手护栏示意图
1—护壁板　2—扶手转向端　3—内盖板
4—围裙板　5—外盖板

扶手带是一种边缘向内弯曲的封闭型橡胶带，常见的平面型扶手带结构如图 8-14 所示。它由橡胶外层、帘子布层、钢丝、摩擦层组成。扶手带一般为黑色，也可根据建筑物的需求选用聚乙烯合成材料制成所需要的颜色。

扶手带驱动装置是驱动扶手带运行，并保证扶手带运行速度与梯级运行速度偏差不大于 2% 的装置。扶手带驱动装置一般分为摩擦轮驱动、压滚轮驱动和端部驱动三种形式，摩擦轮驱动装置如图 8-15 所示。

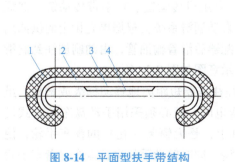

图 8-14　平面型扶手带结构
1—橡胶外层　2—帘子布层（纤维衬）
3—钢丝（或薄钢片或玻璃纤维）
4—摩擦层（滑动层）

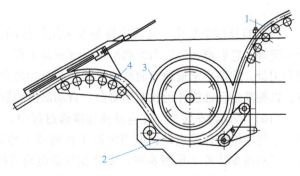

图 8-15　摩擦轮驱动装置
1—扶手带　2—楔形带　3—扶手带驱动轮　4—滚轮组

扶手带张紧装置是确保扶手带正常运行的机件。消除因制造和环境变化产生的长度误差，避免因扶手带过松，造成扶手带脱出导轨，过紧则表面磨损严重且运行阻力增大，以及防止扶手带与梯级同步性超标等。因此，在安装扶手带时张紧力的调整十分重要。扶手带张紧装置位于自动扶梯的转向端，只要打开底坑盖板就可进行调节。该装置包括调节螺杆、拉紧链条和一组张紧导轮，只要调整调节螺母的位置，便可以对扶手带的张紧力进行调节。

（8）回转和张紧装置

1）回转装置位于自动扶梯的下端，为梯级回路提供转向区域，梯级在这里实现反转倒挂运行。梯级回转装置如图 8-16 所示。

2）张紧装置。梯级链在运行过程中，由于磨损会导致梯级链伸长，产生噪声或窜动现象，影响扶梯的正常运行，因此必须设立张紧装置对梯级链进行张紧，通过位于下底坑回转站两侧的弹簧张力机构来完成。

图 8-17 所示为弹簧式梯级链张紧装置。主轴安装在可沿键槽滑动的支座上，其上固定连接调节螺栓，通过调节螺母可以调节张紧弹簧的压紧程度。

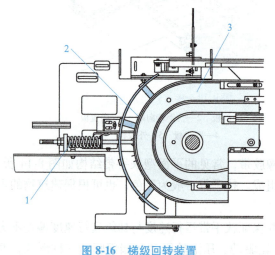

图 8-16　梯级回转装置
1—链张紧弹簧　2—回转链轮　3—回转导轨

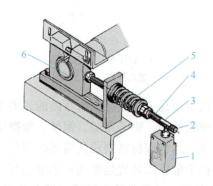

图 8-17　弹簧式梯级链张紧装置示意图
1—安全开关　2—螺杆　3—锁紧螺母
4—调节螺栓　5—张紧弹簧　6—张紧轴

（9）自动润滑系统　自动扶梯基本采用链传动，有主机传动链、扶手带传动链、梯级牵引链等，它们都需要适当的润滑来保证正常工作。自动润滑系统会根据事先设定的供油周期和用量，定期、定量地向润滑点供油，润滑油经分配器后沿着输油管，由油刷加注到润滑点，以提高运行性能并延长使用寿命。自动润滑装置示意图如图 8-18 所示。

（10）手动盘车装置　在自动扶梯维修过程中，往往需要短距离地移动梯级或踏板，虽然可以使用检修开关点动，但当电源未接通或不能送电时，就必须采用手动盘车的方式进行。手动盘车装置（见图 8-19）安装在驱动电动机轴上，是无辐条（孔）的盘车手轮，使用时需要用一个持续力打开工作制动器电磁铁松闸手柄，同时转动手轮进行盘车。盘车手轮涂成黄色以示警告。对于可拆卸的手动盘车装置，必须装设一个电气安全开关。当手动盘车装置装上驱动主机时，该开关必须切断控制电路，保证此时驱动主机不能得电运转，以避免伤及维护人员。

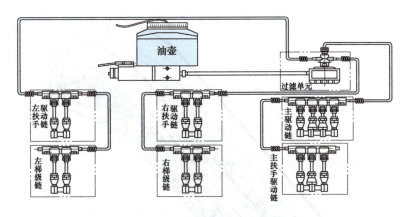

图 8-18 自动润滑装置示意图

图 8-19 手动盘车装置

8.1.3 自动扶梯安全保护装置

自动扶梯作为一种运载乘客的公共交通工具，为了避免乘客乘梯时发生危险和减少故障，自动扶梯上设有相应的安全保护装置。这些安全保护装置有些是必需的，有些则是根据自动扶梯的使用情况进行选择的。常见的自动扶梯安全保护装置安装位置和功能如图 8-20 所示。

其中，自动扶梯必备的安全保护装置有：制动器、超速保护装置、梯级链伸长或断链保护装置、梳齿板保护装置、扶手带入口保护装置、梯级塌陷保护装置、电动机保护开关、急停开关。这些安全保护装置在自动扶梯的运行过程中，无论是对乘客的安全还是对自动扶梯本身的保护都起着不可忽视的作用。

此外，还有附加制动器、驱动链断链保护装置、裙板保护装置、扶手带断带保护装置、梯级空缺探测器、扶手带与梯级同步保护装置（扶手带速度监控装置）、梯级与梳齿板的照明、梯级上的黄色边框、梯级抬起开关、梯级锁、楼层盖板开关、自动扶梯外围保护装置等辅助的安全保护装置。

1. 制动器

制动器是自动扶梯的一个非常重要的安全设备，一般安装在驱动主机的高速轴上，是依靠摩擦力实现自动扶梯制动减速直至停车，并保持静止的重要部件。其作用是紧急情况时使自动扶梯制停，并应能使满载的自动扶梯可靠保持制停状态，以保证乘客的生命安全。自动扶梯的制动器必须采用电磁式制动器。

为确保安全运行，一台自动扶梯应至少设置一个以上的制动器。通常采用的制动器有工

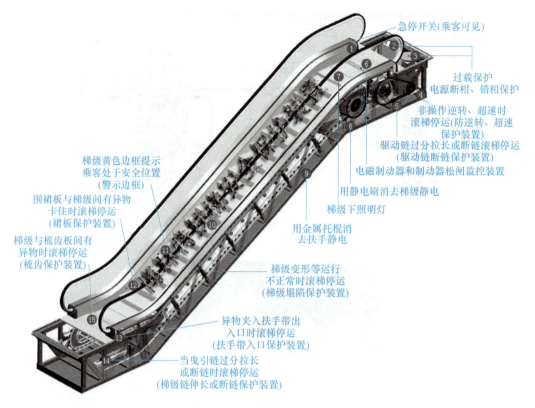

图 8-20　常见的自动扶梯安全保护装置安装位置及功能

作制动器、紧急制动器和附加制动器三种。

（1）工作制动器　工作制动器是扶梯必须配置的制动器。它有带式制动器、盘式制动器和块式制动器三种结构形式，如图 8-21 所示。

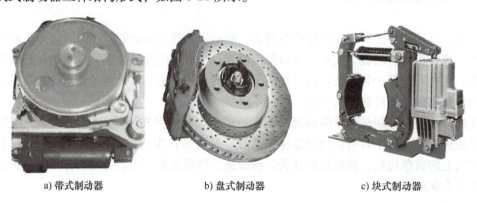

a) 带式制动器　　　b) 盘式制动器　　　c) 块式制动器

图 8-21　三种工作制动器实物图

1）带式制动器是较为常用的一种制动器，制动力方向为径向，具有结构简单、紧凑、包角大等特点，若要增大摩擦力，可在制动钢带上铆接制动衬垫实现。

2）盘式制动器的制动力方向为轴向，具有结构紧凑、制动平稳灵敏、散热好等特点。

3）块式制动器是一种抱闸式制动器，它与电梯曳引机上的制动器相似，具有结构简单、制造与安装维修方便等特点，一般应用在立式蜗轮减速器和卧式斜齿轮减速器上，安装在自动扶梯上端部机房。

图 8-22 所示为块式工作制动器结构示意图。块式工作制动器也称为抱闸。闸臂上装有制动瓦衬，制动臂在弹簧张力的作用下，压紧在电动机的制动轮上，使电动机制停。通电时，电磁铁的衔铁将制动臂向外推，压缩弹簧，制动器松闸。

（2）紧急制动器　紧急制动器是直接作用于驱动主轴上的机械式制动器，当驱动机组与驱动主轴采用传动链条连接时，一旦传动链条突然断裂，它能使自动扶梯有效地

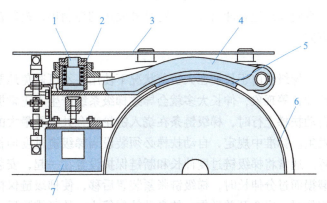

图 8-22　块式工作制动器结构示意图
1—销轴　2—弹簧　3—盖板　4—制动臂
5—制动瓦衬　6—制动轮　7—制动器线圈

减速停靠并使其保持静止状态。紧急制动器在扶梯运行速度超过额定运行速度的 1.2 倍或小于额定运行速度时，以及梯级改变其规定运行方向时起作用。该制动器动作开始时应强制切断自动扶梯的控制电路。在下列情况下应配置紧急制动器：

1）工作制动器和梯级驱动轮之间不是用轴、齿轮、多排链条、两根或两根以上的单根链条连接的。

2）工作制动器不是机械式制动器。

3）提升高度超过 6m 等。

（3）附加制动器　自动扶梯若超过额定速度运行或者低于规定速度运行都是很危险的。因此一般的自动扶梯应尽可能配设速度监控装置。当速度监控装置发出信号后，附加制动器动作，确保扶梯立即停止运行。附加制动器动作后需要人工操作才能复位，在扶梯停止时也具有保护作用，尤其在满载下行时，其作用更加显著。

附加制动器（见图 8-23）属于选择功能，根据用户的要求配置。但存在下列情况之一的自动扶梯及自动人行道，必须配置附加制动器。

图 8-23　附加制动器
1—安全开关　2—杠杆　3、7—梯级链链轮
4—棘轮　5、6—制动片　8—碟形弹簧
9—棘爪　10—滑块　11—电磁铁　12—弹簧

1）提升高度大于 6m（对于公共交通型自动扶梯提升高度小于 6m 时，也建议装设）。

2）驱动传动中存在摩擦传动或者存在单排链传动。

3）工作制动器不是机械式等。

2. 电动机速度监控装置

图 8-24 中的速度传感器是一个旋转编码器，安装在电动机轴上。当电动机转动时，旋转编码器产生脉冲信号，并将脉冲发送到控制柜，控制柜使用脉冲数计算自动扶梯的速度和方向。

3. 梯级链伸长或断链安全保护装置

梯级链由于长期在大负荷状况下使用，不可避免地要发生链节及链销的磨损、链节的塑性伸长等现象，伸长太多就会导致梯级系统产生不正常振动和噪声，并在返回时被卡住；当自动扶梯上行时，梯级链条在绕入链轮啮合处承受最大的工作应力，断链事故基本都在此处发生。标准中规定，自动扶梯必须装设当梯级链过度伸长或断裂时使扶梯停止的安全保护装置。通常将梯级链过度伸长和断链保护设置在一起，安装于下端站的转向盘后端。梯级链因磨损而过分伸长时，梯级链张紧装置后移，使梯级链保持足够的张紧力，当后移距离超过设定值时，安全开关动作，使自动扶梯停止。故障排除后，将安全开关手动复位。

4. 梳齿板保护装置

梳齿板保护装置由梳齿板、梳齿和安全开关组成，安装于上、下端站前沿盖板的前端。梳齿与梯级踏板面有齿槽啮合，消除了连续的缝隙，防止发生剪切，当有异物随梯级卷入梳齿时，异物会卡在梯级踏板与梳齿板之间，导致梯级无法与梳齿板正常啮合，梯级的前进力将推动梳齿板抬起或后移，触发安全开关动作，使自动扶梯停止。图 8-25 所示为一种垂直及水平两个方向都可移动的梳齿板双向保护开关。

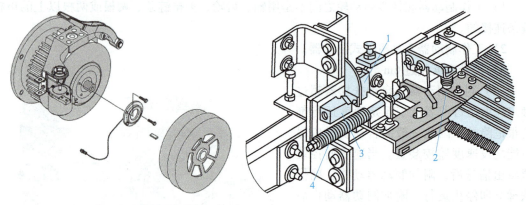

图 8-24　速度传感器　　　图 8-25　梳齿板双向保护开关
1—垂直方向微动开关　2—垂直方向压簧
3—水平方向微动开关　4—水平方向压簧

此结构的梳齿支撑板连同其支撑支架在垂直和水平方向上都安装有压缩弹簧，当梯级不能正常进入梳齿板时，梯级向前的推力就会将梳齿板抬起并产生水平和垂直方向的位移，梳齿板支架触发垂直和水平的微动开关，使自动扶梯停止运行，具有水平和垂直两个方向的保护作用。

5. 扶手带入口保护装置

扶手带入口保护装置设置在扶手带的上、下入口处，当有异物随扶手带卷入入口时，安全开关动作，自动扶梯停止运行。故障排除后，安全开关自动复位。

图 8-26 所示为扶手带入口保护装置示意图。这种保护装置在扶手带转向入口处有一带

毛刷的橡胶圈，扶手带穿过橡胶圈运行，当有异物卡住时，橡胶圈1移动，与之相连的套筒触发杆2将向外转动，切断安全开关3，使自动扶梯制停。

6. 梯级塌陷保护装置

梯级是运载乘客的重要部件，当梯级损坏而塌陷时，梯级进入水平段将无法与梳齿啮合，会导致严重的事故。因此，梯级塌陷保护装置安装于上、下梳齿前，规定的工作制动器最大制停距离之外，由检测杆与安全开关组成。当梯级出现塌陷变形或断裂时，在损坏的梯级到达梳齿前就应使自动扶梯停止运行，故障排除后将安全开关手动复位。

图8-27所示为梯级塌陷保护装置示意图。当引起梯级轮外圈的橡胶剥落、梯级轮轴断裂、梯级弯曲变形或超载使梯级下沉时，梯级会碰到上、下检测杆，轴随之转动，碰击安全开关，使自动扶梯停止运行。

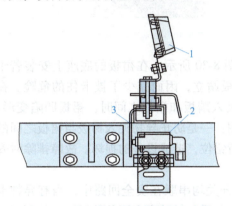
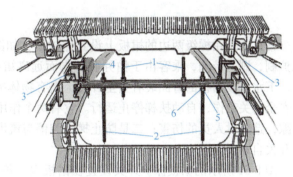

图8-26　扶手带入口保护装置示意图
1—橡胶圈　2—套筒触发杆　3—安全开关

图8-27　梯级塌陷保护装置示意图
1—上检测杆　2—下检测杆　3—固定支架
4—安全开关　5—锁紧螺母　6—调整螺母

7. 电动机保护开关

当自动扶梯超载或电动机电流过大时，电动机保护开关应断开使自动扶梯停车，并应能自动复位。直接与电源连接的电动机还应设有短路保护。

8. 急停开关

急停开关也称停止开关，如图8-28所示。在驱动站、转向站、出入口等明显易接近的位置都设置红色的急停开关，遇到紧急情况时，按下即可使自动扶梯立即停止运行。如果扶梯行程很长，中间部位也会设置急停开关。急停开关的设置要求如下：

1）急停开关的动作应能切断驱动主机供电，使工作制动器制动，并有效地使自动扶梯或自动人行道停止运行。

2）急停开关动作后，应能防止自动扶梯或自动人行道起动。

3）急停开关应具有清晰且永久性的开关位置标记。

4）上述的紧急停止装置应为红色，并在该装置上或紧靠着它的地方进行文字标注，如图8-29所示。

9. 裙板保护装置

裙板是梯级两边的界限，固定在梯级的桁架上，是自动扶梯上最靠近乘客站立位置的固定部分。国家标准规定梯级在任何一边都不允许碰到裙板，两边总间隙之和不大于7mm，单边不大于 4mm。该间隙可能造成乘客的脚或书包等物品被夹在裙板与梯级之间，为防止意外发生，必须在此处设立安全保护装置。

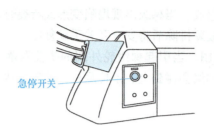

图 8-28　急停开关示意图

图 8-29　急停开关标注

常见的是在梯级两边的裙板上设置保护刷，如图 8-30 所示。在裙板的底座上安装若干保护刷，刷上带油，乘客由于怕弄脏裤脚而远离裙板站立，因而减少了被卡住的危险。在上、下水平段裙板的背面装有安全开关，当有物体夹入踏板和裙板之间时，裙板凹陷变形，使安全开关动作，自动扶梯停止运行。它有两个作用：一是防止异物夹入梯级与裙板之间的间隙，造成对人员的伤害；二是防止梯级跑偏与梳齿错位，造成设备的损坏。故障排除时安全开关自动复位。

图 8-31 所示的裙板保护开关设置在裙板内，各开关均串联在安全回路中，当有异物卡在梯级与裙板之间时，裙板将发生弯曲，达到一定位置后，触动安全开关的触点，从而切断安全回路，使自动扶梯制停。

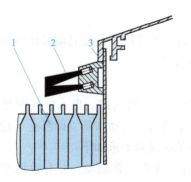

图 8-30　裙板保护刷
1—梯级　2—保护刷　3—裙板

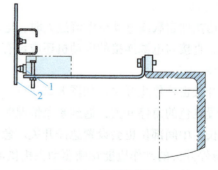

图 8-31　裙板保护开关
1—安全开关　2—裙板

10. 扶手带断带保护装置

自动扶梯在运行中若出现扶手带断裂，则应使扶梯停止运行，避免造成严重事故；如果自动扶梯制造厂商没有提供扶手带的破断载荷（至少为 25kN）证明，则应设置断带保护装置，在断带或扶手带过分伸长失效时，安全开关动作，切断安全回路，使自动扶梯制停。

图 8-32 所示为扶手带断带保护装置示意图。该装置安装在扶手带驱动系统靠近下平层的返回侧，自动扶梯左、右都需要安装。滚轮在重力的作用下靠贴在扶手带内表面，并在摩

擦力作用下滚动。如果扶手带处于松弛状态，低于设定的张紧力或扶手带发生断裂，就会触发安全开关动作，使自动扶梯制停。

11. 梯级与梳齿板的照明

在梯路上、下水平区段与曲线区段的过渡处，梯级在形成阶梯或在阶梯消失的过程中，乘客的脚往往会因踏在两个梯级之间而发生危险。因此，在上、下水平区段的梯级下面装有绿色荧光灯，提示乘客看到荧光灯的灯光时，及时调整站立位置，如图 8-33 所示。

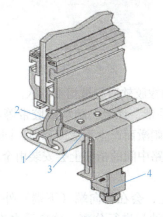

图 8-32　扶手带断带保护装置示意图　　　图 8-33　梯级与梳齿板照明
1—扶手带　2—滚轮　3—调节装置　4—安全开关

另外，梳齿板、裙板、扶手带及护壁板等处是对乘客造成伤害危险的高发区域，也应设置一定的荧光灯照明，以保证危险区域足够的亮度，对乘客进行提醒。

12. 超速保护装置

标准规定，当电动机的转差率大于 10% 或电动机与梯级间的转动中存在摩擦转动时，就必须设置超速检测装置，并在自动扶梯发生超速达到额定速度 1.2 倍前切断控制电路。

超速检测装置常见的有机械式和电子式两种。

1) 机械式检测装置安装在驱动主机的高速轴上，以旋转时的离心力反映自动扶梯的运行速度。它常见的结构是在飞轮上装有离心锤，如图 8-34 所示。当自动扶梯运行速度达到一定程度时，离心力使离心锤克服弹簧弹力向外伸出，撞击开关座，使开关动作，达到切断控制电路的目的。机械式超速检测装置可通过安装两个开关座，分别实行 1.2 倍和 1.4 倍超速检测。

2) 使用光电式速度检测装置时，把光电盘装在驱动主机减速器的高速轴上，通过光电开关检

图 8-34　超速检测开关

测自动扶梯的实际速度，当自动扶梯超速至某个值时，切断自动扶梯的控制电路。

此外，也有的自动扶梯采用测速电动机来检测自动扶梯的实际速度。

13. 防逆转安全保护开关

防逆转安全保护开关用于防止扶梯改变规定运行方向的自动停止扶梯运行控制装置，如

图 8-35 所示。这种装置有机械式和电子式两种。当扶梯发生逆转时，该装置使工作制动器或附加制动器动作，从而使扶梯停止动作。

14. 其他辅助的安全设置

（1）警示边框　为确保扶梯的安全使用，在梯级上装设有黄色边框。世界上的许多国家和地区要求，梯级边框应涂有 5cm 宽的黄色漆条（也称边框），或用 ABS、聚氨酯黄色边框条等，提醒乘客注意"黄色区域为禁止区"，同时也具有装饰的作用。裙板表面应经过一定的处理，以减小其与皮革、PVC 等材料的摩擦因数，防止乘客穿着的橡胶软质鞋被裙板卷入。

图 8-35　防逆转安全保护开关

（2）消静电处理　自动扶梯运行过程中，扶手带、梯级、踏板或胶带等与其他部件摩擦会产生静电，有可能造成乘客乘梯时被静电放电刺激而产生不适或恐惧，同时这些静电也会干扰扶梯控制系统。因此，在梯级或踏板上下回路中间的桁架上会安装由金属丝制成的毛刷，可有效地将电荷引导至接地装置，消除静电。

（3）环保处理　在多数露天使用的自动扶梯上，会在转向端（下端）外盖板内侧设置油水分离装置，将收集的雨水、清洁用水或液化的油污进行分离，分离后水流入废水管道，废油则可单独进行收集和处理，以保证扶梯环境的清洁。

任务工单

任务名称		自动扶梯安全保护装置认知		任务成绩	
学生班级			学生姓名		实践地点
实践设备		自动扶梯			
任务描述		自动扶梯和电梯一样同属机电类特种设备，但结构和运行模式与电梯又有很大差别。本次任务旨在掌握自动扶梯的安全装置			
目标达成		掌握自动扶梯的安全装置的结构及功能			
任务实施	任务	自动扶梯安全装置的结构及功能			
	自测	名称	功能及安装位置	图片	

项目 8　自动扶梯与自动人行道的结构认知

（续）

	任务	自动扶梯安全装置的结构及功能		
任务实施	自测	（续）		
		名称	功能及安装位置	图片
任务评价	1. 自我评价 2. 任课教师评价			

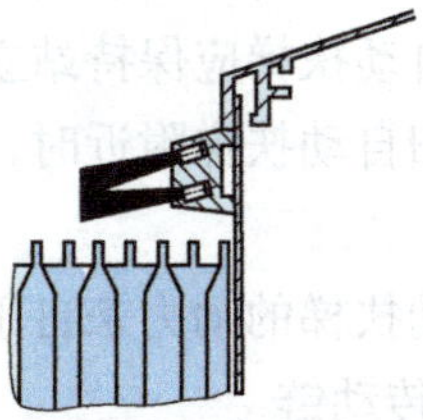

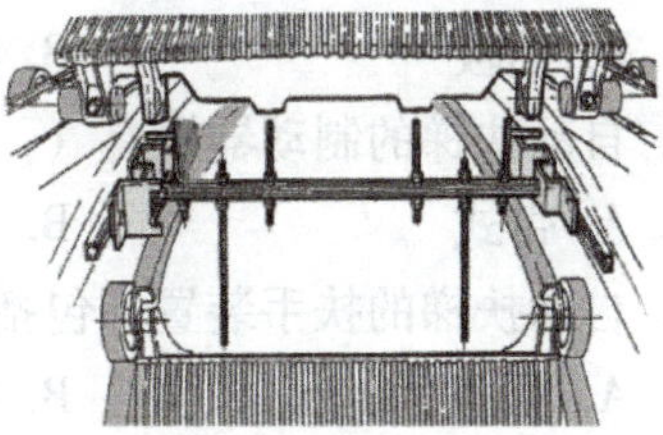

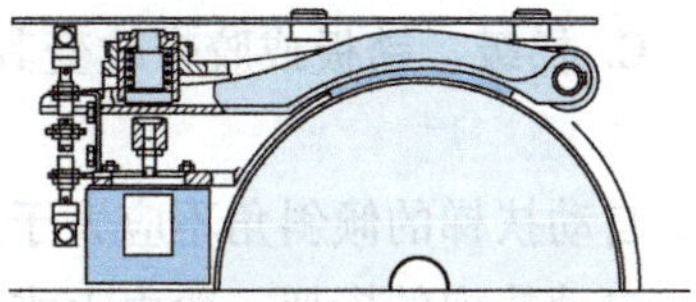

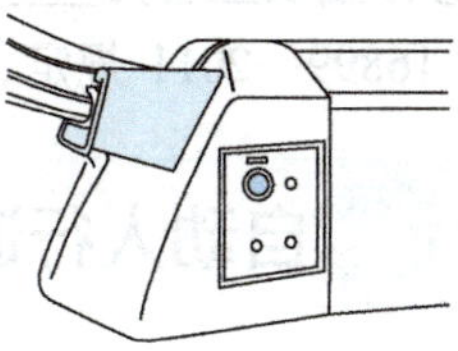

项固训练

(一) 判断题
1. 自动扶梯的工作制动器是备选制动器。（　）
2. 允许在下行的自动扶梯上往上跑。（　）
3. 严禁站在自动扶梯盖板上。（　）
4. 乘自动扶梯应保持站立姿态，不要倚靠，不要踩边、踩缝。（　）
5. 清扫自动扶梯附近时，严禁让水误入机舱（房）内。（　）

(二) 选择题
1. 自动扶梯的动力来自于（　　）。
   A. 传动链　　　　B. 减速器　　　　C. 制动器　　　　D. 电动机
2. 自动扶梯制动器是靠（　　）使其制动的。
   A. 挡板　　　　　B. 摩擦力　　　　C. 锯齿　　　　　D. 拉力
3. 自动扶梯的制动器没有（　　）制动器。
   A. 带式　　　　　B. 鼓式　　　　　C. 块式　　　　　D. 盘式
4. 自动扶梯的扶手装置不包括（　　）。
   A. 驱动系统　　　B. 扶手胶带　　　C. 栏杆　　　　　D. 制动器
5. 自动扶梯的附加制动器在（　　）情况下起作用。
   A. 速度超过额定速度的 1.8 倍之前　　B. 不是匀速运行时
   C. 梯级、踏板或胶带改变其规定运行方向时　　D. 载荷发生变化时

(三) 填空题
1. 自动扶梯的倾斜角不应大于_____。
2. 自动扶梯的桁架一般由上水平段、下水平段和_____组成。
3. 驱动主机主要由电动机、减速器和_____等组成。
4. 紧急停止装置应为_____色，并在该装置上或紧靠着它的地方进行文字标注。
5. GB 16899—2011 规定，自动扶梯梯级上方垂直净空距离不得小于_____m。

任务 8.2　自动人行道的结构与测试

工作任务

1. 工作任务类型
学习型任务：掌握自动人行道的概念、结构及安全装置。

2. 学习目标
（1）**知识目标**：掌握自动人行道的定义；掌握自动人行道的三种结构类型。
（2）**能力目标**：清楚自动人行道各部件的空间位置；能够说明不同类型自动人行道的应用场合。
（3）**素质目标**：具备团队协作能力；具有安全生产，明责守规的意识。

项目 8 自动扶梯与自动人行道的结构认知

知识储备

8.2.1 自动人行道概述

1. 自动人行道的定义

根据 GB 16899—2011《自动扶梯和自动人行道的制造与安装安全规范》,自动人行道是指带有循环运行(板式或带式)走道,用于水平或倾斜角度不大于 12°运送乘客的固定电力驱动设备。自动人行道是机器,即使在非运行状态下,也不能当作固定通道使用。

自动人行道适用于车站、码头、商场、机场、展览馆和体育馆等人流集中的地方,出现于 20 世纪初,其结构与自动扶梯相似,主要由活动路面和扶手两部分组成。通常,其活动路面在倾斜情况下也不形成阶梯状。

2. 自动人行道的主要参数

自动人行道(见图 8-36)是自动扶梯的分支产品,它从一个区域(楼层)到另一区域(楼层)中连续输送乘客。它的结构与自动扶梯相似,不同的是在乘客搭乘的区域在有倾斜部分的情况下,不会出现阶梯状的梯级,乘客可以将行李推车及购物车推上自动人行道。

图 8-36 自动人行道

自动人行道的主要参数有:

(1) 名义速度 它是由制造商设计确定的,自动人行道的踏板或胶带在空载情况下的运行速度,一般有 0.5m/s、0.65m/s、0.75m/s 三种。额定速度是自动人行道在额定载荷时的运行速度。

(2) 踏板 它是循环运行在自动人行道桁架上,供乘客站立的板状部件。

(3) 名义宽度 它是指对于自动人行道设定的一个理论上的宽度值,一般指自动人行道踏板安装后横向测量的踏面宽度,常见的规格有 0.8m、1m、1.2m、1.4m 和 1.6m 等不同尺寸宽度。

(4) 胶带 它是循环运行在自动人行道桁架上,供乘客站立的胶带状部件。

(5) 倾斜角 它是踏板或胶带运行方向与水平面构成的最大角度,常见的倾斜角有 0°、6°、10°、12°等。

(6) 自动人行道长度 常见的为 50~100m。

3. 自动人行道的分类

自动人行道可以按结构、使用场所、倾斜角度和护栏类型等进行分类。

(1) 按结构分类

1) 踏步式自动人行道。将自动扶梯的倾角从 30°减到 12°直至 0°,同时将自动扶梯所用的特种形式小车(将梯级改为普通平板式小车)踏步,使各踏步间不形成阶梯状而形成一个平坦的路面,就成为踏步式自动人行道,如图 8-37 所示。自动人行道两旁各装有与自动扶梯相同的扶手装置。踏步车轮没有主轮与辅轮之分,因而踏步在驱动端与张紧端转向时不需要使用作为辅轮转向轨道的转向壁,使结构大大简化,同时降低了自动人行道的结构高度。另外,自动人行道各踏步间形成了一个平坦的路面,踏步铰接在两根牵引链条上,简化了人行道的导轨系统。由于自动人行道表面是平坦的路面,所以儿童车辆、食品车辆等可以放置在上面。踏步式自动人行道的驱动装置、扶手装置均与自动扶梯通用。

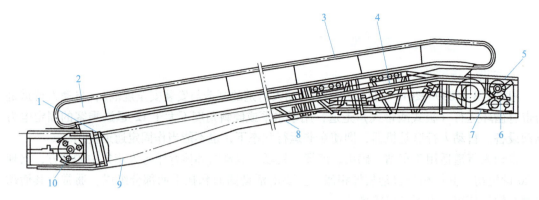

图 8-37　踏步式自动人行道示意图

1—扶手带入口安全装置　2—侧板　3—扶手带　4—扶手驱动装　5—前沿板　6—驱动装置
7—驱动链　8—桁架　9—曳引链条　10—踏板

2）胶带式自动人行道。它的结构类似于工业企业常用的带式输送机，如图 8-38 所示。它通过安装于自动人行道两端的滚筒驱动并张紧胶带运行。胶带采用高强度钢带制成，外面覆以橡胶层保护。

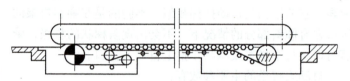

图 8-38　胶带式自动人行道示意图

橡胶覆面上有小槽，使输送带能进出梳齿，以保证乘客上下安全。即使在较大的负载下，这种橡胶覆面的钢带也能够平稳而安全地工作。从安全的角度和心理学的角度出发，胶带式自动人行道能使乘客感觉站在上面如站在地面一样，因此平稳和安全的运行是这种人行道的重要质量考核指标。

胶带式自动人行道最重要的部件是钢带，钢带的支承可以是滑动的，也可以是用托辊的。如果使用滑动支承，钢带的另一面不需要覆盖橡胶，适用于自动人行道的长度为 10～12m 时；如果使用托辊，钢带的另一面也要覆盖橡胶，托辊间距一般较小，适用于自动人行道的长度为 300～350m 时。

3）双线式自动人行道。双线式自动人行道是使用一根销轴垂直放置的牵引链条构成一个水平闭合轮廓的输送系统，如图 8-39 所示。这种系统与踏步式自动人行道的链条所构成的垂直闭合轮廓系统不同。牵引链条两分支即构成两台运行方向相反的自动人行道。踏步的一侧装在该牵引链条上，踏步的另一侧的车轮自由地运行在其轨道上。

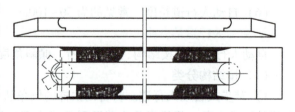

图 8-39　双线式自动人行道示意图

这种自动人行道的驱动装置在它的一端，并将动力传给与轴线垂直的大链轮。电动机、减速器等就装在两台自动人行道之间。张紧装置装在自动人行道另一端的转向大链轮上。

双线式自动人行道的特点是可以利用两台自动人行道之间的空间放置驱动装置，而且可以直接固定在地面上。因而，当建筑物的大厅高度不够或特别紧凑的地方（如隧道或某些通道中），仍可装设这种自动人行道。

（2）按使用场所分类

1）普通型自动人行道。普通型自动人行道也称为商用型自动人行道，通常按照每周工作6天，每天运行12h设计，主要的零部件按70000h的工作寿命设计，一般用于购物中心、超市、展览馆等商业楼宇内，多为倾斜式的。这些场所的营业时间一般每天为10~12h。

2）公共交通型自动人行道。公共交通型自动人行道一般应用于人流密集客流量大的场合，如机场、枢纽车站等公共场所。一般按每周工作7天，每天运行20h设计，通常设定每3h的时间间隔内，其载荷达到100%制动载荷的持续时间不小于0.5h，各主要部件的设计寿命须达到20年内不进行更换的最低要求。

（3）按倾斜角度分类

1）水平型自动人行道。水平型自动人行道指完全水平、不存在倾斜段的人行道，或倾斜段的倾斜度小于或等于6°的人行道，如图8-40所示。这类自动人行道常见于机场、交通枢纽车站等大型的转运场所。

2）倾斜式自动人行道。倾斜式自动人行道为带有倾斜段，倾斜度大于6°且小于或等于12°的自动人行道，如图8-41所示。倾斜式自动人行道的倾斜角通常为10°~12°，常用于超市或购物广场，运送顾客从一层到另一层购物。

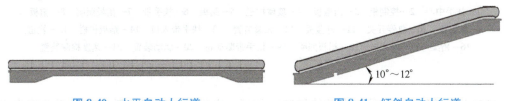

图8-40　水平自动人行道　　　　　　图8-41　倾斜自动人行道

（4）按护栏类型分类

1）全透明式自动人行道。它是指扶手护壁板采用全透明的玻璃制作的自动人行道，按护壁板采用玻璃的形状又可进一步分为曲面玻璃式自动人行道和平面玻璃式自动人行道。

2）不透明式自动人行道。它是指扶手护壁板采用不透明的金属或其他材料制作的自动人行道。由于扶手带支架固定在护壁板的上部，扶手带在扶手带支架导轨上做循环运动，因此不透明式自动人行道的稳定性优于全透明式自动人行道。它主要用于地铁、车站、码头等人流集中的高度较大的自动人行道。

3）半透明式自动人行道。它是指扶手护壁板为半透明的自动人行道，如采用半透明玻璃等材料的扶手护壁板。

就扶手装饰而言，全透明的玻璃护壁板具有一定的强度，其厚度不应小于6mm，加上全透明的玻璃护壁板有较好的装饰效果，所以护壁板采用平板全透明玻璃制作的自动人行道占绝大多数。

8.2.2　自动人行道结构

自动人行道是自动扶梯的细分产品，通常采用踏板形式的结构，与自动扶梯相似。按部件的功能，自动人行道可分为：主体结构、踏板与踏板链驱动系统、扶手带及扶手带驱动系统、导轨系统、护栏、电气控制系统、安全保护系统和润滑系统八大部分。自动人行道的总体结构如图 8-42 所示。

图 8-42 自动人行道总体结构

1—扶手中心　2—控制柜　3—内盖板　4—玻璃护栏　5—踏板　6—扶手带　7—裙板照明　8—裙板　9—梳齿板　10—急停开关　11—外盖板　12—张紧装置　13—扶手带入口　14—踏板护栏　15—轨道　16—桁架　17—踏板链　18—裙板照明　19—扶手带驱动轮　20—驱动装置　21—速度检测装置

1. 主体结构

自动人行道的主体结构与自动扶梯基本相同，由桁架、端部盖板（楼层板及梳齿支撑板）和底板组成。

1）桁架承载了自动人行道各部件的重量及乘客的载重量，其结构与自动扶梯的支撑结构基本相同，但由于其踏板与踏板链的连接方式更为简单，故结构也比自动扶梯简洁。自动人行道的桁架结构通常采用角钢或方管制造。

2）端部盖板安装在自动人行道桁架上下端的水平段部分，是乘客进入或离开自动人行道踏板的通道，梳齿安装在梳齿板上，与踏板进行啮合。

3）底板对桁架的底部起封闭作用。在上、下平层两端部需要安装设备，并为维修人员提供维修空间，因此底板需要有承重能力，一般采用厚钢板制造，多采用最小厚度为 5mm 的钢板。

2. 踏板与踏板链驱动系统

踏板与踏板链驱动系统是踏板式自动人行道运载乘客的部分，与自动扶梯类似，由踏板、踏板链、驱动主机、主驱动轴、踏板链张紧装置等组成。

踏板也称为踏步，是踏板式自动人行道供乘客站立的板状构件，它一般采用铝合金压铸而成，是一平板小车，如图 8-43 所示。在踏步下面装有两根支承主轴，主轴两端各装一个滚轮，滚轮与拖动链条相连。踏步的两个轴一个是固定的，一个是游动的，游动轴又是另一个踏步的固定轴，这样使踏步与踏步之间既互相牵制又互相游动，在转向时踏步就不会被卡死。

3. 扶手带及扶手带驱动系统

扶手带及扶手带驱动系统主要由扶手带、扶手带驱动装置、扶手带导轨及扶手带张紧装置等组成，其作用是为乘客提供与踏板同步运动的扶手，提高乘梯的安全性。

4. 导轨系统

导轨系统由工作导轨、返回导轨和转向导轨等组成，其作用是给踏板运动提供运行轨道，又称自动人行道的梯路。其结构与自动扶梯导轨系统相似，但由于不需要提供梯级滚轮运行的导轨，仅提供踏板链滚轮运行的导轨，所以结构比自动扶梯简单。

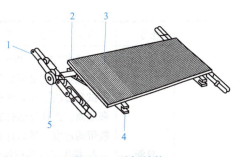

图 8-43 踏板结构
1—链条 2—装饰嵌条 3—踏板
4—托架 5—滚轮

5. 护栏

自动人行道的两侧装有内盖板、外盖板、内衬板（护壁板）、裙板和外装饰板等，用于安装扶手带导轨和扶手带，对乘客起安全保护作用。商用型自动人行道采用玻璃护栏结构，公共交通型自动人行道采用玻璃护栏和金属护栏两种结构设计，其结构与自动扶梯相同。不同的是自动扶梯通常选用高度为 900mm 左右的护栏，而自动人行道则多采用高度为 1000mm 的护栏。

6. 电气控制系统

电气控制系统由控制柜、操作开关、电线电缆和接线盒等组成，其作用是通过对各安全装置的监控，控制自动人行道的操作及安全运行。

7. 安全保护系统

安全保护系统包括过载保护装置、超速保护装置、防逆转保护装置、制动器（和附加制动器）、踏板链断链保护装置、踏板缺失检测装置、扶手带入口保护装置等，其原理与自动扶梯保护装置类似。

8. 润滑系统

润滑系统由油泵、油壶、油管和出油嘴等组成，其作用是对主驱动链、踏板链、扶手驱动链等传动部件进行润滑。

任务工单

任务名称	自动人行道运行检查		任务成绩	
学生班级		学生姓名		实践地点	
实践设备	自动人行道			
任务描述	自动人行道和电梯一样同属机电类特种设备，但结构和运行模式与电梯又有很大差别。本次任务旨在掌握自动人行道的安全装置			
目标达成	1. 掌握自动人行道运行检查的规范及试验方法 2. 掌握自动人行道制停距离的规范以及测试方法			

(续)

任务实施	任务1		自动人行道运行检查
		自测	1. 在额定频率和额定电压下，梯级、踏板或胶带沿运行方向空载时所测的速度与额定速度之间的最大允许偏差为±5% 试验方法：在直线运行段，用秒表、卷尺测量自动人行道空载运行时的时间和距离，并计算运行速度，检查是否符合要求。也可用转速表测量梯级踏板或胶带的速度，然后计算。 2. 扶手带的运行速度相对于梯级、踏板或胶带的速度允许差为0~2% 试验方法：在自动人行道直线运行段取长度 L，在运行起点用线坠确定左、右扶手带与梯级、踏板或胶带的对应测量点。运行长度 L 后，再用线坠和直尺测量左、右扶手带与梯级、踏板或胶带对应测量点在倾斜面上的直线错位距离 l，计算并检查 $l/L×100\%$ 是否符合要求（扶手带应超前）。也可用转速表分别测量左右扶手带和梯级速度，然后计算
	任务2		自动人行道制停距离检验
		自测	1. 检验内容与要求 不同的额定运行速度下运行的空载和有载水平运行，要求制停时要在一定的制停距离范围，其对应关系如下表 | 额定速度/(m/s) | 制停距离范围/m | |---|---| | 0.50 | 0.20~1.00 | | 0.65 | 0.30~1.30 | | 0.75 | 0.35~1.50 | | 0.90 | 0.4~1.70 | 2. 检验方法 注意：制停距离应从电气制动装置动作时开始测量 （1）空载制停距离检查 1）在梯级、踏板或胶带和围裙板上做好标记 2）操作自动扶梯或自动人行道下行运行至标记重合对齐时切断电源 3）测量两标记之间的制停距离是否符合要求 （2）有载制停距离检查 1）确定制动载荷 ①每个梯级的制动载荷按其名义宽度 Z_1 来确定：当 $Z_1 \leq 0.6m$ 时，制动载荷为60kg；当 $0.6m < Z_1 \leq 0.8m$ 时，制动载荷为90kg；当 $0.8m < Z_1 \leq 1.1m$ 时，制动载荷为120kg ②制动载荷=每级梯级载荷×提升高度/最大可见梯级踢板高度 2）制停距离检查 将总制动载荷分布在自动扶梯上部2/3的梯级上，向下起动自动扶梯，一进入正常运行立即切断电源，检查制停距离是否符合要求 注意：定期检验只做空载试验；自动人行道在空载时只进行制停试验即可；而对有载的自动人行道，制造厂商应以计算验证其制停距离

（续）

任务评价	1. 自我评价
	2. 任课教师评价

项固训练

（一）判断题

1. 对扶梯与自动人行道整机检验时，检验现场应放置警示标识，在出入口设置围栏。
（　　）
2. 自动人行道倾斜角不应超过12°。（　　）
3. 扶梯或自动人行道额定速度为0.65m/s的，工作制动器的制停距离为0.3~1.3m。
（　　）
4. 修理工进入扶梯或自动人行道机舱之前，必须关闭并锁好主开关。（　　）
5. 在国内使用的扶梯和自动人行道，警示标志、说明、使用须知等应在醒目位置标明，且为清晰工整的中文。（　　）

（二）填空题

1. 自动人行道的倾斜角不应大于_____。
2. 自动人行道的导轨系统由工作导轨、返回导轨和_____三部分组成。
3. 自动扶梯和自动人行道应在速度超过名义速度的_____倍之前自动停止运行。

参 考 文 献

[1] 王玲,王超. 电梯原理与测试[M]. 北京:机械工业出版社,2015.
[2] 朱霞. 电梯结构及原理[M]. 北京:机械工业出版社,2019.
[3] 全国电梯标准化技术委员会. 电梯制造与安装安全规范:第1部分 乘客电梯和载货电梯:GB/T 7588.1—2020[S]. 北京:中国标准出版社,2020.
[4] 全国电梯标准化技术委员会. 电梯曳引机:GB/T 24478—2023[S]. 北京:中国标准出版社,2023.
[5] 全国电梯标准化技术委员会. 电梯技术条件:GB/T 10058—2023[S]. 北京:中国标准出版社,2023.